Brain Food

The Surprising Science of
Eating for Cognitive Power

如何成为优秀的
大脑饲养员

（Lisa Mosconi）

［意］丽莎·莫斯考尼——著

康洁——译

九州出版社
JIUZHOUPRESS

前　言

　　几年前，在一次关于预防阿尔茨海默病的国际会议上，我发表了主题演讲。那是在意大利，一个阳光明媚的日子里，会议报告厅里挤满了人，包括医生、学生和非专业人士，他们都渴望听到有关阿尔茨海默病药物治疗的最新进展。

　　我并不渴望做个带来坏消息的人。不幸的是，目前治疗阿尔茨海默病的药物只能在有限的时间内减轻症状，无法阻止衰老和疾病对脑细胞造成的损害。研究人员正在研发新一代缓解病情的药物，但到目前为止，临床试验的结果大多令人失望，这证实了大家都知道的一点：就阿尔茨海默病而言，目前还远未找到治愈的方法。

　　这时，听众中有人问："橄榄油怎么样？"

　　作为神经科学专业的研究者，对于这个问题，我感到困惑。橄榄油？

　　橄榄油，在我写的所有研究计划书中，我都从未提到过它，它也与我所受过的科研训练无关。我获得了神经科学和核医学专业的博士学位，并专注于从遗传方面研究阿尔茨海默病，部分原因在于，我目睹了这种病对我的直系亲属造成的毁灭性影响。在过去的 15 年里，我的工作侧重于阿尔茨海默病的早期检测。具体来说，在我的研究中，我使用脑成像技术，如磁共振成像（MRI）和正电子发射计算机断层扫描（PET），来观察研究对象的大脑与其遗传背景的关系，并在此过程中了解他们患病的可能性。

由于这项工作，在 2009 年，我成为纽约大学医学院（NYU School of Medicine）阿尔茨海默病家族史研究项目的负责人。该项目的研究对象是阿尔茨海默病患者的子女和家庭成员。他们每个人都有大致相同的担忧："我是否有患阿尔茨海默病的风险，我该怎样做才能确保自己不患这种病？"

近年来，我发现，我们的研究对象所问的问题有所变化，就像那次会议上的橄榄油问题。除了与基因和 DNA 有关的讨论之外，话题迟早会转向食物——"我应该吃什么来保持我的脑部健康？"

虽然我的所有研究都基于我所受的教育和科研训练，但我脑中与食物有关的所有认知和体会，都来自我在意大利佛罗伦萨的成长经历。我从小就对有益健康的食物产生了由衷的热爱，并且一直将其存在视为理所当然，直到我去美国攻读博士学位。我没有预料到，在美国，要找到一个美味的番茄有多么不容易，而那看似平常的巧克力曲奇中，又隐藏着多么大的动脉阻塞风险因素。来到美国，当我为自己的饮食而苦恼时，我从研究中了解到，遇到这个问题的，并非只有我一个人。在我的研究对象当中，有一半以上的人坦言，他们的饮食中只包括很少量的蔬菜和水果。

渐渐地，我明白了，我并不只是离家很远——与我最初的研究论题，痴呆症的遗传因素，也相去甚远。事实上，遗传因素在阿尔茨海默病和一般痴呆症中的作用，并不像我们之前认为的那么重要。虽然一些患者携带导致痴呆症的严重基因突变，但对绝大多数人来说，痴呆症的患病风险，会受到各种疾病和生活方式因素的影响——包括一个人的饮食。我的研究揭示了饮食和营养在这个领域是多么重要，又是多么离奇地受到了忽视，因此我重回学校读书，攻读整合营养学专业，修了第三个学位。在专业学习和其他研究工作的基础上，我在纽约大学创建了营养与脑部健康实验室（Nutrition & Brain Fitness Lab），旨在确定支持脑部健康的生活方式因素，预防痴呆症。几年后，我开设了大脑营养学课程，并开始在纽约大学史丹赫学院（Steinhardt School）的营养与食品研究系任教。大约在同一时期，我入职威尔康奈尔医学院（Weill Cornell Medical College），那里设有美国第一家阿尔茨海默病预防诊所，我有幸担任副主任一职。该诊所的创新方法包括药物和行为干预，旨在改善健康状况和生活方式的选择，着眼于预防阿尔茨海默病。在我们的实践中，饮食和营养是一个重要组成部分。由于这项工作，我开始深入探究大脑与食物之间的复杂关系，并向公众普及关于健脑饮食的知识。

　　和其他研究者一样，一旦开始研究通往最佳营养的饮食路径，我很快发现，现有的建议往往是相互矛盾且前后不一致的。但作为一名科学家，我感到最惊讶的是，互联网上的伪科学信息在数量上和影响上是如此之大，而发表在医学期刊上的经过严格的同行评议的相关论文又是如此之少。

　　关于什么对大脑有益，什么对大脑有害，我们经常会听到各种信息。例如，很多人最近都意识到了美国的麸质恐慌。但就在几年前，谷物还被认为是健康饮食的代表——而高脂肪食物被认为是最不健康的。问题是，尽管你能在网上找到大量关于健康饮食的建议，且其中的很多建议都在宣扬一种科学世界观，但却少有经可靠研究证实的。

互联网和媒体尤其倾向于炒作，对有限的发现做出模糊推断，小题大做，追求轰动效应。例如，经常（至少每周一次）有人问我，对治疗阿尔茨海默病的最新"神奇药物"有何看法。我也会去查看相关的研究论文。通常情况下，我会发现，这种药物确实有效——但那是在小鼠实验中，研究对象为 10 只小鼠。所以，对于那 10 只小鼠来说，这是个好消息。可对小鼠有效的药物，对人类是否有效，则完全是另一回事。

只有具备了基本的科学素养，才能做出判断。哪些信息来源是最可信的？我们要如何确定在晚间新闻中听到的健康信息的可信性呢？

与网络博客的信息量相比，虽然可靠的科学研究没有那么多，但这些研究的结果确实是一致的。新一代的研究已经开始确定，有些营养物质特别有助于我们的大脑发挥最佳潜能，并能对其起保护作用，使之不会随年龄退化，从而让我们终生保持头脑敏锐。与此同时，我们也在尽力弄清哪些营养素对大脑有害、对认知能力有负面影响，以及会增加智力衰退的风险。这包括我多年来的研究经验——涉及遗传学、营养学和生活方式之间的重要相互作用。

值得注意的是，在这本书里，我不仅介绍了我自己的研究结果，而且分析了数百名科学家的研究结果，这些科学家几十年来一直在研究饮食与脑部健康之间的关系。科学从来不是一言堂，它总是涉及包括医生、科学家和你在内的所有人，是大家共同参与的一场持续性的教育与交流，并且会随着时间的推移而不断发展。由于这种世界性的科学奉献精神，我们相互挑战，刨根问底，以弄清我们所研究的科学问题。事实上，科学的美应该是集思广益的，即众人拾柴火焰高。

只看一篇研究论文的危险在于，你可能会发现，在一项研究中被证实的东西，在另一项研究中却被证明是错误的。某天，你在一篇文章中读到，"从科学的角度看"你必须不惜一切代价避免胆固醇。然后，你又看到另一篇论文，同样"科学地"解释了胆固醇在维持脑部健康方面所起的作用。这两项研究怎么可能都是正确的？

所以，没有一项研究是完美的。谁也不能绝对肯定，其研究发现是有效的，适用于整个人群。我们需要从长远、全面的角度看。一个特定的发现，越是能够被独立的研究所重复、应用多种方法、以更多的患者为研究对象，这个发现就越有可能是正确的，并且适用于每个人。

毫无疑问，就"什么对大脑有益，什么对大脑有害"的问题而言，确实存在一个基本标准或准则。作为一名神经学家，我在本书中利用自己的研究背景，建立了一个神经学和营养学的框架，来探讨在促进大脑最佳健康方面，食物特别重要的作用方式。在本书中，我们将通过探索神经或大脑营养，来深入了解相关科学研究迄今为止的各种发现。我们将看到，食物是如何分解成营养物质的，以及这些营养物质在多大程度上滋养了我们的大脑。我们将探讨，大脑是如何工作的，以及饮食对我们的认知表现的具体影响。但最重要的是，我们将认识到，人脑有何独特的营养需求，这与人体其他部位的营养需求不同。正如在参加铁人三项训练时期，我们的饮食会不同于减肥期间的饮食，在优化长期认知健康时，大脑也有自己的需求。事实证明，我们的未来在我们自己手中——以及我们所选择的饮食中。

目　录

·

第二步　健康饮食法改善认知能力

第三步　朝着最佳健脑饮食前进

第一步

了解神经营养

第 1 章

迫在眉睫的脑部健康危机

好消息

让我们从一些好消息开始。现如今，人类的寿命比以往任何时候都要长。在过去的 200 年中，人类的预期寿命一直在稳步上升。特别是在 20 世纪，人类的寿命更是增长迅速。人均预期寿命的大幅提高，可以说是人类社会最伟大的成就之一。根据美国疾病控制与预防中心（Centers for Disease Control and Prevention）的数据，虽然生于 20 世纪初的人平均不会活过 50 岁，但在大多数工业化国家，人均预期寿命目前已接近 80 岁。

事实证明，最近我们人类寿命的延长，不是由于遗传或自然选择，而是由于整体生活水平的不断提高。从医疗和公共卫生的角度来看，这些发展甚至称得上对游戏规则的改变。例如，通过大规模疫苗接种，天花、脊髓灰质炎和麻疹等重大疾病已被根除。与此同时，通过改善教育、住房、营养和卫生系统，人们实现了生活水平的提高，从而显著减少了营养不良和感染，促进了儿童死亡率的下降。此外，旨在改善健康的许多技术已为大众所用，无论是通过冷藏防止变质，还是体系化的垃圾收集，这些技术本身就消除了一些疾病的共同来源。这些令人印象深刻的转变，不仅极大地影响了文明社会的饮食方式，而且还决定了文明社会将如何生存和消亡。

总之，我们的寿命越来越长。在现今的大多数工业化国家，长寿是一种合理的期望，以至于科学家们坚信：人均寿命更长的社会将继续存在。这是一个好消息——在人类几千年的历史上，也是个来之不易的成就。

不太好的消息

现在看另一面。事实证明，在某种程度上，我们可能成为自身成就的牺牲品。不幸的是，寿命的延长并不一定意味着我们年老之后仍然能保持身体健康。年老可以使人更有智慧，但也可能伴随着一些问题。老年人避无可避的问题包括耳背、老花眼、反应变慢，以及关节炎、风湿病和呼吸系统疾病等常见病。更令人担忧的是，随着年龄变老，我们的大脑可能会退化，从而容易出现记忆障碍和认知功能丧失。

这些年来，我问过无数患者："关于你未来的健康，你最担心什么？"通常，他们想到的不是自己的心脏状况，甚至不是自己的患癌风险。如今，对大多数人来说，最大的恐惧是，在老年阶段患上痴呆症。

痴呆症最常见（可能也是最令人恐惧）的形式，就是阿尔茨海默病，它会夺去患者的记忆。阿尔茨海默病患者会突然忘记自己在想什么，或无法记起自己所爱的人，这种患病风险会使我们感到极大的焦虑、恐惧和压力。同样令人畏惧的是，如果我们的亲戚或好友患上这种毁灭性的疾病，看到他们受折磨，我们不可避免地也会感到悲伤。

这种担忧是可以理解的。在 21 世纪人口老龄化面临的所有挑战中，没有什么能与阿尔茨海默病的空前规模相比。根据阿尔茨海默病协会（Alzheimer's Association）最近的报告，仅在美国，估计就有530 万人患有阿尔茨海默病。随着婴儿潮一代的年龄增长，到 2050年，阿尔茨海默病患者人数预计将达到 1500 万。

在全球范围内，也可观察到类似的趋势。如今，全世界大约有4600 多万人患有痴呆症。到 2050 年，痴呆症患者人数估计将增加到1.32 亿人。

此外，尽管阿尔茨海默病是最容易识别（也是最常见）的痴呆类型，影响脑部健康的疾病还有很多，例如其他形式的痴呆症、帕金森病、中风、抑郁症，等等。随着人均寿命的增长，这些疾病所造成的负担也正在越来越多的国家达到惊人的程度。更糟的是，还有很多老年人具有一般性的增龄相关认知障碍，受影响的人数是痴呆症患者人数的三四倍，随之而来的还有巨大的心理、社会和经济压力。

随着人口老龄化问题加剧，一场前所未有的脑部健康危机正在逼近，当我们认真面对这一挑战时，就会发现 2050 年似乎并不遥远。

我们需要对策，而且需要尽快找到。

突破性的消息

现在，来看看给我们带来希望的消息。最近的医学突破从根本上改变了我们对衰老和疾病的理解，它表明，在记忆力减退症状（如忘记名字或丢失钥匙）出现之前，导致痴呆症的大脑变化就早已开始了，并且持续了几十年。这些发现所揭示的情况，比人们以前想象的要复杂得多。

有两项技术尤其深刻地改变了我们了解大脑衰老的方式。其一，我们终于有了"廉价的基因组测序"（负担得起的 DNA 测试）工具，这使我们能够深入了解自己的遗传基因序列。就在 5 年前，我们的患者若要做一次基因检测，动辄花费数千美元，而如今，基因检测的费用已降至几百美元。

其二，我们还有一些检测技术，比如脑成像，使我们能够观察到大脑的结构，以及随着时间的推移，我们的遗传基因和生活方式的选择会如何影响大脑的运转。科学家们现已可以使用先进的脑成像技术，如磁共振成像（MRI）和正电子发射断层扫描（PET），从内而外观察人类的大脑。脑成像为我们提供了一个罕见而又适时的窗口，使我们能够在患者出现明显的临床症状之前，提前几年开始观察许多脑部疾病的实际进展。然后，我们可以追踪观察阿尔茨海默病等疾病的发展情况，并利用这些知识，在疾病症状出现前几年，甚至是前几十年，提早发现有患病风险的人。

你应该已经留意到了，在本书中，关于脑部健康营养的大部分讨论，都提到了阿尔茨海默病。这主要是因为，阿尔茨海默病不仅发病率高，而且是为数不多的几种科学家们公认的受饮食影响的神经系统疾病之一，因此，该领域的大部分受资助研究都与其有关。所以，人们到底需要吃什么来提高或保持最佳的认知能力呢？为了弄清楚这个问题，我们需要比较一下，看看那些头脑健康的老年人与患上痴呆症的老年人有什么区别。在这种情况下，阿尔茨海默病实际上是个典型的例子，它向我们展示了，大脑对我们提供的营养物质的最极端反应。由此，我们所学到的经验教训以及要遵循的行为，不仅适用于更普遍的认知健康提升，也适用于与大脑老化相关的各种类型的认知衰退的预防。遵循预防心脏病的指南，对每个人都有好处——而不是只适用于有心脏病风险的人。同样地，预防阿尔茨海默病的最新饮食策略，也能优化**整体认知健康**，在人一生中的各个阶段都适用，具有全面的益处。总的来说，关于阿尔茨海默病的研究发现，可视为一个框架，它对与大脑老化相关的认知衰退都有参考价值。

通过使用脑成像技术，世界上有几个研究小组已经成功地绘制出了阿尔茨海默病的发展过程，向人们展示了它是如何在大脑中逐渐发生，并在临床症状出现之前的长达 20 年至 40 年的时间里缓慢恶化的。换句话说，认知障碍不仅仅是年老的结果，也是持续多年的大脑受损的结局。更令人不安的是，导致痴呆症的大脑变化，可能在成年早期就开始了，在某些情况下，甚至从出生就开始了。事实证明，阿尔茨海默病不是老年人的疾病，也不是毫无预兆就突然发生的。

目前，我们的理解是，与遗传、生活方式和环境有关的许多因素，都有可能在一个人还年轻时对大脑造成潜在的损害，从而引发一系列的病理变化，最终导致认知功能退化。这可能是一些典型的健忘和轻微的记忆问题（许多人会在 60 岁左右经历），或者老年时期的严重痴呆和生活自理能力的丧失，无论哪种情况，在任何明显的症状出现之前，大脑的变化便已经在悄然发生，并且持续了很长一段时间。

如果觉得很可怕，那就接着往下看，鼓起勇气。

这些研究，包括我自己的研究，所包含的关键信息是，这一漫长的间隔（出现痴呆症状之前的很长一段时间），给我们留下了宝贵的时间窗口，有助于我们最终彻底探索**预防**的力量。越来越多的证据表明，按照本书描述改变生活方式，不仅有可能预防阿尔茨海默病的发生，而且对于目前患有痴呆症的人来说，也可以减缓甚至阻止病情的发展。

如果这还不够，进一步说，健脑饮食不仅仅是预防疾病的有效方法——它实际上可以帮助你**在生活中的各个方面**达到最佳状态。除了克服对任何特定疾病的恐惧，以及实现更普遍的愿望（在更长的寿命内，更好地保持脑部健康），这也是一个行动的号召。如果你已经到了一定的年龄，开始考虑如何在老年时也拥有健康的大脑，那就该开始做出重要的改变，延缓大脑衰老。

完全不可替代

大脑的保养，是一个终生的过程，这主要是由于脑细胞的性质。事实上，我们的脑细胞（或神经元），确实是**不可替代**的。这是我们的大脑与身体其他器官之间的一个主要区别。在身体的其他部位，各种细胞不断地更新（想一想，你的头发和指甲长得有多快）。但是大脑缺乏持续再生新神经元的能力。

随着我们的年龄增长，一些神经元确实会继续生长，但绝大多数神经元会伴随我们一生，这使得它们对衰老过程中自然发生的损伤特别敏感。这就是为什么，像阿尔茨海默病这样的疾病破坏性如此巨大——病变造成了神经元的死亡，这些神经元是无法再生的。

所有这一切意味着，我们需要更加关注脑细胞的健康，因为总的来说，脑细胞是不能再生的细胞，会伴随我们一生。

这一点尤其重要，因为我们对大脑内部状况的认识有限。通常情况下，我们甚至不会觉察到自己的大脑正在受损伤，除非一个内部问题严重到足以产生外部症状，如意识丧失、幻觉或认知障碍。例如，对于脑震荡患者来说，这一情况并不少见——在头部受到撞击之后，不适感并不会立刻出现，人们还能照常做事，要到受伤数小时或数天后，症状（如感到头晕或迷糊）才会显现。举一个更常见的例子，即使大脑的"燃料"不足，许多人也要到出现明显的症状（如头昏眼花，无法正常思考）时，才会意识到。对于自己的大脑的状态，我们的认识为什么如此不足？

首先，我们看不见自己的大脑。但更重要的是，我们**感觉**不到它们。

这是我们的大脑与身体其他部位之间的另一个主要区别。尽管大脑内部十分活跃，但有一件事是大脑不太擅长让我们知道的，那就是它自身的状况。然而，这不是它的错。与身体其他部位不同，大脑中没有**痛觉感受器**。因此，我们无法感觉到"脑痛"。如果有人触摸你的大脑，你不会有任何感觉。这就是为什么，外科医生能在患者仍保持清醒的情况下，给其进行脑部手术。

大多数人会误以为，偏头痛或头痛是大脑内部产生的疼痛。我们自己也常说："我的偏头痛很厉害，我觉得我的头要裂成两半了。"这种表达比我们所想的更直白。事实上，头痛不是大脑在痛。头痛可能是因为，颈部和肩部的肌肉（而不是大脑）在一段时间内处于半收缩状态，例如当我们在电脑前坐了几个小时之后，就可能会出现头痛。这种肌肉紧张，也会波及面部和头皮的肌肉，激活位于那里的痛觉感受器，并发出不适的信号。很多人误以为，这种头痛就是脑痛。下一次，当你头痛时，你可以做做伸展运动，缓解肌肉紧张。

这一切归结起来就是，我们的脑细胞不仅无法被替代，甚至在出现问题时也无法发出警报。

因此，对于大脑的健康，我们可能不够注意。然而，我们可以采取一些措施，帮助我们的神经元保持强壮，避免令人不快的意外。我们之所以有可能干预和改变衰老与疾病的进程，是因为大脑本身具有非凡的能力。数百项研究表明，人类的大脑是顽强的斗士。在被击倒之前（或者用生物学术语来说，在耗尽自身之前），一个健康的大脑可以承受很多打击。也只有在承受了很多打击之后，疾病的症状才会出现。

这是因为大脑有它自己的储备。就像汽车有一个备用的副油箱一样，"大脑储备"的概念是指，大脑在面对持续攻击时的表现能力。脑细胞遭受攻击，可能是年龄、意外事故或疾病导致的，不管怎样，如果我们任由这些攻击日积月累，积累到足够多时，我们的大脑储备最终将会耗尽。考虑到这一因素，一个主要的临床目标就是在早期发现疾病，找出阿尔茨海默病之类疾病的潜在患者（他们的大脑正在默默地抵抗疾病的攻击），尽早开始必要的预防性治疗，以避免他们患上痴呆症。

听到这些，有些人可能希望拿着处方，去药房买那种药到病除的特效药。不幸的是，药物治疗是有限的。就阿尔茨海默病而言，目前的药物只能在有限的时间内减轻或稳定症状，但不能最终阻止阿尔茨海默病对脑细胞造成的损害。新一代的治疗药物，例如阿尔茨海默病疫苗，目前正在研发中，但是这些药物能否在未来 10 年内上市，即使是制药公司也不能保证。与此同时，临床试验的结果大多令人失望，这证实了每个人都不愿承认的事：等到出现临床症状时，再对患者施加治疗可能为时已晚。如果在认知能力下降之前，在疾病的早期阶段使用药物，效果会更好。

但就目前而言，这种预防性治疗并不存在，似乎在近期也不会有。

这引出了几个紧迫的问题。我们是否应该等待，等待某个实验室有新的发现，进而研发出新药？我们还有时间去等吗？除了药物治疗方法，是否有一个同样有效的替代方法？最重要的是，我们能做些什么，来确保我们的大脑一直健康和活跃，防止大脑疾病的发生？

先天还是后天

关于阿尔茨海默病，最近的研究表明，在决定自己未来的心智能力方面，我们自身是能起到一定作用的。你可能知道，人们通常认为，阿尔茨海默病是衰老、致病基因或两者共同作用的一个几乎不可避免的结果。实际情况并非如此。

大多数人不知道的是，只有**不到 1%** 的阿尔茨海默病患者是由于基因突变而发病的。正如我们稍后将详细讨论的，绝大多数患者并不携带任何此类突变。所以对于余下 **99%** 的人来说，真正的患病风险并**不是由基因决定的**。

这应该不会太令人惊讶。即使是癌症、肥胖症、糖尿病和心血管疾病，在很大程度上也是遗传和生活方式等多种因素相互作用的结果，而不是由单一的基因突变造成的。同样，我们需要认识到，就与大脑老化相关的大多数类型的认知衰退而言，其潜在原因虽然可能与遗传有一定的关系，但更受环境和生活方式因素（如饮食和锻炼）影响。所以对我们大多数人来说，我们的患病风险更多与我们的生活方式有关，与基因的关系不大。

　　这一点很关键。首先，这表明，我们以后的身体状况（以及大脑的健康）往往不取决于我们的基因，而是在很大程度上取决于我们做出的选择。例如，双胞胎研究证实，我们的未来是由经验塑造的，与基因关系不大。在这方面，对同卵双胞胎的研究尤其具有启发性。人们对数千对同卵双胞胎（同卵双胞胎拥有相同的 DNA，但在不同的家庭环境中长大，生活方式也有所不同）所做的研究表明，遗传因素在影响寿命的全部因素中的占比约为 25%。所以，相比于遗传因素，生活方式因素对寿命的影响更为深远。这些研究提供了相当确凿的证据，印证了前文中我们提过的结论。恰恰是那些在我们控制范围内的事情，会对我们未来的生活产生深远影响——不仅在寿命方面，还在生活质量方面。

　　与此相一致的是，据估计，近年来，大约有 70% 的中风病例、80% 的心血管疾病病例，以及高达 90% 的 II 型糖尿病病例都是由不健康的生活方式引发的。只要多注意饮食选择、体重控制和身体锻炼，就可以预防这些疾病。重要的是，最近有证据表明，只要把诱发心脏病和糖尿病的几个危险因素控制好，全球 1/3 以上的阿尔茨海默病病例是可以预防的。这些干预措施应该能够更有效地预防或尽量减少随着年龄变老而自然发生的不太严重的认知问题。

　　事实是，我们拥有的力量比我们意识到的更多。我们个人选择的力量往往尚未发挥出来，因为传统西医倾向于先用药物或手术方法对症治疗，然后再考虑风险更小且往往更有效的方法——比如健康饮食。

大脑与食物的联系

几十年来，医学界已有共识，建议将饮食管理纳入许多疾病（如糖尿病、心脏病、高血压和高胆固醇）治疗计划的一部分。到目前为止，还没有针对大脑老化和痴呆的饮食管理建议。事实上，许多科学家和非科学家仍然不愿相信，我们的食物选择可能与我们大脑老化的方式或患上某种脑部疾病的风险有关。

在某种程度上，这是由于在医学院和研究生阶段的大多数精神健康教育项目中，营养学历来是被忽视的学科。直到最近几年，营养学才受到重视，被视为一门科学，饮食被认为是预防脑部疾病（如阿尔茨海默病）的合理方法。渐渐地，科学家们开始认识到，饮食与脑部健康之间有强大的联系。从这一发现开始，越来越多的证据表明，我们的饮食方式可能导致我们患上痴呆症。

大多数人可能刚开始意识到，我们所吃食物的健康程度和质量都在大幅下滑。动物们以包含生长激素、抗生素和转基因（GMO）饲料为食，接着被宰杀，成为我们的食物，我们也会吃下这些抗生素之类的物质。鸡和猪的饲料中被加入砷等有害物质（防腐剂）。常规种植业会大量施用农药和化肥。以此法种植，除了使作物残存毒素和耗尽土壤养分之外，还让它们在外观上变得更丰硕饱满，同时掩盖其中维生素和矿物质含量大幅减少的事实。此外，大多数食品中都会被添加化学改性脂肪和精制糖。这样做不仅为了延长食品的保质期，还能增加我们对这些食品的渴望，从而推动销量和利润。

直到现在人们才注意到，在人体的所有器官中，大脑是最容易受到不良饮食损害的。从结构到功能，大脑中的一切都需要适当的食物。许多人不知道的是，大脑获得营养的唯一途径是饮食。日复一日，我们吃的食物被分解成营养物质，吸收到血液中，并运送到大脑里，以补充其耗尽的能量储备，激活细胞反应，以及最重要的——被整合到大脑组织中。来自肉类和鱼类的蛋白质，被分解成氨基酸，其中有一部分被脑细胞利用。蔬菜、水果和全谷物，提供了重要的碳水化合物（如葡萄糖、维生素和矿物质，它们使大脑充满活力）。来自鱼类和坚果的健康脂肪，被分解成 ω-3 和 ω-6 脂肪酸，使我们的神经元具有灵活性和反应性，同时支持我们的免疫系统，并保护大脑免受损害。我们大脑的健康状况，与我们吃进的食物息息相关。

神奇的食物

科学家们通常认为，食物是卡路里和营养素的组合体，与人体生物学有一些特定的相互作用。如果遵循这一思路，天然食物与工厂加工的工业化食品就没什么区别了。但是大自然并不像工厂那样运作。

工业化食品体现的是，人类近两百年来在营养、食品制造和优化方面的创新和研究。相比之下，天然食物体现的是，地球上的生物在数千年来的进化和适应。当你把一颗蓝莓放进嘴里时，你会受益于蓝莓灌木丛在生物进化方面的所有努力（数千年来的试错），这种努力不仅是为了结出浆果，而且是为了保护蓝莓物种的未来，它存在于休眠的种子中。

浆果会利用自己的防御系统来保护种子，它由几种化学物质组成，被我们人类称为**营养素**——我们设法通过工业化方法，把这些营养素提取出来，制成药丸和胶囊。这些营养素中，有一些是维生素，用以防止种子变质；其他一些是矿物质，使之有坚硬度；还有一些是糖类，给它们能量。

此外，植物会产生多种多样的功能强大的化合物，它们被称为**植物营养素**，例如**花色素苷**（anthocyanin）和**紫檀芪**（pterostilbene），这两种营养素使蓝莓成了新闻热点。植物营养素具有重要作用，能够对抗氧化应激和炎症，从而延长种子的寿命。浆果的颜色、气味和味道也源于植物营养素的影响。这些浆果努力使自己变得如此美味的一个原因是——全力吸引鸟类食用。因为正是通过鸟的消化、飞行和排泄，植物得以将种子传播到自身地盘之外的地方，从而进一步保障其在地球上的生存。

到头来，通过结出浆果，植物确保自己的生命得以延续。通过吃浆果，我们得到了这种植物进化产生的所有益处。这其中有一股神奇的力量。浆果会使自己营养美味，却不需要受任何类似意图或想法的东西（广告、实验室或商业计划）影响。但这里面绝不存在"超自然的"力量，只是大自然的神奇使然。

在神经营养学中，无数例子表明，食物整体的功效比其营养物质的简单总和要大得多。

尽管我们面对布朗尼蛋糕时会特别眼馋，但大脑实际上渴望的是，存在于天然食物中的、具有生物活性的多种营养物质。合适的营养物质以合适的方式结合在一起，这种神奇力量造就了健康的浆果，它同样也能造就健康的大脑。

空谈不如实证

真的会这么简单吗？你不觉得这一切有点难以置信吗？

我曾经觉得难以置信。但正是我的研究工作改变了我的认识。接下来我要具体说明一下。

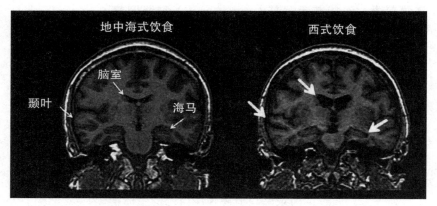

地中海式饮食　　　　　　　　　西式饮食

脑室　　颞叶　　海马

图 1

图 1 显示了两个人的 MRI 影像。这两个人都很健康，无痴呆症状。但是她们遵循着非常不同的饮食模式。让我们来看看这两张影像的差异。

左图显示的是，一名 52 岁的女性的大脑 MRI 影像，她一生大部分时间都在遵循地中海式饮食模式。虽然不具备神经学专业背景的读者可能没法一眼得出结论，但事实上，她的大脑很明显看起来很棒。事实上，你也会希望到了 52 岁时，自己的大脑 MRI 影像也能如此之好。她的大脑占据了颅骨（图中大脑周围的白色带）内部的大部分空间。**脑室**（位于大脑中间的蝴蝶状小裂缝）体积小而紧凑。圆形的**海**

马（大脑的记忆中心）与周围组织紧密接触。

相比之下，右图显示的是，一名 50 岁的女性的大脑 MRI 影像，她多年来一直遵循西式饮食模式。西式饮食主要包括快餐、加工肉制品、乳制品、精制糖果和碳酸饮料。箭头所指的是大脑**萎缩**的部位，为神经细胞死亡所致。随着大脑中神经细胞的损失，多出来的空间充满液体，在 MRI 影像中显示为黑色。正如你所看到的，与左图（遵循地中海式饮食模式的女性的大脑 MRI 影像）相比，右图（遵循西式饮食模式的女性的大脑 MRI 影像）中的黑色区域更多。右图中的脑室（类似蝴蝶状的结构）更大，这是大脑萎缩的结果。海马本身被液体包围（液体在图中显示为黑色），颞叶也是如此，颞叶是直接参与记忆形成的另一个区域。这些都是衰老提前和未来患痴呆症风险增高的迹象。

当然，这并不意味着，只要是遵循地中海式饮食模式的人，就会有健康的大脑，也不是说，所有吃快餐的人，都会有不健康的、处于退化状态的大脑。但平均而言，与遵循不太健康的饮食模式的人相比，遵循地中海式饮食模式的人似乎总体上有更健康的大脑，无论他们是否有与痴呆症相关的遗传风险因素。

这些研究已引发了医疗实践中真正和恰当的范式转变，现在有越来越多的专家认为，饮食对脑部健康及身体健康同样重要。特别是，越来越多的证据表明，选择**有益于脑部健康的饮食**，是终生保持最佳认知能力的关键，因此可以延缓乃至预防诸如阿尔茨海默病之类疾病的发生。与此同时，良好的饮食和健康的生活方式还有一个额外的好处，那就是降低其他疾病（如心脏病、糖尿病和各种代谢紊乱，这些疾病也会影响脑部健康）的风险和严重程度。

最后，科学研究表明，我们的脑部健康在很大程度上取决于我们的食物选择。尽管某些遗传因素可以使我们易患多种疾病，但在管理好自己大脑（和身体）的健康方面，我们也应该更积极一些。我们都能做并且也应该做的是，保护好自己独特的大脑，尽可能用最好的方法来滋养大脑，这自然会增加我们健康长寿的机会。

滋养大脑的三个步骤

在接下来的章节中，我提供了必要的信息，以探索这条旨在促进和保护脑部健康的备选路径的前景，同时也提供了确保最理想认知健康状态的指南，其适用范围远不止于任何一种疾病或症状。在朝着这个目标前进的过程中，我提出的神经—营养学方法包含三个基本的步骤，你可以很容易地将它们纳入日常生活中，以增强你的脑部健康。该计划源自最前沿的饮食理念，基于神经学、生物学、遗传学和营养医学方面的科学研究，还涉及食物协同作用和微生物组方面的最新研究。

第一步：了解你的大脑需要哪些食物和营养素，以获得最佳营养。为使宝贵的大脑充分发挥其潜力，你能做的最重要的事情是，创建一份健脑食谱。此外，保持你的大脑活跃——多运动，勤用脑，积极社交……这对于保持最理想认知状况也是至关重要的。

第二步：按照第 11 章至第 13 章中概述的通用指南，改善和优化你的饮食和整体生活方式。这些是基本建议，任何人都可以对其进行采纳和改进，从而获得更高水平的脑部健康。

第三步：通过第 14 章中的测试，找出你在神经营养学相关方面的定位。这个框架将帮助你思考，在滋养大脑的长期过程中，自己所处的位置。你处于什么位置，在哪个水平——初级水平、中级水平，或者高级水平？在通往最理想认知状况的道路上，若要继续前进，你能做些什么呢？本书将针对这三个水平，为你提供完整的诊断及合理的建议。

通过这三个步骤，发现并拥抱适合自己的计划蓝图，你可以把自己从这本书中学到的所有东西整合在一起，制订一个适合**你自己**的最佳饮食和生活方式计划。无论你的目标是长期提升脑力，减少记忆衰退，抑或降低患阿尔茨海默病的风险，采取这些简单的健脑步骤，都将有助于使大脑长期保持最佳状态。

第 2 章

人类大脑——一个挑食的吃货

骨和屏障

为了充分了解如何最好地满足大脑（这个最复杂的器官）的需求，我们首先需要了解一下它的内部运作机制——它是什么样的，它是如何工作的，它是怎么进化成这样的。正如我们将在下面几页中看到的，人类的大脑不仅非常独特，而且桀骜不驯，会按照自己的规则（甚至是品位）工作。接下来，让我们看看这个最不可思议的器官吧。

神经学家在描述大脑时，可能会使用一系列极限词。首先，也是最重要的，大脑是人体内最脆弱的器官。

人们可能会认为，作为人体如此不可或缺的一部分，大脑可能是由坚不可摧的组织构成的。可事实正相反，人类的大脑非常柔软。如果把大脑握在手中，你会发现，它的质地与果冻差不多。由于大脑中含有大量的脂肪，它的质地非常柔软，很容易受损。简言之，大脑非常脆弱，不堪一击。在进化过程中，大自然也给了大脑最严密的保护，大脑被几层保护膜（**脑膜**）包裹，外面是厚且坚硬的颅骨。

保护大脑的颅骨像一个天然的头盔，不仅坚固而且抗冲击力强，头部受到偶然的撞击之后，我们通常会"哎哟"叫一声或做个鬼脸，然后就没事了。但如果不是因为颅骨和脑膜，这种看似无害的轻微撞击就会严重损伤大脑，导致大脑功能失常甚至死亡。

在颅内，大脑浸在脑脊液中，**脑脊液**是无色透明的液体（在 MRI 片子上呈黑色），我们的大脑非常娇弱，如果没有脑脊液，大脑甚至无法支撑其自身的重量。脑脊液"托浮"大脑，起到缓冲作用，缓冲由于突然的头部运动或者撞击在坚硬的表面上造成的冲击。脑脊液还有"清除"作用，通过脑脊液的循环来清除大脑中产生的毒素和废物，保持大脑自身的清洁和功能。

颅骨、脑膜和脑脊液都是为大脑提供结构保护和支撑所必需的——从而赋予它在体内"最受保护的器官"的地位。然而，对大脑这个如此容易受损的器官来说，外力损伤并不是其面临的唯一危险。它还需要从内部受到保护，因为循环在血液中的许多物质可能会对大脑造成极大的伤害。在大自然的安排下，一种介于血液和脑组织之间的特殊屏障，起到了阻止这些物质进入大脑的作用。

大脑是体内唯一有自身安全系统的器官，该系统即是被称为**血脑屏障**的血管网络，这进一步证明了大脑的重要地位。血脑屏障是大脑的最后一个保护层。它由扁平的细胞构成，细胞间衔接得十分紧密，是一种几乎无法穿透的细胞屏障，只有那些被认为安全、有用的物质，才能穿过血脑屏障，进入大脑。

我们可以将血脑屏障想象成一个戒备森严的政府机构。就像 FBI（美国联邦调查局）总部一样，在每个大门都设有入口监控和保安。一些访客畅通无阻，立即被认出并获许进入。其他访客则必须出示身份证件，并通过安检设备，然后被护送进去。还有一些访客被拒之门外，甚至不被允许靠近。这一策略使大脑能够完全控制局面——哪些物质容易进入，哪些物质只有在监督下才能通过，哪些物质是危险分子，必须把它们拒之门外。

日复一日，通过限制外来、潜在的有害物质（如细菌、毒素，甚至某些药物）的穿过，血脑屏障保护大脑免受感染和炎症的损伤。与此同时，身体其他部位产生的化学信使（可能干扰大脑活动，包括一些自体激素）能否进入大脑，则是受到血脑屏障精确控制的。

另外，大脑行使功能所必需的各种物质，都是可以穿过血脑屏障的。神奇的是，被允许穿过血脑屏障的大多数物质，都与空气、土壤以及地里长出的食物密不可分。想想看，随着我们的每一次呼吸，吃进去的每一顿饭，我们所生活的这个星球——它的河流、山谷、海洋和天空——中的很多物质，正在成为我们大脑的一部分，这是非常震撼人心的。

首先，水是一位嘉宾。水随时都可自由进入脑组织，一些气体（比如氧气）也有如此待遇，它们是我们的细胞呼吸所需要的。

除了水和空气，还有哪些物质能通过血脑屏障？

营养物质。

蛋白质、脂肪和碳水化合物，以及维生素和矿物质，它们所起的作用是，维持大脑功能，促进细胞活动，防止缺损产生。人类大脑经过数百万年进化到如今的程度，血脑屏障中形成了高度专门化的、具营养物质特异性的通道，使得我们体内这个最重要的器官（大脑）能够获得其生长和保持活力所需的所有营养物质。

思想活动所需的食物

我们大脑的健康，以及我们的适应和生存能力，本质上依赖于我们的饮食——因此也依赖于我们的环境。为了充分理解这代表了什么样的进化优势，以及我们的大脑与外部世界之间的相互作用是多么微妙，我们首先要看看人类大脑是如何形成的。

在生物医学研究领域，人们越来越注重运用进化的观点来分析现代健康问题的起源和性质。在过去的20年里，进化生物学方面的研究表明，使我们人类有别于其他灵长类的关键特征里，许多都与我们独特的营养需求密切相关。然而，这种方法主要应用在减肥、健身以及代谢紊乱（如肥胖和糖尿病）的治疗方面，并没有被用在大脑的相关研究上。

然而，在人类饮食或营养的进化之路上，受影响最大的是大脑。从史前时代到现在，人类大脑的体积增加了2倍，这主要是由于人类祖先饮食习惯的改变。进化出更大的大脑，是一个缓慢而稳定的过程，发生在大约700万年的时间里。人类祖先的大脑体积在很长的时期里增长速度很慢，而在某一时段，则会出现急剧增长——这似乎与饮食的重大变化同时发生。

起初，就脑力而言，人类没有什么特别之处。大约700万年前，人类祖先出现在地球上，在前2/3的历史中，人类祖先的大脑体积与如今的一些猿类的相差无几。例如，最早的人类祖先之一**南方古猿**（Australopithecine）的大脑体积很小，脑容量约为400至500毫升。

在几百万年的时间里，人类祖先的脑容量基本没什么变化，直到大约180万年前，地球上首次出现**直立人**（Homo erectus），其脑容量达到了 1000 毫升。人类化石记录显示，这是人类祖先大脑体积的第一次实质性增大。下一次的飞跃则发生在不久之后。在过去的 50 万年，人类祖先的大脑体积有显著增加，**智人**（Homo sapiens）及其近亲尼安德特人（Neanderthal）与现代人的脑容量大致相同，约为 1300 至 1500 毫升。

按身体比例来说，现代人的大脑是巨大的。相比之下，目前还活着的人类近亲黑猩猩的身体大小与我们现代人相似，但其大脑体积仅有我们现代人的 1/3。这种体积的差异主要体现在，人类大脑中专门负责复杂认知功能（如语言、自我意识和问题解决）的那一部分结构的增大，由此促进了工具制作、象征性思维和社会化的发展——这些技能不仅使我们进化成人类，同时也使我们有能力更好地照顾自己。

但是对于我们这个物种来说，大脑体积增大的代价是非常高的。除了体积大不好支撑之外，人类的大脑需要消耗相当多的能量，因此需要更多的卡路里和营养。相比于身体大小与我们相似的灵长类动物和哺乳动物，人类大脑消耗的能量更多，占全身所消耗能量的比重更大。

随着大脑体积的增大，为了满足大脑的能量需求，我们的祖先必须寻找能量密度和脂肪含量较高的食物，而获取这样的食物，所需的时间和资源必然更多。不管怎样，维持这种饮食的能力，对我们的祖先来说是至关重要的。大量的科学证据表明，获得食物的机会与大脑体积大小之间存在直接关系，即使是营养质量上的微小差异，也会对生存和生殖健康产生很大影响。也许大自然认为，为了人类祖先的进步，这种权衡是值得的。毕竟，由于脑容量的增大，史前人类开始创造石洞壁画，现代人实现了第一次登月，并在最近发明和扩展了互联网，最终使我们这个物种有了质的飞跃，与所有其他动物区别开来。

适合"古人类大脑"的饮食

饮食和营养在人类进化史中的作用，是科学家们一直在研究的一个问题，大众对此也很感兴趣。尽管研究**智人**及其（生活在几百万年前）已灭绝的祖先的饮食是很困难的，古生物学家们已经能够非常详细而准确地描述我们祖先的饮食进化史了。

对于古生物学家们来说，地理环境是第一个线索。长期以来，非洲是公认的人类摇篮。但是我们祖先生活的"非洲"，并不是我们现在想到的炎热干燥的撒哈拉沙漠。相反，人类出现之前，古非洲有大片长满草的林地、长廊森林、湿地与河流冲积平原，形成湖泊和植被茂盛的沼泽地。几百万年前，在这个植被繁茂的生境，最早的古人类（hominid）出现了，它们的脑容量很小，走路摇摇晃晃。这些古人类喜欢吃水果和树叶，它们的饮食与现代猿类的相似。草、种子、莎草、水果、根、球茎、块茎……甚至树皮——这些最有可能是古人类的营养来源，它们有粗壮的下颌、强壮的面部肌肉和巨大的臼齿，非常适合缓慢而彻底地咀嚼，这是消化此类食物必须具备的条件。

但是此类食物的卡路里含量很低，它所提供的能量，不足以促使人类祖先脑容量显著增大。如果我们的祖先满足于吃茎和花，那么"**直立人**脑容量显著增大"就不会发生。人类祖先的大脑逐渐变得越来越大、越来越强，他们也**越来越容易饿**。

所以，是什么促进了人类祖先脑容量的显著增大过程？

多年来，人们一直认为，我们的祖先放弃了吃低热量植物性食物的习惯，转而吃高热量的肉类，以给大脑提供更多的能量，促进大脑容量的不断增大。这是完全合理的，前提是肉类食物很容易获取。但是古人类缺乏狩猎的能力。古人类的体型相对较小，身体特征与原始猿类的相似，不适合追逐大型动物。此外，古人类的大脑相当小，其技能也同样有限。又经过几百万年的进化，**直立人**出现了，他们的脑容量和身体大小都有显著增加，四肢比例和姿势也更适合有效地追赶猎物。

那个由来已久的范例"狩猎者其人"（man the hunter）在最近几年遭遇了沉重一击，因为研究显示，人类作为狩猎者的角色被夸大了。与我们想象的相反，对于人类祖先来说，作为食物，肉类尽管可能非常有价值，但却很难获取，因为狩猎的难度和危险程度都很大。

如果不是肉类食物，那是什么促进了人类祖先脑容量的增大呢？

事实证明，除了鱼类食物，没有别的。

有大量的古环境和化石证据表明，早期人类生活在靠近水的地方。对于人体来说，新鲜的饮用水确实是最重要的资源。纵观历史，人类文明也都起源于水畔。对于人类祖先来说，生活在河流和湖泊旁的另一个好处是，许多其他动物也生活在水域附近，甚至直接生活在河流和湖泊中。东非大裂谷有繁茂的植被，河网稠密，它可能是一个特殊的生境，人类祖先能在这里获得高能量的"健脑食物"，从而促进了脑容量的增大。在那时，岸边的浅水区有很多水生物种，如蜗牛、螃蟹、软体动物、海胆和小鱼，以及鱼卵、蛙卵、两栖动物和爬行动物。在捕不到鱼的日子里，人类祖先还可以吃昆虫、蠕虫（这种食物是一年四季常有的）和鸟蛋（这种食物是季节性的）。此外，附近的地带还有丰富的植物——水果、蔬菜和杂草……

这个生境之所以特别适合人类大脑进化，是因为这些食物很容易获取，吃起来很方便，有利于大脑尚不发达、动作协调性较差的人类祖先，与此同时，这些食物含有促进大脑生长所需的完美营养成分。鱼类和贝类是多元不饱和脂肪（polyunsaturated fat）的极好来源，其中的 ω-3 脂肪酸，如今很受人们追捧——我们的大脑主要由脂肪构成，ω-3 脂肪酸是其中的一个重要组分。鱼类和贝类还含有丰富的蛋白质、维生素和矿物质，这些物质对大脑功能至关重要。蔬菜和水果含有丰富的维生素、矿物质，以及对大脑有益的糖类，蛋中含有宝贵的营养物质，如**胆碱**——大脑用它来制造与学习和记忆有关的神经递质。关于这些食物和营养物质，我们将在下几章中进行详述。

接着谈狩猎。有证据表明，除了吃蛋类和贝类这种容易获取的食物之外，早期人类还参与"对抗式的食腐"（confrontational scavenging），旁观其他食肉动物捕杀猎物，然后驱离食肉动物，独享猎物尸体。显然，人类祖先的大脑已经进化到一定程度，使他们比竞争者更聪明，能够巧妙地从竞争者嘴下夺食。这种不那么绅士的行为，进一步增加了人类祖先获取动物蛋白的机会，他们可能会吃到各种陆生和海生动物，包括鸟类、海龟、两栖动物，甚至鳄鱼。我们现代人可能吃不惯这些动物，但它们确实为人类祖先的贪婪和不断增大的大脑提供了额外的营养来源。

吃得更好使我们的祖先变得更聪明，从而能够更有效地获取食物。随着脑容量的不断增大，我们祖先的身高也在增加。与此同时，他们的手眼协调能力越来越好，计划能力也在增强。在这个过程中，我们的祖先学会了站立、行走，进而学会了奔跑，然后又掌握了狩猎技能，从而能够开始捕捉鸟类和小型哺乳动物，最终学会了追猎体型更大、跑得更快（当然也更鲜活）的猎物。

这种更高质量的饮食，进一步增加了我们祖先的脂肪和能量摄入，这对**直立人**的大脑快速进化至关重要。

动物性食物（如鱼类和肉类），对人体有多方面的益处。首先，它们都是很好的脂肪来源。强壮的骨骼需要矿物质，只有当脂肪存在时，矿物质才能被人体吸收。人体内的脂肪，还有助于调节体温、血压及激素的产生。但更重要的是，脂肪组织是人体能量的储蓄所。早期人类为了谋生，主要靠寻找水果和蔬菜来果腹，偶尔才能狩猎到野生动物，在这种情况下，储存脂肪热量的能力，对于我们的祖先来说可能事关生死。就像熊会在夏天和秋天尽量多吃、为冬眠储存能量，人体也一样。对狩猎采集的祖先来说，这种能力（储存脂肪，作为以后的能量来源）是一种极大的进化优势，尤其是在食物短缺时期。对于生活在 24 小时营业的便利店或超市附近，还可以网上购物的现代人来说，食物短缺是很难想象的。但是在步入现代社会之前，人类受制于自然界的四季变换，在某些季节，食物相对富足，在另一些季节，生活就很艰难。在肉食和水果稀缺的季节，我们的祖先常常依赖于在土地里刨食吃，通常就是吃一些植物、坚果和种子、块茎、野生谷物……甚至虫子。

然而出人意料的是，即使是在食物充足的时期，我们祖先的食谱中的大部分蛋白质和脂肪，也不是靠"狩猎者其人"——或者更具体地说，"捕鱼者其人"（man the fisherman）——获取的。事实上，在我们祖先的食谱中，大部分高能量食物不是男人捕鱼狩猎来的，而是女人采集来的。即使在如今，世界各地还有一些狩猎采集部落，研究表明，他们所吃的食物中 65% 来自植物性食物，靠捕猎得来的动物性食物不超过 25% 至 35%。

此外，所谓的原始人饮食法（Paleo diet）拥有一个基本信条，原始人不吃谷物，但新的证据表明，早在旧石器时代之前，人类就已经开始享用含碳水化合物的食物了（在这么漫长的时间里，人类足以进化出消化谷物的能力）。几个研究小组发现的证据表明，早在 350 万年前，像燕麦和野生小麦这样的原始谷物，就经常出现在我们祖先的食谱中。人类祖先基本上是能找到什么就吃什么。吃东西是为了生存。

在寻找更好、更丰富的食物的漫长过程中，人类祖先进化出了更大的大脑和更高大的身材，还学会了有效地获取、食用和消化食物。

人类变成厨子

大脑进化的另一个重要转折点出现在人类学会了控制火之后。尽管我们的祖先在 300 万年前就发现了火，但在很久之后，人类才学会用火。在 50 万年前，人类开始学会控制火，制作了石头灶台和陶土炊具，并习惯生火做饭，在此之后，人类祖先的脑容量显著增大。

经过剁碎并加热的食物（例如被火烤熟的肉和蔬菜），可以使营养物质更容易消化和吸收。烹饪之后，食物变软，咀嚼和消化食物所需的时间减少，但人体从食物中获取的卡路里不会减少。因此，我们的祖先可以把更多的时间和能量用在其他活动上——比如进化出更大的大脑。甚至有可能是，人类祖先的大脑凭直觉设计了这一切。毕竟，烹饪是我们人类特有的技能之一。

除了对人的大脑的影响，吃熟食还有助于重塑人体。古人类的牙齿和下颌骨都很大，适合咀嚼粗大的植物纤维，古人类的胃肠道器官也很大，能进一步促进营养物质的吸收。由于开始进食更多的动物性食物，并学会了烹饪，**智人**不再需要那么大而笨重的消化器官。在进化过程中，智人的牙齿和下巴越来越小、肠道越来越短，脑容量则越来越大。因此，与纯草食性动物相比，人类的胃相对较大一些、肠道则较短，但是人类的肠道比肉食性动物的长一些，所以人类既适合吃动物性食物，也适合吃植物性食物，能很好地消化吸收这两类食物。

回溯到一万年前，由于农业和农耕技术的发展，人类的饮食又发生了重大转变。人类开始种植作物和饲养牲畜，因而有了持续稳定的食物来源，获得了前所未有的营养优势。这种新的、充足又可靠的食物供应（如大麦、小麦、玉米和大米，以及鸡蛋、牛奶和畜禽肉类食物），使我们人类的饮食更有规律，从事的体力劳作也有所减少。这使得人口增长比以往任何时候都快。然而，尽管我们人类普遍能吃得更好，但与其他灵长类动物相比，我们人类也变得更胖，肌肉相对较弱。人类身体脂肪组成的变化，虽然在进化过程中是有益的（有助于给大脑提供更多的能量），但在进入农业社会之后，这种变化使人类更容易患上肥胖症和糖尿病等富裕疾病，这些疾病可能会损害脑部健康。在我们随时可以吃到容易使人发胖的食物的前提下，人类身体储存脂肪的能力可不再是什么优势了。

自从农业革命，尤其是 18 世纪末和 19 世纪初的工业革命以来，随着农业机械化以及铁路和蒸汽船的出现，人类已经从根本上改变了自己的生活方式和饮食习惯……虽然可能不是变得更好。

人如其……食

从饮食结构来看，我们祖先的饮食与现代人的饮食，无论在数量上还是在质量上，都有很大不同。饮食质量的显著下降，尤其令人震惊。我们的祖先主要吃蔬菜、水果、坚果和种子，但是现如今，许多美国人几乎不吃这些食物。即便吃，这些食物通常也不是餐桌上的主菜，而是作为配菜或佐餐零食出现，其状态往往不是新鲜的，而是经过加工的，例如经过罐装、冷冻、榨汁或其他化学处理的。在其他的工业化国家，这种情况也很普遍。

在人们过去的饮食结构中，碳水化合物主要来自应季的新鲜水果和蔬菜（有时还包括蜂蜜），而现在，我们主要从加工过的谷物、谷物食品以及精制糖产品中获取碳水化合物。在现代饮食中，来自养殖场的鸡肉和牛肉占很大比重，与过去那些生活在热带草原上的野生动物相比，养殖动物的肉质更差，蛋白质含量和对大脑有益的脂肪含量都更低。即使在如今，天然野生鱼的肉质也显然比养殖鱼的更好，$\omega-3$脂肪酸组成更健康，而且没有那么多毒素和污染物。更糟糕的是，我们摄入的脂肪，大多来自加工烘焙食品、乳制品、人造黄油和含杂质的黄油，这些食品中的不健康脂肪与健康脂肪的比例正好与健康食物中的相反。

因此，现代西方饮食是细粮、加工肉制品和乳制品的灾难性组合，营养价值很低。与此同时，我们几乎不吃新鲜的有机水果和蔬菜。在我们当中，有多少人会每周吃一次野生鱼？

在这种食物结构的巨变过程中，有一个事实日渐清晰，也很令人痛苦：我们的大脑跟不上，无从适应。

越来越多的证据表明，相对于人类进化的时间尺度，我们人类的生活方式和食物结构在近百年来的变化极其巨大，以至于我们人类的基因没有足够的时间来成功地适应。这一事实具有重大意义，会影响到我们对当下饮食需求的审视。

从 500 万年前至今，前 99% 的时间里，人类祖先是作为狩猎采集者生活在地球上的。虽然饮食结构可以在眨眼间改变，但我们的基因结构却没那么灵活。大约 50 万年前，**智人**出现，我们现代人的基因与那时智人的基因很相似。科学家们所知的许多致病基因，或者说是大多数致病基因，也是自那时起就已存在了。因此，从基因结构上来说，我们的大脑还没有准备好接受现代饮食。

人类祖先本能地知道，吃什么食物对大脑有益，而在如今这个时代，我们已经失去了曾经拥有的本能，并且经常被媒体和陈旧过时的教育误导，因此我们不得不重新学习真正对我们有益的是什么。

根据目前流行的一些观点，我们首先可以了解一下何种饮食和营养使得大脑进化成为可能。然而，这并不是说，我们可以简单地模仿祖先的饮食和运动方式——正如我们不可能重演祖先的生存环境和生活条件。相反，尽管看似奇怪，但我们要倾听大脑的声音，以便更清楚如何使自己处在健康最适度、头脑最敏锐的状态。

第 3 章
生命之水

吃，还是不吃，这是个问题

开始对神经营养学感兴趣时，我意识到，在"哪些食物和营养物质对大脑有益、哪些对大脑不利"的问题上，存在着很多令人困惑之处。某一天，你可能会听到有人说，吃鸡蛋有益健康，第二天，又有人说，吃鸡蛋对健康不利，进食钠盐被认为会导致高血压……后来又被认为不会，在人们口中，碳水化合物和脂肪轮流扮演英雄和恶棍的角色。

在我看来，这些困惑源于这样一个事实——在医疗健康行业，大多数从业人员不知道大脑是如何工作的，从事过大脑化学研究的人就更少了。

大脑的营养需求与身体其他器官的营养需求有很大的不同，这一点许多人都没意识到。正如我们在前一章提过的，人脑是一个非常特殊的器官，它按照自己的规则和喜好运转。现在，我们来看看大脑在饮食方面是多么的独特。它尽管需要很多能量，但同时非常挑食。与能够有效利用大部分营养物质的身体其他部分不同，我们的大脑在食物方面非常严格且挑剔。

如果把人体比作世界食品贸易体系，我们可以说，与其他器官相比，大脑更严格坚持国际贸易规则。在现实世界中，如果一个国家能够自产某些食物，满足自己的需求，它就可以对这些食物的进口采取限制措施。在冬天，你能吃上新鲜的蓝莓和燕麦粥，因为那些蓝莓是从南美洲进口的。但如果你在同一份燕麦粥中加了牛奶，那牛奶则很可能来自美国的农场。

在进口营养物质方面，大脑也同样保守。大脑能自己合成的营养物质，它就自己合成。是的，你理解的没错。大脑能合成自己所需的一部分营养物质。请注意，不是全部，而是其中的一部分。其他一切都必须从我们吃的食物中获得。

"其他一切"是指大脑需要但不能自己合成（或合成的量不足以满足其需求）的所有营养物质——我在这里称之为**大脑必需**的营养物质。我们要如何确定哪些营养物质是大脑必需的，哪些不是？首先，大脑必需的营养物质是少数几种能够穿越血脑屏障（从而进入大脑）的物质之一。学习一下脑的化学结构对理解这部分内容十分有用。

集齐 45 种以上的营养物质，才能保证大脑处在最佳状态，这些营养物质的利用方式有很多种，比如构成各种分子、细胞和组织。从代表食物的基本成分来划分，营养物质通常可被分为五大类：蛋白质、碳水化合物、脂肪、维生素和矿物质。

我们的身体和大脑有一个非常明显的差异。

平均而言，在我们的身体中，水占相当大的比例（60%），其次是蛋白质（20%）、脂肪（15%）、碳水化合物（2%）以及一些维生素和矿物质。这些比率在大脑中发生了变化，因为与身体其他部分相

比，大脑的水分含量更高。事实上，水在大脑组织中所占的比率高达
80%。对于一个如此活跃的器官来说，其含水量是相当高的。在大脑
组织中，脂肪（即脂质）所占比率为 11%，其次是蛋白质（8%）、维
生素和矿物质（3%），以及少量碳水化合物。

当我们开始更详细地研究这些营养物质时，就会发现身体和大脑
之间的更多差异。现在，让大脑为我们的神经营养学探索带路，从最
普遍的大脑营养物质开始吧！

易渴的大脑

如果你认为水没营养，可以再想一想。许多科学家认为，正是由
于地球上存在水，才可能有生命，最早的生命是 40 亿年前在海洋深
处诞生的。

不可否认，水对人的生命是至关重要的，而且，事实证明，水对
我们的智力也至关重要。人脑中的主要成分是水，除此之外，水还参
与大脑中发生的每一个化学反应。事实上，只有水和其他元素（如矿
物质和盐）达成微妙平衡，脑细胞才能有效工作。随着你喝下的每一
口水，这些**电解质**（有助于保持体内水分的矿物质和盐，如氯化物、
氟化物、镁、钾和钠）便会在你的大脑中进进出出。此外，就**能量的
产生**而言，水是必不可少的，因为它携带**氧气**，而氧气对于工作状态
下的细胞来说是必需的（它们呼吸和燃烧糖以产生能量）。此外，水
也起着结构性的作用——填充脑细胞之间的空间，促进蛋白质的形
成、营养物质的吸收、废物的排出。

接下来我们可以讲一些事实进一步证明其重要性。我们在没有食

物的情况下可以存活几周，但在没有水的情况下却只能活几天。由于人体不能储存水分，我们每天都需要摄入一定量的水分，以弥补经由肺、皮肤、尿液和大便丢失的水分。严重的缺水会导致脱水。当我们消耗或丢失的水分比摄入的多，体内没有足够的液体来维持身体的正常机能时，就会发生脱水。这可能是非常危险的——尤其是对娇弱的大脑来说。脱水会扰乱能量代谢，导致电解质流失，大脑对此特别敏感。据估计，只要减少 3% 到 4% 的水摄入量，大脑的液体平衡就会立即受到影响，从而导致疲劳、脑雾、精力减退、头痛和情绪波动等许多问题。"3% 到 4%"听起来程度很轻，事实也确实如此。这种程度的脱水很容易达到——假如你在某天进行了适量运动，但是一整天都没喝水。

更糟糕的是，大多数人的饮水量都不够。根据美国疾病控制与预防中心最近的一项研究，有 43% 的美国成年人每天喝水少于 4 杯，其中 36% 的人每天喝 1 到 3 杯水，7% 的人不喝水。

这尤其令人不安，因为脱水会加速与衰老和痴呆症有关的大脑萎缩。MRI 研究表明，当一个人脱水时，其大脑的几个区域会变得更薄，体积也会减少。显然，这是一个比许多人想象的更为紧迫的问题。好消息是，只要多喝水，就可以在几天内完全逆转脱水的影响。

关于我们到底需要喝多少水，存在着一些争论。一般的建议是，每天喝 8 杯（每杯约 250 毫升）的水。还想听点更激动人心的？——有研究表明，每天喝 8 到 10 杯水，能让你的认知能力提高 30%。英国的研究人员进行了一项实验，研究了水对认知能力和情绪的潜在影响。几名受试者被要求在吃完谷物棒之后完成一系列心理测试。其中几名受试者只吃谷物棒，另外几名受试者还可以随时喝水。与不喝水的受试者相比，在完成测试前喝了大约 3 杯水的受试者们在测试中表现出的反应速度明显更快。

想一想，大脑反应更快有哪些好处。早上醒来先喝一杯水，你的反应会更快，能更迅速地洗澡、吃早餐、穿好衣服，准时出门去赶地铁。当你体内缺水时，你计算做这些事情需要多少时间的能力就会下降，你可能会按下止闹按钮，多睡半个小时（然后错过了地铁）。

总的来说，这个建议并不难遵循：每天喝 8 杯水，或者总量接近2 升的水。然后根据自己的特殊需求来调整饮水量。考虑到你的年龄、环境和活动量，你可能需要喝更多的水。你如果生活在温带，就比生活在阿拉斯加的人更需要多喝水。你如果是一名职业运动员，就比久坐不动的人更需要多喝水（并补充电解质）。另外，随着年龄渐长，我们都更需要多喝水。由于尚不清楚的原因，衰老会改变口渴和饮水反应，使老年人更容易受到大脑中液体失衡的影响，这可能会加剧认知能力下降和阿尔茨海默病等神经系统疾病的恶化。

作为一名神经营养学家和脑部健康倡导者，我深信，喝足够多的水是有好处的。在我学到的所有保持头脑敏锐的技巧中，我遵循得最好的一条就是，确保体内有充足的水分，早上醒来先喝一杯水（这是必不可少的，因为已经一整夜没有喝水了），晚上喝一杯花草茶。

你说的"水"是指什么

当医生们建议我们多喝水，并把这当成健康管理的重要一环重视起来时，他们的确切意思是什么？他们说的是自来水，还是过滤后的水？苏打水（seltzer）算吗？还有花草茶——那不就是水吗？果汁或含咖啡因的饮料中也有很多水分，喝这些饮料不好吗？毕竟，有许多人不怎么喝水也能活着。让我们仔细看看，"什么"是什么。

确实，根据美国农业部（USDA）的数据，美国销量最高的饮料是碳酸软饮料，还有瓶装纯净水和啤酒。销量紧随其后的是：牛奶、咖啡、果汁、运动饮料和冰茶。葡萄酒和蒸馏酒也在销量排行榜上，但人均消费量较少。这些"水"够了吗？

从纯科学的角度来看，能提高体内含水量的一切**液体**，都算"水"。尽管如此，喝一杯泉水与喝一杯咖啡还是有很大区别的。很多人对咖啡中所含的咖啡因都很敏感，尽管这种反应的程度因人而异。当你喝咖啡或红茶时，其中的咖啡因有利尿的效果，这使其补水效果明显降低。喝软饮料虽然也能补充水分，但其中所含的精制糖更多。即使是牛奶，情况也可能很复杂。最纯粹的鲜牛奶，确实只含有水分以及几种重要的营养物质。然而，在许多工业化国家，牛奶是市场上加工程度最高的产品之一，而且被过度吹捧了。

归根结底，用含有脂肪、精制糖、人造甜味剂、防腐剂和色素的饮料（会促进脱水和体重增加）代替喝水，显然与我们的目标背道而驰。

你的身体、脑部健康以及寿命，在很大程度上取决于你是否喜欢喝**硬水**。硬水是富含钙和镁等矿物质的淡水。

硬水并不难找。作为一个热爱大自然的人，我更喜欢喝泉水。无论是在法国未受污染的地下泉，还是在斐济的自流井，泉水都来自大气降水或雨雪。雨雪降落在天然盆地，通过岩石层缓慢下渗过滤，同时富集各种有价值的矿物质、盐和含硫化合物。

来自天然泉水的气泡水（sparkling water），也含有各种有益健康的矿物质。天然气泡水中含有的碳酸化合物，不是人工注入的，而是来自泉水深处的天然水源。也就是说，天然气泡水的气泡，是天然形成的。唯一的缺点是，它可能相当昂贵。

相反，人工气泡水和苏打水的气泡，则是通过往水里压入二氧化碳气体制成的。人工气泡水不含钠盐（因此不会帮助你保持体内水分充足），而为了增强水的味道，苏打水通常含有人工添加的矿物质成分。正如我们将在后面几章详细讨论的，在改善健康、新陈代谢或抗病能力方面，人工合成的营养素远不如天然营养素有效。我个人的建议是，尽量饮用天然硬水。

这让我想起了我第一次在纽约市逛超市的情景，那是在我到美国后不久。我发现自来水水质不够好，就去超市找瓶装水。但这说起来容易做起来难。首先，令我惊讶的是，我被引导到超市的冷藏食品区。正如我后来了解到的，在超市货架上可以找到瓶装水，在冷藏柜内也可以找到瓶装水，但大多数美国人更喜欢喝冷水——最好是加了冰块的。我从没想过要在冰箱里找瓶装水。大多数意大利人都是喝常温水，因为这样对胃的刺激小，在意大利，瓶装水一般不会被摆放在冷藏柜中。我至今都遵守这一原则，喝常温水。当我终于找到冷藏陈列柜，我又大吃一惊，那里摆放着各种人工气泡水、碳酸饮料、运动饮料和能量饮料，还有各种各样的果汁、调味牛奶和果昔，与这些饮料一比，瓶装水就相形见绌了。最后，让我感到困惑的是，大多数瓶装水的瓶子上都贴有"纯净"标签。

其实，纯净水是美国目前销量最高的水。遗憾的是，尽管**纯净**这个词通常意味着好事，但在这里，纯净是指去掉杂质的水——在这一过程中，对人体有益的矿物质都被去除了。尽管饮用纯净水可能比饮用自来水更安全，但纯净水没有任何营养元素。因此，纯净水不能有效地给你的身体和大脑补充水分。如果你因为担心水里有杂质而饮用纯净水，那么应该同时服用矿物质补剂。

更好的选择是，考虑安装家用滤水器。就个人而言，由于含有矿物质的瓶装水可能很贵，我买了一个高质量的水龙头滤水器来过滤家里的自来水。除了饮用和煮饭之外，在清洗和清洁等方面也需要用到自来水，所以确保它尽可能干净是很重要的。安装滤水器的目的是，过滤去除有害化学物质，如石棉、氯、铅、苯和三氯乙烯——所有这些都可能存在于自来水中。滤水器能滤除水中的有害物质，同时保留对人体有益的矿物质。市售的家用滤水器有很多种，如果你有兴趣了解更多相关信息，请咨询专家。我可以证明，安装一个滤水器，比你想象的更容易、更经济实惠。确保你和家人每天都能很方便地获得充足的、含有矿物质的饮用水是你迈出的重要的第一步。

与许多人认为的相反，体育锻炼后，硬水的补水效果也比运动饮料和能量饮料的更好。大多数此类饮料都含有高浓度的糖分和钠盐，还添加了大量的矿物质和其他盐类，因此对你没有好处。如果你觉得光喝水还不够，我建议你试试椰子水（coconut water）。椰子水是天然的解渴剂，含糖量低，又能补钾。一般来说，每杯椰子水含有约300毫克的钾和5毫克的天然糖，运动饮料的含钾量是椰子水的一半，含糖量是椰子水的5倍，而且运动饮料中所含的糖是精制糖。一定要选择不加糖的有机椰子水，以补充你的身体在锻炼过程中或日常活动中丢失的水分。

除了喝大量的水（以及需要时喝椰子水），我还喜欢喝芦荟汁。芦荟汁是天然良药——天然抗菌、抗病毒和抗真菌，这种健康饮品含有大约99%的水和200多种活性成分，从维生素和矿物质到氨基酸、酶，甚至脂肪酸。因此，饮用芦荟汁，对你体内的所有器官都有好处，可以起到舒缓、补水、减少炎症的作用，有助于提神醒脑。

另外请注意，喝水不是维持体内水平衡的唯一方法。根据美国国家医学院（Institute of Medicine of the National Academies，是国家食品和健康顾问）的建议，我们从食物中获得的水分，可以占到每日水分摄入量的 20%。这意味着，我们每天所需的水，不一定都由喝水获得，多选择一些富含水的食物，就可以少喝 1 至 2 杯水。为此，要多吃水果和蔬菜。这些富含水的食物，可以有效地补充人体所需的水分，同时也能提供有益健康的营养，还有天然糖，你的身体可以有效地利用它。表 1 列出了含水分最多的水果和蔬菜。在蔬菜中，黄瓜和生菜是水分含量最高的，含水量高达 96%；其次是西葫芦、萝卜和芹菜；然后是番茄、茄子和十字花科蔬菜，如西蓝花、辣椒和菠菜。在水果中，西瓜是含水量最高的（在 93% 以上）；其次是草莓、葡萄柚和哈密瓜；香蕉的含水量相对较低，只有 74%，这或许并不奇怪。

总之，多喝水和多吃富含水的食物，这可能是你做出的最健康的改变之一，能使你获得更好的健康状况和更强的认知能力。

表 1　含水量最高的 5 种水果和 5 种蔬菜。

水果	含水量（%）	蔬菜	含水量（%）
西瓜	93	黄瓜	96
草莓	92	生菜	96
葡萄柚	91	西葫芦	95
哈密瓜	90	萝卜	95
桃	88	芹菜	95

第 4 章
关于大脑脂肪

什么是大脑脂肪

从这本书中，我们可以看出，一些营养物质对我们脑部健康有多么重要。我们还会提到，其他一些营养物质与脑部健康的关系是如何被歪曲的，脂肪则属于后者。

大多数人都知道，人类的大脑富含脂肪，从重量说，脑内的脂肪约占脑重的 11%。然而，我敢打赌，你会认为，大脑中脂肪的比率比 11% 高得多。若是如此，那可能是因为，你曾听人说过，大脑大约有 **60%** 是**由脂肪构成的**。如果你还没听说过，那就用谷歌搜索"大脑脂肪"看看吧。截至 2017 年 3 月，共有 1.27 亿个结果，这些结果都显示出，大脑中 60% 是脂肪。读到这几页时，如果你再用谷歌浏览器搜索"大脑脂肪"，很可能会搜索出更多相关结果。

我一直对这些统计数字感到困惑，也从来没能找到任何论文来证实这一点（即大脑中脂肪的比率远高于其他营养物质）。从纯生物学的角度来看，这在一定程度上是由于，在估算脑中脂肪比率时，人们也算上了水。基本上，估算大脑构成的方法有两种：把水包括在内计算，或根据大脑的"干重"（不包括水）计算。如果算上大脑的水分含量，脂肪所占比率就会降低，如果去除水分，脂肪所占比率就会高一些。如果算上水，大脑中的脂肪约占大脑总重量的 11%。如果去除水分，大脑（干重）中的脂肪含量则略低于 50%。也就是说，在大脑中，脂肪含量并不比蛋白质更多，然而，网上却有那么多文章都在说大脑 60% 是脂肪，这让我感到更加困惑。问题是，很多人（包括一些记者甚至少数医生）都认为，吃富含脂肪的食物对大脑有益——理由是，由于大脑是"由脂肪（胆固醇之类的）构成的"，吃富含脂肪的食物一定对你有好处。可绝大多数科学家会告诉你完全相反的情况。遗憾的是，科学家们很少在晚间新闻上阐述他们的观点，他们只在学术期刊上发表论文，而学术期刊不是开放获取的，除了其他科学家之外，一般人不会看到这些论文，这进一步把情况复杂化了。从医学角度来看，这种明确性的缺乏已成为一个问题，并将我们带到了关于好脂肪与坏脂肪的讨论中，这种讨论已成为许多研究的重点，最近似乎还成了新闻热点。

尽管在过去几十年，流行的观点认为，低脂肪、高碳水化合物的饮食是最有益于人体健康的，但现在，那种流行观点正在逆转，处于完全的"脂肪补偿"模式。其中一个很好的例子是，在 2014 年 6 月《时代》（*Time*）杂志刊载了一篇发人深省的封面文章，名为《终结针对脂肪的战争》（"Ending the War on Fat"），在引人注目的标题下还配了带有一大块黄油的图像。

事实证明，与过去几十年相比，美国人近年来食用的全脂食物更多，以至于专家们预计，在未来 15 年，这种热衷于全脂食物的趋势还将持续下去。在美国，2015 年黄油的销量增长了 20%。购买全脂牛奶的人数增长了 11%，而脱脂牛奶的销量则下降了 14%。此外，大家都在改变饮食方式，用富含脂肪的食物取代富含碳水化合物的食物。这种饮食习惯的巨大转变，部分原因在于，科学家们对脂肪和健康的看法改变了。最近的研究表明，就像高脂肪饮食一样，高碳水化合物饮食也同样能促进体重增加，而且高脂肪食物中的胆固醇对人体血液中胆固醇水平的影响其实相对较小，因此对心脏病风险的影响并不大（比以前认为的要小）。

尽管饮食趋势变化不定，但在脑部健康方面，一个常见的误解似乎并未改变。从研究项目参与者那里我了解到，公众相信吃富含脂肪的食物是有必要的——以确保大脑的正常工作。但是如果被问及，高脂饮食应该包括什么，大多数人的回答是，一片吱吱冒油的培根，一块美味的奶酪，或者一勺无糖的发泡稀奶油。这些食物真的对你的大脑有益吗？

答案是**否定的**。

是时候澄清一下这个可能引起争议的问题了。人脑中含有脂肪——这是事实。但它可能不是你想的那种脂肪。事实是，**脂肪（或脂质）不只是脂肪**，它具有许多不同类型。有一些脂肪，比如胆固醇，是家喻户晓的。胆固醇是我们都熟悉的脂肪之一，因为医生常采用血液检查检测胆固醇水平。

还有一些类型的脂肪，可能是人们不熟悉的，比如大脑中的**磷脂**和**鞘脂**。听到这里你可能在想"这都什么和什么？"，你可不是一个人，大多数人都和你一样从未听说过这些术语。事实是，大脑中的脂肪，主要是由这些不为人所知的脂肪构成，占大脑中所有脂肪的70%。在神经科学通俗读物中，有许多类似这样的不一致之处，使得人们产生了很多困惑，搞不清哪些营养物质真的对神经健康重要。在后文中，我还将举出很多这样的例子——并纠正之。

并非所有脂肪都会让你变胖

另一个常见的误解是，大脑需要脂肪供能。这是因为我们都知道，**人体**会利用高脂食物中的脂肪来提供能量。尽管大脑中含有相当多的脂肪，但是大脑不会利用脂肪，并将其作为能量来源。

读到这里，你可能会扬起眉毛，露出困惑的表情。人体不是可以通过燃烧脂肪来供能吗？你不是说，自从人类进化出储存脂肪将其作为能量来源的功能，人类才真正开始了蓬勃发展吗？大脑如果不能利用这些脂肪，那其中的脂肪有什么用呢？这种"脑—脂肪悖论"（brain-fat paradox），让许多营养学家和节食者都很头疼。

事实是，大脑不会运用脂肪供能。它做不到。

大多数人没有意识到的是，人体内有两种脂肪：储存脂肪和结构脂肪。

当我们谈论"脂肪"时，我们通常指的是储存脂肪（也称为**白色脂肪**），身体用来储存能量的脂肪。储存脂肪是那种软绵绵的、长在身上的赘肉。人们所说的，减掉肚子上的赘肉，那是什么？**那是储存脂肪。**

储存脂肪主要来自我们的饮食。当我们吃含脂肪的食物，如肉类、奶酪或糖果棒，其中的脂肪会被分解成更小的单位，比如饱和脂肪酸。这个过程本身就产生热量和能量。然后，它们被重新组合成**甘油三酯**。与胆固醇一样，甘油三酯也是常规的血脂检测项目。随后，甘油三酯被储存在脂肪组织中，作为以后的能量来源。这使得储存脂肪成为人体拥有的最大的能量库，就像一个方便的便携式电池组。

以一名体重为 70 千克的普通男子为例，他的体内脂肪组织将近12 千克，大约相当于 10 万大卡的热量。如果他在挨饿，他的身体就要靠储存的脂肪提供能量，这些能量足以维持他生存近两个月。所以就你的身体而言，适当"有点赘肉"是好事。

事实上，大脑中没有储存脂肪。

大脑中的脂肪，是一种完全不同的脂肪，称为**结构脂肪**。人体的其他部分也含有大量此类脂肪。就像为人体供能的储存脂肪一样，结构脂肪对人体也很重要，但是人体利用这两种脂肪的方式却截然不同。首先，结构脂肪不会被用来供能。其次，结构脂肪不是那种在血液中漂流或阻塞动脉的脂肪。相反，正如名称所示，它被用来构建人体细胞，并作为一种"技术"支持。例如，在大脑中，神经元被一种叫作髓磷脂（myelin）的脂肪物质包裹着，形成的**髓鞘**就是它们的"绝缘层"，能促进电信号更快更好地传递。大脑中含有的胆固醇，主要存在于髓鞘中，可提供绝缘效果。神经细胞被细胞膜所包裹，细胞膜是薄的脂膜，不仅能保护细胞免受外部损伤，还允许信号和营养物质进出细胞。这些细胞膜是由其他种类的脂肪构成的，比如著名的 ω-3脂肪酸和基本上不为人所知的磷脂。我还能举出很多例子，总之，大脑中的脂肪，都是结构脂肪，不会被用来供能。

一个可能的解释是，如果大脑由可用来供能的脂肪构成，那么在饥饿的情况下，它就可能会把自己分解掉——从进化上讲，这肯定对我们相当不利。

到头来，大脑真正需要的脂肪就是结构脂肪，起着保持其结构健康的作用。试着问问哪些食物含有这些脂肪，你会再次感到惊讶的——虽然这些脂肪存在于你的大脑中，但这并不意味着你必须摄入含这些脂肪的食物。

脂肪酸：有些是必需的，有些不是

一提到脂肪，我们通常会想到**脂肪酸**。你可能听说过饱和脂肪酸和不饱和脂肪酸。这些脂肪酸，是你能找到的最小的脂肪构成单位。

从化学角度来看，脂肪酸是有尾巴的分子。这些尾巴（或碳链）上结合了很多氢原子。脂肪酸碳链被氢原子所饱和的程度就是**饱和度**。饱和脂肪酸的碳链已完全被氢原子所饱和，而不饱和脂肪酸的碳链则未完全被氢原子所饱和。为什么说这很重要？因为在不同的饱和度（碳原子所连接的氢原子数）下，这些脂肪酸在你的大脑中起的作用也非常不同——并且具有非常不同的效果。换句话说，对人体而言，1 千克培根与 1 千克豆腐或 1 千克橄榄油所起的作用是不一样的。

让我们从饱和脂肪酸开始。我们都熟悉饱和脂肪酸的外观和质感——无论是农场新鲜全脂牛奶表面的脂肪皮，帕尔玛火腿切片边缘的白色带状物，或者一块好牛肉上的大理石状花纹。这些脂肪比较坚硬，黄油在室温下是固体，其原因就在于此。

与之相对的是，不饱和脂肪酸。这些脂肪酸是滑爽而容易流动的，但也容易坏掉。如果暴露在光照、高温下或储存不当，许多富含不饱和脂肪酸的植物油，比如橄榄油，就会很快酸败。此外，不饱和脂肪酸有不同的类型：**单**不饱和脂肪酸（有一个不饱和位点，少了一对氢原子）和**多**不饱和脂肪酸（有多个不饱和位点，少了多对氢

原子)。

　　单不饱和脂肪酸，主要存在于橄榄油、几种坚果及种子、牛油果等高脂肪水果以及全脂牛奶、小麦和燕麦中。

　　多不饱和脂肪酸（PUFA），主要存在于植物和海产食物的油脂中，尤其是存在于鲑鱼等多脂鱼、藻类和一些坚果及种子中。你可能听说过 PUFA，见过那种淡黄色的鱼油液体胶囊，标称含有 ω-3 脂肪酸，或者以添加了 ω-3 脂肪酸为卖点的强化谷物早餐。

　　饱和脂肪酸和不饱和脂肪酸是很好的例子，虽然大脑中含有这两种脂肪酸，但它其实并不需要全部由食物补充。

　　还记得血脑屏障有多挑剔吗？饱和脂肪酸一般不能进入大脑。与许多饮食书籍所宣扬的相反，大脑能合成其所需的饱和脂肪酸，因此不需要补充。当你吃了富含饱和脂肪酸的食物（烧烤的排骨或一块奶酪），你的大脑可能会吸收一点，但在大多数情况下，在青春期之后，大脑吸收的饱和脂肪酸就很少了。从婴儿期到青春期，在大脑发育、新的脑细胞生长的阶段，大脑需要饱和脂肪酸。但是在青春期过后，我们的大脑基本上就不会产生新的脑细胞了，因此我们的大脑不再需要饱和脂肪酸。就在那时，血脑屏障上的"饱和脂肪酸通道"（saturated fat gate）关闭了。青春期后，除了少数例外情况，饱和脂肪酸通常不能进入大脑。

　　现在来看一下这些例外情况。有几种非常特殊的饱和脂肪酸，在需要的时候仍然可以进入成年人的大脑。它们的尾巴（碳链）必须相当短，比如全脂牛奶中的**丁酸**；或具中等长度，比如椰子油中的**肉豆蔻酸**。除此以外，存在于大脑中的绝大多数饱和脂肪酸，都是在大脑中合成的，而不是从饮食中吸收的。大脑中的饱和脂肪看起来和我们食用的肉和奶酪中的脂肪一样，但是它并非来自这些食物。单不饱和脂肪酸也是如此，存在于大脑中的单不饱和脂肪酸，大多是在大脑中合成的。

由于大脑可以自行合成这些脂肪酸，它们被称为**非必需脂肪酸**。就好像，在已经持续了几百万年的对话中，大脑告诉身体："别担心，这些是我能合成的，请把我需要的**其他种类的**脂肪酸带给我。"

那么，大脑需要的其他种类的脂肪酸是什么？当然是 PUFA，也是最稀有、最珍贵的大脑必需脂肪酸。

PUFA 是大脑不能自行合成的唯一一种脂肪酸，同时也是大脑强烈渴求的一种。大脑尤其渴求的是 ω-3 脂肪酸与 ω-6 脂肪酸，它们存在于鱼、蛋、坚果和种子中。这让你想起了人类祖先在具备狩猎能力之前的食谱吗？事实确实如此。

在大脑中，PUFA 是细胞膜上含量最丰富的脂肪酸。PUFA 可以通过血脑屏障上的专门通道进入大脑中。因此，大量的 PUFA 可以不断地进入大脑中——或者至少，如果我们所吃的食物富含 PUFA，它们就会不断地进入大脑中。这些脂肪酸是大脑直接需要的，它们一进入大脑，就会派上用场。事实上，大脑需要用 PUFA 来形成更大、更复杂的脂肪——前面提到的磷脂和鞘脂。

鉴于 PUFA 对脑部健康的重要性，让我们更详细地研究一下这些大脑必需脂肪酸。

好的：ω-家族

就促进脑部健康而言，在 PUFA 的所有可能类型中，ω-3 与 ω-6

这两种脂肪酸是最著名的。在日常饮食中，同时食用这两种 PUFA 是绝对值得的，因为它们具有非常不同的功能。

ω-6 脂肪酸通常被认为具有**促炎**作用。这是件大事。在生物学中，炎症不是拇指肿胀那么简单的事。炎症意味着，你的免疫系统被激活到什么程度，也就是能在多大程度上保护你，帮你抵御危险。ω-6 脂肪酸参与这一过程，能够促使身体和大脑在感染或受伤的情况下产生炎症反应。当危险消除后，ω-3 脂肪酸可以减弱这种炎症反应。因此，ω-3 脂肪酸被认为具有**抗炎**作用。

无数的科学研究表明，保证 ω-3 与 ω-6 这两种脂肪酸的平衡，对于正常的神经元之间的交流至关重要，也是维持健康免疫系统的一种手段。如果这种促炎因子与抗炎因子的平衡被破坏，就可能导致不必要的持续炎症（从长远来看，可能会损害大脑），或降低抵御疾病的能力（这显然也是不利的）。

这种平衡直接取决于我们的食物选择。

研究表明，2∶1 的比例（ω-6 与 ω-3 脂肪酸的摄入量之比）是我们应追求的一个理想的平衡。然而，据估计，美国人摄入的 ω-6 脂肪酸比 ω-3 脂肪酸多**二三十倍**，这使得典型的美国饮食在本质上具有高度的促炎性。

更糟糕的是，就 ω-3 与 ω-6 这两种多不饱和脂肪酸而言，目前的推荐膳食摄入量强烈支持后者。针对人们认定的多种对健康至关重要的营养素（包括 PUFA 在内），美国食品与营养委员会已确定了参考膳食摄入量（DRI）。DRI 告诉你，每天应该摄入多少营养素，以避免营养不足或因摄入过量而中毒。目前的每天推荐摄入量是，1.6 克的 ω-3 脂肪酸和 14 克至 17 克的 ω-6 脂肪酸（成年男性），1.1 克的 ω-3

脂肪酸和 11 克至 12 克的 ω-6 脂肪酸（成年女性）——ω-6 脂肪酸的量是 ω-3 脂肪酸的 10 倍！

我们如果摄入过多富含 ω-6 脂肪酸的食物，ω-3 脂肪酸的摄入量又太少，就容易患上与体内的炎症过度有关的许多疾病。这些疾病包括动脉粥样硬化、关节炎和血管疾患，自身免疫过程和肿瘤增殖，以及位列最后但同样重要的，阿尔茨海默病等神经系统疾病。我们需要将这件事掌握在自己的手中，确保在我们的饮食中，ω-6 与 ω-3 脂肪酸含量处于平衡状态，即比例为 2∶1。

我们有什么选择？

先说 ω-6 脂肪酸，有些食物天然富含 ω-6 脂肪酸，我们需要大幅减少摄入，此类食物包括高脂肪的动物源性食品，如培根、鸡油、鸡脂肪，以及一些植物油，如葡萄籽油、芥花籽油、玉米油、花生油和葵花籽油（见表 2）。

ω-3 脂肪酸有三种主要的类型，来自不同的食物。它们是 **α - 亚麻酸（ALA）、二十碳五烯酸（EPA）和二十二碳六烯酸（DHA）**。ALA 主要来自植物，尤其是亚麻籽、核桃、奇亚籽和小麦胚芽，以及一些海洋蔬菜，如螺旋藻。DHA 和 EPA 大量存在于鱼油（而非植物油）中。冷水鱼类（如三文鱼、鲭鱼和鳕鱼）富含 DHA 和 EPA。但真正的明星是鱼子酱。黑鱼子酱中的益脑 DHA 含量比其他任何食物都高。1 盎司（约 28 克）鱼子酱中的 DHA 含量比最高品质的鲑鱼中的 DHA 含量高两倍。此外，鱼子酱富含胆碱，胆碱有增强记忆力的作用，由此一个有益脑部健康的完美组合便形成了。这些都是我们每天需要为大脑提供的食物。

表 2　ω-3 和 ω-6 脂肪酸的十大食物来源，根据 ω-3 和 ω-6 脂肪酸的含量排序，这种方法便于比较每种食物能向大脑提供的 PUFA 相对含量。

ω-3 PUFA（克 /100 克产品 ）

植物来源	ALA	动物来源	DHA ＋ EPA
亚麻籽油	52.8	鱼子酱（黑）	6.8
亚麻籽	22.8	鲑鱼子	6.7
火麻籽	12.9	野生鲑鱼	2.2
灰胡桃（干的）	8.7	鲱鱼	2.0
奇亚籽	3.9	鲭鱼	1.9
黑胡桃	3.3	沙丁鱼	1.7
大豆（生的）	3.2	鳀鱼	1.5
燕麦（胚芽）	1.4	沙丁鱼（罐装）	1.0
螺旋藻	0.8	鳟鱼	0.9
小麦（胚芽）	0.7	鲨鱼	0.8

ω-6 PUFA（克 /100 克产品 ）

植物来源	ω-6	动物来源	ω-6
葡萄籽油	70	火鸡脂肪	21.0
葵花籽油	66	鸡油	19.0
小麦胚芽油	55	鸭油	12.0
玉米油	53	猪油	10.0
大豆油	51	五花肉	5.2
芝麻油	41	培根	4.5
核桃	38	蛋黄	3.5
蛋黄酱	37	鸡肉	3.1
花生油	32	法兰克福肉肠（牛肉和猪肉）	2.3

　　大量的流行病学研究发现，ω-3 脂肪酸是对抗增龄相关的认知衰退和痴呆症的最重要营养素。例如，研究人员曾针对年龄不低于 65 岁的 6000 名参与者开展了一项里程碑式的研究，研究表明，与 ω-3

脂肪酸摄入量多的人相比，ω-3 脂肪酸摄入量少的人患阿尔茨海默病的风险要高 70%。具体来说，ω-3 脂肪酸每日摄入量在 1 克以下的人，患痴呆症的风险最高，而每日摄入量超过 2 克的人，则不太可能患上痴呆症。此外，即使对未患痴呆症的人群来说，较低的 ω-3 脂肪酸摄入量，也会直接影响到他们记住细节、转换注意焦点和管理时间的能力。

其他几项研究也复现了上述研究结果，因此研究人员普遍认为：与 ω-3 脂肪酸摄入量较低的人相比，经常吃富含 ω-3 脂肪酸的食物的人更能保持头脑清楚，认知功能退化的可能性也更低。

或许更吸引人的是，摄入 ω-3 脂肪酸的有益效果在大脑 MRI 图像上也是显而易见的。在变老过程中，我们的大脑体积自然会缩小。有一项研究，以未患痴呆症的数千名老年人为研究对象，该研究发现，那些在日常饮食中没有摄入足够的 ω-3 脂肪酸的老年人大脑萎缩的**速度更快**，这通过 MRI 检查可以看出来。在他们的大脑〔尤其是海马（大脑的记忆中心）〕中，神经元数量减少的速度加快，显得比实际年龄更老，大约相当于早老了 2 年。换句话说，饮食中缺少 ω-3 脂肪酸，尤其是 DHA，会加快大脑衰老的速度！这项研究还包含一些细节：每日从膳食中摄入的 DHA 不足 4 克的老年人，大脑体积缩小的速度最快，而每日的 DHA 摄入量超过 6 克的老年人，大脑显得最年轻。

尽管这些研究都表明，ω-3 脂肪酸有延缓大脑衰老的作用，但是随机对照试验仍然未能显示出，服用鱼油补剂能显著改善认知功能。为什么会这样？

与其对这些临床试验的阴性结果感到失望，还不如从中吸取教训。首先，这些随机对照试验，是基于服用鱼油补剂的。但研究表明，就保护大脑的效果而言，吃富含 ω-3 脂肪酸的鱼类等天然食物比**服用补剂**更有效。其次，到目前为止，大多数的临床试验，都只是使用了相当低剂量的 ω-3 脂肪酸补剂，一般约为每天 2 克——还不足减缓大脑体积缩小所需的最低摄入量的**一半**，这个最低摄入量（每日摄入 4 克 DHA）是在之前提到的 MRI 研究中发现的。这可能是因为，与这些临床试验中所用的剂量相比，当前膳食指南中的 ω-3 脂肪酸推荐摄入量更低，尤其是对女性而言。

总之，这些研究提供了一个更好的、针对大脑的经验法则。我们的目标是，每天**至少**摄入 4 克有益脑部健康的多不饱和脂肪酸，以使我们的大脑保持年轻和活力。

要达到这个目标（益脑的多不饱和脂肪酸摄入量），真的并不难。仅 85 克的阿拉斯加野生鲑鱼，就含有近 2 克的 ω-3 脂肪酸，其中大部分是 DHA。再配上一把杏仁（或者一勺鱼子酱），就达到每日所需摄入量了。

至于 ω-6 脂肪酸，你只需要一点点：几滴葡萄籽油或一把花生，就可以满足大脑一天所需了。

说起来容易做起来难。不幸的是，在典型的西方饮食中，这些食物的比例往往完全相反。有几种方法可以扭转这种平衡，增加我们的 ω-3 脂肪酸摄入量。一种简单的方法是，把富含 ω-6 脂肪酸的食物（比如花生酱中的花生）替换成富含 ω-3 脂肪酸的食物（其他坚果，比如杏仁和核桃）。

另一种好方法是，多吃冷水鱼，用它代替猪肉、牛肉和其他高脂肪的肉类。比较一份鱼和一份肉，假设它们含等量的蛋白质，鱼富含蛋白质和 ω-3 脂肪酸，而肉中含有的 ω-6 脂肪酸多于 ω-3 脂肪酸。

　　如果烹饪得当，鱼是一种美味而健康的选择，也是我们的大脑最需要的食物。在我的祖国意大利和欧洲大部分地区，地中海式饮食都很常见，与美国的传统饮食相比，地中海式饮食中所含的鱼更多。真正令大多数意大利人难以割舍的是，鱼尝起来像大海的味道——略带海水味，还有淡淡的碘味，能让人想起地中海碧绿宝石般的海水。红鲷鱼（red snapper）、贻贝（mussel）、文蛤（vongole）、金头鲷（orata）……对我来说，品尝它们，就像是在海滩度假。

　　每一片海洋都有它自己的特色。烤鲜活海鲈鱼是地中海美食，正如生蚝是法国人钟爱的珍馐，野生鲑鱼和鲱鱼是北欧人的最爱。日本料理，尤其是寿司，现在已经风靡全球，生鱼片已经取代了传统的比萨饼，在许多家庭中成为晚餐的首选，为美国人的餐桌增加了富含 ω-3 脂肪酸的健康食物。

　　你如果喜欢传统饮食，特别爱吃牛排，最好选购草饲牛，因为其肉中富含 ω-3 脂肪酸，而品质低的谷饲牛可能含有激素，更别说它们还是用转基因饲料养大的。

　　吃富含磷脂的食物，也可以补充大脑必需的脂肪酸储备，这可能是一种意想不到的方法。尽管你可能直到现在才听说磷脂这个词，但是磷脂广泛存在于人体细胞的细胞膜，尤其是大脑中。磷脂是所有脑细胞膜的重要构成成分，在维持细胞膜的形状、强度和弹性方面起着重要的作用。因此，所有的思维活动和想法的产生都需要它。磷脂主要由 ω-3 脂肪酸组成。因此，含有磷脂的食物同时也是 ω-3 脂肪酸的极好来源。当你吃下含有磷脂的食物，你的身体会将这些较大的脂类分解成较小的单位，其中的 ω-3 脂肪酸被释放出来，首先进入血液循环，然后进入大脑中。富含磷脂的食物有很多，包括所有鱼类、甲壳类动物（如螃蟹和磷虾）和蛋类。蛋黄中尤甚，每 100 克产品含有超过 10 克的磷脂——还有 230 毫克的 ω-3 脂肪酸。下一次，当你要点一份纯蛋清煎蛋卷的时候，想一想，你舍弃掉的蛋黄有多么宝贵。在我们可以吃到的所有动物源性食品中，蛋类为大脑提供的营养是最丰富的。在某种程度上，蛋（或卵）对于卵生动物，就像浆果对于植物一样重要——在数千甚至数百万年的演化过程中，蛋或卵不断地优化，通过为后代提供营养、构造和保护，来产生生命并确保其延续。这是因为蛋中含有丰富的营养物质，这些营养物质不仅是骨骼和肌肉生长所必需的，对神经管发育成脑和脊髓而言也一样。蛋中含有的营养物质包括胆碱（记忆因子）、ω-3 脂肪酸、完全蛋白质、多种维生素和矿物质，甚至含有叶黄素和玉米黄质之类的抵御疾病的抗氧化剂——蛋中含有这一切，因为发育中的动物胚胎需要它们。

当我们谈到蛋，我们通常指的是鸡蛋。但这同样适用于所有鸟类（从鹌鹑到鸵鸟）产的蛋。我建议你换着花样吃，各种蛋类都尝一尝，因为食物多样性是神经营养的关键。别忘了鱼。鱼卵（即鱼子酱或鱼子）对我们的大脑来说也是极好的食物。甚至毕加索也通过赠送鱼子酱来表达他对捐赠者们的感激之情（他自己可能都没意识到这对他们有多大好处）。目前鱼子酱是最好的磷脂来源，仅仅一汤匙就含有超过 1 克的优质 ω-3 脂肪酸。

此外，有些植物性食物也富含磷脂。豌豆、黄瓜和木薯粉（南美洲饮食中的一种主食）都富含磷脂。燕麦、全麦和大麦等谷物，以及大豆和葵花籽，也是很好的磷脂来源。吃这些食物，将有助于你获得大脑所需的所有"健脑脂肪"。如果你由于健康原因或过敏不能吃鱼，又或者坚持奉行素食主义，多吃这些植物性食物就显得更重要了。你还可以通过其他方法来增加 ω-3 脂肪酸摄入量。例如，你可以多吃含有 ALA 的食物。ALA 在一些植物中含量很高，特别是在亚麻籽油、奇亚籽油、火麻籽油和葵花籽油中（表 2），这对素食者来说是一个很有吸引力的选项。问题在于，为满足大脑的需求，人体必须将 ALA 转化为 DHA，但其转化率非常低，有 75% 的 ALA 会在此过程中丢失。

含有 DHA 的优质鱼油是一种合适的替代品，你可以选购补剂或添加 DHA 的各种食品，从牛奶、蛋品到面包都有 DHA 强化版。有些人说，服用鱼油补剂之后觉得嘴里有鱼腥味。如果这让你感到不安，你可以试试纯素补剂，其中的 ω-3 脂肪酸是从海洋植物（如高纯度海藻）中提取的。纯素补剂的另一个好处是，它们不含某些鱼油中可能存在的杂质和环境污染物。

最后，尽管研究结果并不总是一致的，但一些研究表明，单不饱和脂肪酸（如橄榄油和牛油果中的脂肪酸）的较高摄入量，与老年人更好的认知功能和更低的痴呆症风险相关。这些研究表明，与每天摄入不超过 15 克此类脂肪酸的人相比，每天至少摄入 24 克此类脂肪酸的人患阿尔茨海默病的风险降低了 80%。单不饱和脂肪酸以有益于心脏健康闻名，而对心脏有益的就是对大脑有益的。好消息是，每天只需食用 2 到 3 汤匙的橄榄油，就可以达到理想的有益脑部健康的剂量。

总之，ω-3 脂肪酸、ω-6 脂肪酸、磷脂以及单不饱和脂肪酸（在某种程度上说）都是好家伙，是人类大脑在数百万年的进化历程中选择的盟友（或者说是供应商）。同时，你的大脑也确立了一些敌人。

坏的：饱和脂肪

　　饱和脂肪是头号公敌之一，尽管公众似乎没搞明白这个问题。虽然一些医生支持甚至鼓励人们多吃富含饱和脂肪的食物，认为饱和脂肪的摄入量可以不受限制，但科学界公认的是，摄入过多的饱和脂肪会对我们的心智能力产生负面影响，并增加患痴呆症的风险。

　　如前所述，在青春期后，大脑就不需要太多的饱和脂肪了。然而，如果饮食中含有大量的饱和脂肪，就可能会促进身体炎症的发生，导致大脑的氧气供应减少。大脑对氧气的需求量非常大，所以即使是轻微的血液循环不充分，也有可能影响认知能力。此外，过量摄入饱和脂肪，会增加患心脏病和 Ⅱ 型糖尿病的风险——这又会增加患痴呆症的风险。

　　这方面的研究有很多，举一个例子。研究人员曾针对 800 多名老年人进行追踪研究，结果表明，与饱和脂肪摄入量最低的老年人相比，长期摄入大量饱和脂肪的老年人认知功能退化的风险会增加 4 倍。具体来说，与少吃饱和脂肪（每日的摄入量为 13 克）的老年人相比，多吃饱和脂肪（每日的摄入量在 25 克以上）的老年人在数年后患痴呆症的可能性要高得多。

　　举例来说，6 片培根含有 25 克饱和脂肪。如果你将日常食用的培根片数从 6 片减少到 3 片，你就可以把日后患痴呆症的风险降低到原来的 1/4。

　　后来的研究表明，尽管每天 13 克的饱和脂肪摄入量比每天 25 克的摄入量更好，但每天 13 克的摄入量还是太多了。例如，一项对 6000 名老年人的研究表明，与每天的饱和脂肪摄入量在 7 克以下的老年人相比，每天的饱和脂肪摄入量在 13 克或以上的老年人患认知障碍的可能性会增加一倍。摄入 7 克饱和脂肪，就相当于只吃一片半的培根。

一些很好的对照研究也证实了这一发现：饱和脂肪摄入量高，会加快增龄相关认知衰退的速度。因此，虽然我们的身体确实需要一些饱和脂肪来保持健康，但科学家们一致认为，就脑部健康而言，饱和脂肪的摄入量越少越好。

目前，大多数营养学家建议，每天的热量摄入中来自饱和脂肪的热量不应超过 5% 到 6%。例如，如果你每天通过饮食摄取 2000 大卡的热量，其中来自饱和脂肪的热量不应超过 120 大卡。也就是每天 13 克的饱和脂肪摄入量，或者 3 片培根，这与之前提到的研究结果一致。如你所知，大多数人每天的饱和脂肪摄入量都比这多得多，远超过几片培根的饱和脂肪含量。所以，如果你想使大脑的工作状态最佳化，同时将患痴呆症和心脏病的风险降到最低，我建议你将每天的饱和脂肪摄入量限制在 13 克以下——或者更好一些，再减半——同时注意饱和脂肪的来源，最好是来自更健康、更优质的食物。

如果你想知道哪些肉类和乳制品是安全的，以下是我的经验之谈。就高脂肪食物而言，新鲜的有机食品比任何种类的加工食品都要好得多。吃动物源性食品时，你最好选择有机的散养鸡蛋、鸡、火鸡和草饲牛肉中的瘦肉，**而不是**工业化养殖和生产的肉类、猪肉和培根。这包括所有加工过的肉类，无论是火腿片、冷切肉，还是像烟熏肉这样的混合肉类。这些食物不利于你的身体健康，特别是不利于你的脑部健康。在本书的下一部分（第二步：健康饮食法改善认知能力），我们将详细讨论这个问题。

　　就乳制品而言，我们最好选择发酵的有机全脂乳制品，如酸奶和开菲尔（kefir）。它们不仅有更佳的不饱和脂肪酸与饱和脂肪酸比例，还含有活的益生菌，对人体消化道和免疫系统有益。而加工食品，如美式奶酪（American cheese）、奶酪条（string cheese）、加糖酸奶、工厂化生产的冰激凌、布丁和大多数含乳饮料，都是不利于人体健康的，你如果不能完全不吃这些食品，至少也应该加以限制。这些食品不仅含有饱和脂肪（大脑不需要的那种），还有较高比重的多种有害成分，尤其是反式脂肪。

可怕的：反式脂肪

　　我们都听说过反式脂肪这个词，以及这种脂肪对人体的危害有多大。大多数医生认为，反式脂肪是你可能摄入的最糟糕的脂肪酸类型。近年来，反式脂肪对健康的危害经常被媒体报道，人们逐渐认识到，反式脂肪也是大脑的一个敌人。

　　已有大量医学文献指出，反式脂肪的摄入与老年人出现认知衰退和痴呆症风险增加有关。事实上，即使饮食中的反式脂肪含量很少，也可能会导致认知障碍。有几项研究表明，与每天摄入 2 克以下反式脂肪的老年人相比，每天摄入不低于 2 克反式脂肪的老年人患痴呆症的风险会增加一倍。相当令人沮丧的是，通过这些研究，研究人员发现，大多数老年人每天的反式脂肪摄入量都**至少**是 2 克，而且大多数老年人日常饮食中的反式脂肪含量经常超过 4 克。

　　但是，反式脂肪到底是什么，它们藏在哪里呢？

反式脂肪通过一种名为"**氢化**"的加工工艺产生，在本来有益健康的不饱和植物油中通入氢气，从而在化学上"饱和"它们。制造商这样做，是为了使产品具有一种特定的质地，在室温下几乎是固态的，但在烘烤或加热时会熔化。例如，芥花籽油和红花油经氢化处理后，可制成人造黄油和涂抹酱（soft spread）。部分氢化油不易变质，也不太容易酸败，从而延长了食品的保质期。在一些餐馆，油炸食物就是使用氢化油，而不使用更健康的天然食用油，因为氢化油更稳定，不用频繁换油。显然，含有反式脂肪的氢化油，不仅用起来方便，价格也更便宜。

不幸的是，反式脂肪对人体健康有许多不利影响，不仅会使血液中的胆固醇和甘油三酯水平升高，还会引发全身性的炎症反应。这会增加我们患心血管疾病和中风的风险，进而增加我们患痴呆症的风险。如今，部分氢化油已被从"普遍认为安全"（GRAS，表示 FDA 对食品成分安全性的确认）的清单中移除。一些国家（如丹麦、瑞士和加拿大）已有规定，要求食品制造商减少或不得在食品中使用反式脂肪。人们希望，进一步的研究将会促使美国出台相关措施，全面禁止在食品中使用反式脂肪。与此同时，我们需要保护自己的脑部健康，不要吃可能含反式脂肪的食物。

它们相对容易被发现。首先，它们几乎总是存在于加工食品中。加工食品的定义各不相同，但一般来说，它是被装在盒子、罐子或袋子里的食品。此外，加工食品的保质期都很长。某些汤类罐头的保质期长达 4 年。天然食物不可能有这么长的保质期，对吧？

对于任何包装食品，通过阅读包装上的营养标签，就可以确定其反式脂肪的含量。一个标准的营养标示，不仅会列出每份食品的分量和卡路里含量，而且会在下面列出总脂肪含量。总脂肪这一项又被细分为饱和脂肪、胆固醇和反式脂肪。当你选购食品的时候，你会希望看到，食品包装标注的反式脂肪含量为零。

但这里有一个问题。由于现行规定有一定的宽容度，一份食品，即使包装上标注不含反式脂肪，也可能含有高达 0.5 克的反式脂肪。换句话说，只要某种食品每份中含有不高于 0.49 克的反式脂肪，食品生产者就可以在该食品的营养标签上标示"0"反式脂肪。

但是有多少人只吃一份？假设你吃了两份这样的食品（比如黄油涂抹酱，两份可能只相当于 2 茶匙），你实际上会吃下将近 1 克的反式脂肪——而你却以为自己没摄入任何反式脂肪。这样的产品有很多，举个例子，蓝多湖新鲜黄油味涂抹酱（Land O'Lakes Fresh Buttery Taste Spread）。在它的营养标示上，你可以看到"0"反式脂肪。但是如果看它的营养成分表，你就会有新的发现。几种反式脂肪成分（如部分氢化大豆油、氢化大豆油、氢化棉籽油等），造就了这种涂酱的顺滑口感。如果不相信，你可以用谷歌搜索一下。

归根结底，你日常食用的包装食品和加工食品越多，你可能摄入的反式脂肪就越多，患病的风险也就越高。我的建议是，仔细看看食品包装上的成分表。注意以下任何一项：氢化脂肪（如上面提到的），部分氢化脂肪和油（也称为 PHO），植物起酥油（或简称起酥油）。最常见的 PHO 包括部分氢化的大豆油、棉籽油、棕榈仁油和植物油。在选购食品的时候，如果看到这些物质中的任何一种被列在成分表上，最好就别买。

烘焙食品（比如市售的甜甜圈、蛋糕、馅饼皮、点心和冷冻比萨等）和一些休闲食品（如曲奇和饼干），都是典型的反式脂肪含量高的加工食品。所有人造奶油（条装或涂抹型），以及许多其他涂抹酱或"像奶油的"产品，都由氢化油或部分氢化油制成。反式脂肪甚至被添加到大多数咖啡伴侣或奶精中。妈妈们请注意：在给孩子们的生日蛋糕上，你可能无意中添加了大量有害物质，因为现成的糖霜中含有大量的反式脂肪。所以，选购食品的时候一定要注意。你的食品柜中可能有很多富含反式脂肪的食物，我们现在必须开始避免这些食物。

胆固醇：朋友还是敌人

胆固醇已经成为一个热门话题，我们甚至会在聚会的时候谈论自己的胆固醇水平。胆固醇到底是好是坏？

可能令人惊讶的是，大脑中的胆固醇与我们通常所说的胆固醇非常不同。如果你的医生们告诉你，你的胆固醇太高，他们指的是血液中的胆固醇水平。你血液中的胆固醇水平，至少在一定程度上取决于你吃了多少富含胆固醇的食物，比如肉、蛋和一些乳制品。

然而，这种胆固醇与你大脑中的胆固醇**无关**。

与体内的其他器官不同，大脑中的胆固醇都是由大脑自行合成的。也许更令人惊讶的是，大脑中的大部分胆固醇是在出生后的头几周内产生的，那段时间，神经元的生长速度很快，需要大量的胆固醇提供结构上的支持。在整个青春期，大脑可以继续以较低的速度合成胆固醇，而这一过程一旦完成，它就会变得很慢，在成年后，大脑基本上不会合成胆固醇了。

青春期之后，大脑已经拥有了它所需的全部胆固醇。为了保存它自己的胆固醇，大脑将其与身体其他部分的胆固醇完全隔离。作为额外的安全措施，膳食胆固醇（来自我们吃的食物）并未获许通过血脑屏障，即胆固醇无法透过血脑屏障进入大脑。

因此，胆固醇摄入量与大脑功能之间没有联系。不管你的煎蛋卷放了多少鸡蛋或者加了多少培根，这些食物中的胆固醇都不会有益于你的心智能力 —— 甚至可能导致动脉阻塞。

这样，饮食中的胆固醇对大脑的影响，等同于对心脏健康的影响。当我们的心脏状况不佳时，我们的大脑也会受到影响。原因如下。

你体内的胆固醇需要帮助才能到处流动。帮助是以**脂蛋白**的形式提供的，脂蛋白是体内的脂肪运输系统的私人司机。你或许能从血液检验报告单上认出它们。它们被分为两组：低密度脂蛋白（LDLs）和高密度脂蛋白（HDLs）。当医生谈到"坏胆固醇"和"好胆固醇"时，指的就是它们。

低密度脂蛋白运载胆固醇到特定的器官。有时，这个过程没有像原本计划的那样顺利地运行。由于遗传或其他身体疾病，低密度脂蛋白最终可能会将乘客（胆固醇）丢在错误的目的地——例如，在动脉壁内。随着这一过程的继续，胆固醇可能会积聚，开始导致管壁增厚。这种增厚被称为**斑块**或**动脉粥样硬化斑块形成**。随着这些斑块的增大，它们最终会堵塞动脉血管，导致心脏病发作、中风和其他严重的疾病。相反，高密度脂蛋白从身体组织中收集胆固醇，并将它们运送到肝脏，在肝脏中，胆固醇要么被清除，要么被转化为激素，派上新的用场。这就是为什么，LDL 和 HDL 实际上并不是胆固醇，却被贴上了"坏 LDL 胆固醇"（成为我们需要除掉的坏蛋）和"好 HDL

胆固醇"（我们寻求的超级英雄）的标签。

不管医学术语是什么，为了保护你的心脏和大脑，至关重要的是，将你的总胆固醇保持在较低水平，同时要有高水平的 HDL 和低水平的 LDL。

大量研究表明，如果你在中年时有**高胆固醇血症**（血液中总胆固醇水平高），你在晚年患痴呆症的风险就会增加。作为参考，"高胆固醇血症"是指血液中总胆固醇的水平高于 240 mg/dL。对 1 万多名老年人的调查研究发现，中年时有高胆固醇血症的人在晚年患认知障碍症和痴呆症的风险，几乎是中年时胆固醇水平正常的老年人的 3 倍。但是在针对患阿尔茨海默病的风险进行研究时，研究人员发现，与之相关的总胆固醇水平的正常上限（健康临界值）甚至更低。总胆固醇水平为 220 mg/dL（按照目前的标准，这被认为是临界高值），就会增加患阿尔茨海默病的风险，足以使患病风险增加近一倍。

我们该怎么做，才能控制体内胆固醇水平？

按照惯例，如果你有高胆固醇血症，你的医生会建议你少吃富含胆固醇的食物，比如鸡蛋和奶酪。然而，人们逐渐认识到，从食物中摄入的胆固醇，对人体血液中总胆固醇的影响，并不像以前认为的那样大。事实上，人体内的胆固醇，有 75% 是由人体自身合成的，只有 25% 左右是从食物中获得的。这是因为，你的身体通过严格的内部控制来调节血液中的胆固醇水平，确保你不会从所吃的食物中吸收太多的胆固醇。换句话说，吃含有胆固醇的食物，并不一定会让你心脏病发作。

然而，食物中的其他营养成分，可能会使你血液中的胆固醇水平升到极高。尽管这听起来令人费解，但与摄入膳食胆固醇相比，摄入含有饱和脂肪和反式脂肪的食物，更有可能使体内的胆固醇水平增高。因此，你如果需要降低体内的胆固醇水平，最好少吃含有饱和脂肪和反式脂肪的食物。正如我们前面提到的，你应该将反式脂肪赶出厨房。富含饱和脂肪的食物也应该加以限制。棘手的是，膳食中的大部分胆固醇来自富含饱和脂肪的食物，如高脂肪的肉类、猪肉、禽肉和乳制品，一般而言，吃含有胆固醇的食物，也会增加饱和脂肪的摄入量。

就这一规则而言，鱼类、贝类和蛋类是个例外，因为它们是富含胆醇但饱和脂肪含量较低的食物，所以不像之前认为的那么有害。例如，临床试验表明，吃鸡蛋与患心脏病的风险没有关联。这是重新开始吃蛋黄的一个好理由，不要只点纯蛋清煎蛋卷了。然而，如果听了这个消息，你想去餐馆吃一顿加了 10 个鸡蛋的炒鸡蛋，那也过于极端了。健康摄入鸡蛋意味着，每周只吃几个鸡蛋。再有，请记住那句老话："一切都要适量。"

还要记住，对于膳食胆固醇或饱和脂肪，每个人的反应都不一样。如果选取一组人，让他们进食富含胆固醇或饱和脂肪的食物，然后测量他们体内的胆固醇水平，我们会发现，每个人的身体都有不同的反应。有些人的胆固醇水平升高较多，还有一些人则不然。你如果有高胆固醇血症或心脏病家族史，或许可以请医生给你做个检查，看看在摄入高脂肪食物之后，你的身体有何反应。如果在摄入饱和脂肪之后，你的总胆固醇或 LDL 胆固醇水平确实会升高，你就有充足的理由改变你的饮食了。

大脑和身体 —— 它们意见一致吗

我们已经回顾了主要的脂肪酸类型，以及它们是否属于有益脑部健康的食物，现在让我们总结一下。某些膳食脂肪，如多不饱和脂肪酸（PUFA），便是很好的例子，它能证明对大脑有益的食物对身体也有好处。大脑需要 PUFA（尤其是鱼和蛋中的 PUFA），以维护神经细胞的正常结构和功能。身体其他部分也需要 PUFA，甚至可以靠这些脂肪酸来供能。例如，像 PUFA 这样的脂肪酸，可作为心脏的主要能量来源。所以，你要确保摄入足够多的富含 PUFA 的食物（如本章列出的），它们既有益于脑部健康，也有益于心脏健康。

然而，这反过来并不一定成立，并不是所有对身体有益的脂肪都对大脑有益。有些人认为，吃富含饱和脂肪和胆固醇的食物，有助于保持脑部健康。我不同意这种观点。就膳食中的饱和脂肪而言，只有身体能够将这种脂肪作为能量来源利用起来才行。同样，只有身体能够利用膳食中的胆固醇，它才可能有很多用途——从作为机体细胞膜的重要成分，到被用来生成多种激素。另外，对于大脑来说，在青春期后，膳食中的饱和脂肪和胆固醇就显得不必要甚至没用处了。

尽管如此，膳食中的饱和脂肪仍是一个复杂的主题，需要记住的是，对你来说，某些类型的饱和脂肪可能比其他饱和脂肪更好。如前所述，你的大脑偶尔会吸收几种非常特殊的饱和脂肪酸，比如全脂牛奶和椰子油中的饱和脂肪酸。尽管你的大脑不是经常需要这些脂肪酸，但少吃或偶尔食用它们也不会有什么坏处——它们比其他更有害的膳食脂肪（如反式脂肪）好得多。在接下来的章节中，我们将更多地讨论，哪些高脂肪食物对我们的脑部健康和身体健康都是最有益的。

　　在这里，我要提醒一下刚当上父母的人们。不要以为对你有益的食物，对你两岁的孩子也有益。与成年人的大脑相比，发育中的大脑（从出生到青春期）需要更多的饱和脂肪。意大利的儿科医生建议，儿童每周至少应该吃两份（优质）肉类食品，以及大量（有机、新鲜）的牛奶和奶制品，当然还要吃鱼。我遵循这个规则喂养我的两岁孩子，她爱吃野生鲑鱼和帕马森干酪，也喜欢椰子油和（由草饲奶牛的有机牛奶制成的）甜奶油。正如我们将在本书后半部分讨论的，就食物的选择标准而言，食材的**质量**可能是最重要的，特别是对于家里有小孩的人来说。

第 5 章

蛋白质的好处

蛋白质的构成

在最有益脑部健康的营养物质中，蛋白质排名第三。蛋白质是复杂的分子，细胞内的大部分工作都离不开蛋白质，大脑网络的结构、功能和调节也离不开蛋白质。蛋白质由一种名为氨基酸的更小单位构成，后者相互连接在一起，形成较短或较长的链状结构。作为蛋白质的基本构成单位，氨基酸的数量和排列顺序决定了蛋白质的独特形状和特性。

氨基酸是必不可少的，对于大脑和身体的几乎所有功能来说都是如此。这主要包括维持体内组织的健康，体内各种激素的合成，促进各种化学反应。但是对大脑来说，更重要的是，氨基酸存在于地球上所有生物的脑中。事实上，有些氨基酸可以充当**神经递质**，是大脑用来传递信号、交流和处理信息的化学信使。你如何思考、说话、做梦和记忆，都与神经递质有关。它们激发各种神经冲动，让你醒来、让你昏昏欲睡、让你集中注意力，甚至让你改变主意。

为了实现所有这些认知功能，我们必须每天给大脑提供足够的氨基酸，也就是摄入足够的蛋白质。人类大脑能够自行合成一些氨基酸，然后再从食物中获取另外一些氨基酸。因此，尽管所有氨基酸都是维持**人体**健康所需的，但大脑本身并不需要所有这些氨基酸。

就像脂肪酸一样，氨基酸也可以被分为两类，**必需的**和**非必需的**。非必需氨基酸是大脑可以直接合成的，必需氨基酸是体内不能合成、必须由食物供给的。

当你吃了含有蛋白质的食物，必需氨基酸（如**色氨酸**，火鸡肉中富含色氨酸，它是促进睡眠的分子），会通过血脑屏障中的特殊通道，很快进入大脑。非必需氨基酸（例如芦笋中的**天冬酰胺**）则明显受到限制，难以通过血脑屏障进入大脑。

总的来说，蛋白质不难获得。有些食物含有完全的、均衡的蛋白质，这意味着它们能提供所有必需氨基酸。这些食物通常源自动物，包括鱼、奶、蛋、鸡肉、猪肉和牛肉。许多植物性食物，如豆科植物、谷物、某些坚果和种子，也含有大量的蛋白质。在接下来的几页中，我们将会看到，哪些蛋白质是健康活跃的大脑特别需要的，哪些食物所含的氨基酸配比最完美，有助于我们保持头脑的清晰和敏锐，一直到老。

星状、树状、蜘蛛状、风筝状和胡萝卜状……哦，天啊！

若要了解我们的认知能力在本质上有多依赖于大脑必需氨基酸的正确组合，最直接的方法就是，先了解一下使我们的思想得以形成的那些机制。现在，让我们来看看，脑细胞是如何相互沟通，如何在整个大脑中传递信息，以形成想法、记忆和感受的——这个过程主要基于蛋白质。

如果用显微镜观察大脑，你会看到一种特殊的景象。人脑中充满了形状各异的脑细胞，每个脑细胞都有不同的形状和大小。

有的脑细胞是星状的，有的是树状的，每个脑细胞都有自己独特的分支结构。还有一些脑细胞是蜘蛛状的，另外一些则是风筝状的，看起来更像拖着长尾巴的风筝。有些脑细胞甚至看起来像顶部长满了叶子的胡萝卜。这些星状、树状、蜘蛛状、风筝状和胡萝卜状的脑细胞都在努力工作，来回传递信息，保持大脑各区域之间的信息沟通，然后再进一步向外周延展，把信息传递到身体其他部位。

中枢神经系统就像是一个管弦乐队，大脑是乐队指挥，由 800 **多亿**个被称为**神经元**的脑细胞组成。神经元在人体内所有细胞中独树一帜，因为它们能够向其他细胞发送信号，无论距离有多远。正是由于神经元有不同的形状和大小，所以它们能够做到这一点。

在神经电信号的传导过程中，神经元之间并不是直接接触的。它们的胞体或轴突终止于**突触**，这些突触是在神经元之间充当连接点的微小缝隙。每个神经元上都有多达 1000 至 10000 个突触，大脑中总共有 100 **万亿**个突触连接。

神经元的电脉冲（electrical impulse）经过许多突触在神经系统中传递。"神经信息传递"（neurotransmission）是由神经递质介导的。神经递质是大脑的化学信使，负责在神经细胞间传递信息。正是这些神经递质，使我们产生思想、记忆和语言（甚至包括在夜间有良好的睡眠），为健康的心智功能奠定了基础。人类的大脑依赖于 100 多种神经递质非常协调和密切配合的作用，每一种神经递质都有其特定的化学分子结构和特殊的作用。其中一些神经递质，对我们的认知表现和心智能力有深远的影响。有种叫作 5-**羟色胺**的神经递质，不仅会影响你的情绪稳定性和睡眠模式，还会影响记忆力和食欲。还有一种叫作**多巴胺**的神经递质，负责奖赏—激励行为（reward-motivated behavior）、运动控制和渴求欲望。此外，还有与动作控制相关的神经递质，**谷氨酸**是一种兴奋性神经递质，γ-**氨基丁酸**（GABA）是一种抑制性神经递质。由此可见，这些神经递质对我们的脑力和智力有多么深刻的影响。

其实，许多认知问题都是神经递质异常引起的。例如，对抑郁症患者的检查发现，很多人的 5-羟色胺（一种重要的神经递质，调节情绪、记忆和食欲）水平明显偏低，这反过来又会影响记忆和注意力。

是什么导致了神经递质明显偏低？

你猜对了——**糟糕的饮食**。

我们体内的神经递质是从一个来源生成的：我们的食物。

仔细观察这个神经信息传递过程，我们会发现一个令人惊讶的事实——神经递质并不是在那里坐等着传递下一个信号。每当需要为大脑传递某个信息时，它们就会被神经元合成出来。当某个神经信息出现时，它们就报到应遣，一旦任务完成，它们就会再次消失。这个极其复杂而又微妙的过程，本质上依赖于从日常饮食中获取的几种营养物质。因此，我们的饮食（尤其是蛋白质摄入量）变化，是会迅速对大脑内神经递质的合成产生影响的。

睡眠、遐想、记忆与 5-羟色胺

人们认为 5-羟色胺主要与我们的情绪有关，因为当我们感到放松和快乐时，这种神经递质会向我们的大脑发出信号。如果大脑内产生的 5-羟色胺水平低，快乐信号就会变得短暂和不那么频繁，最终引发抑郁和焦虑等疾病。在睡眠和食欲调节方面，5-羟色胺的作用也是广为人知的。而不太为人所知的是，5-羟色胺的显著减少也可能导致与衰老和痴呆症相关的某些记忆障碍。

食物是 5-羟色胺产生的原动力。事实上，5-羟色胺的产生，主要取决于大脑中有多少色氨酸可用。色氨酸是一种必需氨基酸，这意味着人体自身不能合成它。因此，要想让大脑获得色氨酸，只能通过日常饮食摄入。

什么食物能提供色氨酸？我们怎样才能获得足够的色氨酸？

根据目前的膳食指南，一般成年人（无论男女），平均每天每千克体重对应的色氨酸需求为 5 毫克。也就是说，以一个体重为 79 千克的成年人为例，推荐摄入量是每天 395 毫克色氨酸。

这种大脑必需的营养物质并不难获得。很多食物都含有色氨酸，特别是那些富含动物或植物蛋白的食物。但是有一个问题：通常而言，与其他氨基酸相比，色氨酸更不容易通过血脑屏障进入大脑。此外，从食物中获取的色氨酸只有不到 10% 被用来合成 5-羟色胺。因此，我们有必要每天摄入足量的富含色氨酸的食物，以使大脑有充足的色氨酸合成 5-羟色胺。

表 3 列出了富含色氨酸的几种常见食物。有趣的是，虽然传言使我们相信，色氨酸是我们在吃完火鸡晚餐后昏昏欲睡的原因，但其实火鸡里的色氨酸含量并不高，在富含色氨酸的食物中排名相当靠后，甚至都没有被列入到表 3 中。

表3　富含色氨酸的十大食物，按色氨酸与竞争的氨基酸（CAAs）之比排序。这个比值是最佳指标，反映了有多少色氨酸可通过血脑屏障进入大脑（用于5-羟色胺合成）。

食物名称	单位 （英美制）	单位 （公制）	色氨酸 （mg）	CAAs 的总量 （mg）	色氨酸/ CAA 之比
奇亚籽	1 盎司	28 克	202	1270	0.159
全脂牛奶	1 夸脱	946 毫升	732	8989	0.081
芝麻籽	1 盎司	28 克	189	2330	0.081
原味全脂酸奶	1 杯	245 克	49	3822	0.078
南瓜子	1 盎司	28 克	121	1615	0.075
梅干	1 个	26 克	2	27	0.074
海藻、螺旋藻	1 盎司	28 克	260	3768	0.069
生可可	1 盎司	28 克	18	294	0.061
全麦面包	1 片	50 克	19	317	0.060
毛豆	1 杯	118 克	236	2354	0.057

　　恰恰相反，排在首位的是奇亚籽。奇亚是自然界最强大的植物性食物之一。奇亚籽（棕色的小种子）是营养价值高、可提供持久能量的超级食物，自古以来就备受推崇。**奇亚**（Chia）一词出自古玛雅语，意为"力量"。事实上，在古代阿兹特克（Aztec）和玛雅（Mayan），奇亚籽是战士远征时随身携带的高能量食物，也是长途送信的人和长跑运动员的常备食物。两汤匙的奇亚籽，就含有超过200毫克的色氨酸（请记得，你的大脑需要用色氨酸来合成5-羟色胺），以及大量的ω-3多不饱和脂肪酸、矿物质和膳食纤维。

　　富含色氨酸的天然食物还包括生可可（巧克力）、小麦、燕麦、螺旋藻、芝麻和南瓜子等植物性食物。牛奶、酸奶、鸡肉和鱼类（如金枪鱼和鲑鱼）等动物性食物也是富含色氨酸的。特别是酸奶，它是一种很好的蛋白质来源，对健康（尤其是消化系统）有很多好处。然而，我所说的酸奶，并不是超市货架上那种有精美包装的酸奶样产品（它们含糖、奶油、水果）。那些产品含有大量的人造甜味剂和着色剂，还含有防腐剂，长期食用，对你的脑部健康有害无益。当我说到酸奶时，我指的是有机的原味酸奶——最好是全脂，以羊奶为原料（含有更丰富的蛋白质）的。如果你不喜欢酸的口味，你可以自己在酸奶中加入生蜂蜜、枫糖浆或新鲜水果，来增加甜味。

一般来说，许多常见食物中都含有色氨酸，因此人体缺乏色氨酸的可能性不大。然而，如果日常饮食中蛋白质过少，色氨酸也可能因此缺乏。如果你是纯素食者或者很少吃动物蛋白，你体内的色氨酸水平可能会很低。在这种情况下，一定要吃足够多的富含营养的素食。另外，还可以服用膳食补剂，例如 5-羟基色氨酸（5-Hydroxytryptophan，或 5-HTP），来补充色氨酸。

此外，我还有一个窍门。研究表明，吃富含色氨酸的食物时，辅以含碳水化合物的食物，有助于色氨酸通过血脑屏障进入大脑，从而促进 5-羟色胺的生成。因此，许多营养学家建议，在晚餐时吃一些含碳水化合物的食物，可以促进色氨酸的吸收和入睡。在我小时候，我的妈妈会在我睡前给我准备一杯加了蜂蜜的温牛奶，帮助我入睡。她或许并不知道，这种简单的搭配，有助于色氨酸通过血脑屏障进入大脑，促进 5-羟色胺的产生，从而促进睡眠。

最后，有时问题不在于缺乏色氨酸，而在于缺乏维生素。虽然色氨酸是合成 5-羟色胺的必要条件，但是将色氨酸转化为 5-羟色胺也

需要维生素 B_6。正如我们将在后面几章中看到的，这种维生素确实是大脑必需的，因为它不仅对 5-羟色胺的合成至关重要，而且对其他几种神经递质的合成也至关重要。

多巴胺：注意脚下

5-羟色胺得到了很多关注和炒作，而多巴胺也因其在认知功能中的作用而越来越受关注。多巴胺的功能包括奖赏、动力和注意力，以及问题解决和运动控制能力，此外，它还会让人感受到快乐。

多巴胺异常与帕金森病、注意缺陷多动障碍（ADHD）、精神分裂症和药物成瘾等多种疾病有关。

在大脑中，**酪氨酸**被分解产生多巴胺。酪氨酸是一种非必需氨基酸，这意味着人体自身能合成它。但有个问题，虽然人体自身能合成酪氨酸，但却需要**苯丙氨酸**的帮助，而苯丙氨酸恰好是一种必需氨基酸，只能通过饮食途径来获取。这一切归结起来就是，如果不吃含有苯丙氨酸的食物，我们就不会感受到在公园里散步的愉悦，也没兴趣玩游戏——更不会感受到打赢游戏的快乐。

请留意膳食指南中的推荐摄入量，以确保自己摄入足够的苯丙氨酸和酪氨酸。一般来讲，成年人每天每千克体重对应的需求为 33 毫克。也就是说，一个体重为 79 千克的成年人，无论男女，推荐摄入量为每天 2.6 克。

如表 4 所示，苯丙氨酸存在于许多高蛋白动物产品中，如鸡肉、牛肉、蛋类和鱼类（特别是多脂鱼，如鲑鱼、银花鲈鱼和大比目鱼），以及牛奶和酸奶等乳制品中。苯丙氨酸也存在于植物性食物中，尤其是豆科植物（如大豆和花生）、坚果（如杏仁），以及奇亚籽、南瓜子和芝麻籽。哦，别忘了还有菠菜。

表 4　富含苯丙氨酸的十大食物，按苯丙氨酸密度排序，这样我们就能很方便地比较不同食物中苯丙氨酸的相对含量。

动物来源	苯丙氨酸（毫克/100 克食物）	植物来源	苯丙氨酸（毫克/100 克食物）
帕马森干酪	1870	大豆	2122
切达奶酪	1390	花生	1290
鸡肉	1310	奇亚籽	1028
牛排	1210	杏仁	980
动物内脏	1200	芝麻籽	959
猪腿肉	1030	南瓜子	924
大虾	910	核桃	540
鳕鱼	790	鹰嘴豆	460
鲑鱼	775	小扁豆	400
海鲈	760	芸豆	350

人体同时缺乏这两种氨基酸（苯丙氨酸和酪氨酸）的情况是很罕见的，但是某些疾病或饮食方案可能会导致这些氨基酸的摄入量不足，从而影响大脑中多巴胺的产生。

膳食补剂当然也是一个选项。如果服用补剂，我建议选择天然形式的 L-苯丙氨酸，不要选择化学合成的 D-苯丙氨酸和 DL-苯丙氨酸。服用任何补剂之前，一定要先咨询医生。

谷氨酸：准备，好了，走……或者等一下，踩刹车！

我曾经读过一个关于大脑如何处理决策的有趣类比。想象一下：有人拿着一块热气腾腾的比萨走进房间，你会想：哇，我想吃那个比萨，现在就要！针对这个想法，负责引发行动的神经元即将发出神经冲动，传递给大脑中的其他神经元，以达到你的目标。这时，另一个想法突然出现在你的脑海中：也许我不应该吃比萨，因为说实话，我正在努力减肥。另一组神经元立即发出相反的神经冲动，让一切暂停。但是你又闻到了比萨的味道，你决定无论如何都要吃一点。就在支持吃比萨的那一组神经元开始发出神经冲动（准备庆祝胜利）时，你发现自己没带任何现金。反对吃比萨的那一组神经元当即做出反应，彻底地结束这场争论。此时，你会叹口气，继续你的工作，虽然你可能对结果有点失望。

重点就是，你的大脑既可以发起一个动作，也可以抑制同一个动作，所有这些都以惊人的速度发生着。这是可能的，因为人体内有不同类型的神经递质，可用来实现不同的目标。一类是**兴奋性**神经递质，促使神经元传递信息，另一类是**抑制性**神经递质，降低了信息传递的可能性。它们可以被看作神经信息传递的阴和阳——或是你肩膀上的魔鬼和天使。

谷氨酸是人从头到脚整个神经系统中最主要的兴奋性神经递质，就是它促使你掏钱买比萨。谷氨酸这个小分子很重要，为人脑中90%以上的突触所用，在神经系统中所起作用的广泛性可见一斑。

与此同时，γ-氨基丁酸（GABA）也是由谷氨酸生成的，它是神经系统中最主要的抑制性神经递质。因此，谷氨酸不仅能促使你吃那块比萨——它也能在一开始就阻止你吃那块比萨。

除此之外，在脑部健康的另一个重要方面（学习和记忆），谷氨酸也有重要作用。

简单解释如下：两个或多个神经元之间的连接是会增强还是减弱，取决于这些神经元是否经常被连续激活。根据赫布理论（神经科学领域最著名的理论之一），"一起激发的神经元会连在一起"（neurons that fire together, wire together），而那些不同步激发的神经元……它们之间的连接就会减弱。这就是所谓的**长时程增强**（longterm potentiation，LTP），人们认为这个过程基于谷氨酸或其同系物 **N-甲基-D-天冬氨酸**（NMDA）。在大脑的记忆中心，NMDA有其特定的受体。这些受体就像门一样，通常被锁住。而谷氨酸（以NMDA 的形式）则是打开这些锁的钥匙。当神经递质到达时，门就会打开，让信息流入神经元。随着时间的推移，这种情况发生的频率越高，门保持打开状态的时间就越长。随后反馈回路产生，构成了**突触可塑性**的基础，这便是记忆形成的生物学机制。

然后，让我们再回到大脑与食物的语境中。我们发起行动、避免做某事，**以及**形成长期记忆的能力，都依赖于谷氨酸。

谷氨酸是一种非必需氨基酸，这意味着大脑能够自己合成它。然而，还是有一个问题。大脑需要**葡萄糖**来合成谷氨酸。大脑利用葡萄糖供能，在这个被称为**代谢**的过程中，分解葡萄糖时，就会形成谷氨酸。这使得我们的大多数心智活动高度依赖于饮食选择，特别是碳水化合物的摄入。

第 6 章

碳水化合物、糖和更多甜食

并非所有碳水化合物都是一样的

如前一章所述，大脑是一个特别活跃的器官。其活动需要电脉冲的持续传递，从而让神经元合成神经递质并相互沟通。这个令人惊叹的过程也顺理成章需要大量的能量。

在探求健康饮食的过程中，营养学家首先要回答的问题之一是："是什么在维持机体正常运转？"而在答案中占据显著位置的则是**碳水化合物**。

碳水化合物有许多不同的形式，可以根据其化学组成和提供能量的能力来分类。有些碳水化合物能在体内快速释放能量，如蜂蜜等单糖，还有一些是复杂碳水化合物，属于缓释型碳水化合物，需要更进一步消化才能被人体完全吸收，如全麦和糙米。

正是这种单糖，也就是快速释放型碳水化合物，促使早期营养学家认识到，它们是人体的主要能量来源和燃料。但在人体内的所有器官中，最需要它们的是大脑。

这涉及大脑和身体之间的另一个重要区别。虽然身体会利用脂肪和糖来供能，但大脑完全依赖一种叫作葡萄糖的单糖。换句话说，我们饥饿的大脑所需的所有能量——每 1 克——都完全来自葡萄糖。在敲起警钟（"糖！"）之前考虑一下，你会发现这其实没有什么特别的。通常情况下，人体是靠糖驱动的机器。作为重要的能量来源，葡萄糖是人体获取能量的最快途径。每当富含碳水化合物的天然食物被你吃掉，它们最终会被分解成葡萄糖，葡萄糖会迅速进入血液，并被输送到全身，通过代谢过程立即用于供能。葡萄糖能很容易地穿过血脑屏障，为大脑中的几十亿个神经细胞提供能量。

所以不要让统计数字误导你：虽然碳水化合物确实只占大脑物质组成的很小一部分，但是每时每刻都有葡萄糖在源源不断地进入大脑。由于大脑的工作很耗能，葡萄糖的消耗速度极快，以至于根本没有时间放慢速度，让葡萄糖在脑组织中积累。

这些葡萄糖来自哪里？当然是饮食。

从神经营养的角度来看，像葡萄糖这样的碳水化合物决非敌人，因为它们对于正常的大脑活动和认知表现至关重要。人脑对葡萄糖的依赖程度极高，以至于它甚至发展出了复杂的机制，将其他糖转化为葡萄糖。例如，**果糖**（存在于大多数水果和蜂蜜中）和**乳糖**（存在于奶和乳制品中）都可以被转化为葡萄糖，每当我们体内的葡萄糖水平过低时，便可通过这种方式快速解决。

然而，如果听到这里你想要去吃甜食，请等一下。我们探讨的碳水化合物不包括纸杯蛋糕。而且，我们并不是在提倡让自己吃得过饱。葡萄糖虽然是少数几种可以立即进入大脑的营养物质之一，但是它的进入受到严格的控制。与严格的供需模型相匹配，血脑屏障中存在特定的"糖分子大门"（sugar gate），在大脑需要葡萄糖时，它们就会打开，一旦脑组织中有了足量的葡萄糖，它们就会关闭。如果你的大脑在很活跃地工作，需要葡萄糖供能，它将从血液中获取它所需的葡萄糖。但是，如果你的大脑感觉很满足，获取的葡萄糖已经够用了，那么你多吃的那一口意式面食或一勺冰激凌，不仅不会使你的大脑工作得更努力或更好——多余的葡萄糖不会通过血脑屏障，只会被一扇紧闭的门挡在外面——甚至还可能让你身体的其他部位增重几千克。

葡萄糖进入大脑之后，如果没有立即被用来供能，就会被转化为一种叫作**糖原**的物质，被储存起来以备将来使用。这是一种有效的方法，可以节省有用的卡路里，为大脑提供能量储备，确保你在两餐之间精力充沛。然而，大脑中的糖原储存量很少。如果有需要，储存的糖原大约可满足不超过一天的葡萄糖需求。

如果碳水化合物的供应有限（通常而言，就是低于 50 克 / 天，相当于 3 片面包），糖原储备很快就会耗尽，使大脑处于潜在的危险之中。但是机智如大脑，一个备选方案不在话下。如果碳水化合物供应太少，备选方案就会生效，大脑向肝脏寻求能量，肝脏分解脂肪之后会产生一种叫作**酮体**的分子。酮体是大脑唯一的备用能量来源。

如果你采用过某些低碳水化合物饮食，你可能听说过酮体。而作为该饮食方式中的一种，**生酮饮食**堪称神经营养学家的噩梦。它的饱和脂肪含量很高，碳水化合物和膳食纤维含量很低，体内储存的糖原耗尽后，迫使肝脏以脂肪为燃料，以稳定血糖水平。与此同时，燃烧脂肪可以促进体重减轻——根据一些人的说法，甚至可以改善认知能力。我们将在第 9 章中更详细地讨论生酮饮食。在这里，请记住，虽然大脑确实可以用酮体代替葡萄糖供能，但这是**例外，而不是常规操**

作。由葡萄糖供能转变成酮体供能，这是人体的应急机制，是为饥饿等极端情况保留的。如果你的大脑能向你提要求，它是不会将酮体当作能源的。更重要的是，大脑不能仅靠酮体供能。大脑需要由葡萄糖提供至少 30% 的能量。

总的来说，在由葡萄糖供能的情况下，大脑的运转状况是最好的。事实上，任何状况下的葡萄糖供应中断，都会立即影响到大脑功能，从严重低血糖（血糖非常低）造成的意识迅速丧失，我们就可以看出，大脑非常容易受到血糖不足的影响。特别是随着年龄不断增长，为保证功能正常和头脑敏锐，我们更需要确保大脑每天都能获得足够的葡萄糖。

渴求葡萄糖

就节食而言，碳水化合物是个有争议的话题。但是从大脑的角度来看，"好碳水化合物"和"坏碳水化合物"的区别，其实是食物中的葡萄糖含量。

自从上大学以来，我的研究工作一直是围绕着葡萄糖展开的。多年来，我用各种可能的方法（从血液测试到脑部扫描）研究葡萄糖。你的大脑需要它。无论有多少饮食学家、医生或记者告诉你，碳水化合物对你有害，可大脑是靠葡萄糖供能的，葡萄糖是一种碳水化合物。

问题是，当大多数人说到碳水化合物时，他们想到的是白色食物：糖、面包、意式面食和烘焙食品。虽然这些食物可能尝起来很甜，但它们不是很好的葡萄糖来源。

那么我们在哪里可以找到这种宝贵的糖呢？

如表 5 所示，一些我们不一定认为是甜的食物，如洋葱、芜菁、红甜菜和芜菁甘蓝（又名洋大头菜），正是最好的天然葡萄糖来源。尤其是红甜菜，堪称"大自然的糖果"。仅 1 小棵红甜菜中含有的葡萄糖，就相当于你一天所需的葡萄糖总量的 31%。水果（如猕猴桃和葡萄、葡萄干和红枣以及蜂蜜和枫糖浆），都是很好的含天然葡萄糖的食物。无论我们是泛泛而谈，还是针对提神醒脑，这些食物都比其他食物好得多，因为这些食物中葡萄糖的含量高，其他糖类的含量则很低。

表 5　富含葡萄糖的十大天然食物，按葡萄糖含量百分比排序。

食物名称	葡萄糖（克/100 克产品）	总糖（克/100 克产品）	葡萄糖（%）
小葱	1.4	1.6	88
芜菁	1.9	2.5	76
芜菁甘蓝	2.2	3.9	56
杏干	20.3	38.9	52
猕猴桃	5.0	10.5	48
葡萄	6.6	16.4	40
洋葱	1.9	5.0	38
全麦面包	1.4	3.9	36
红甜菜	4.0	13.0	31
蜂蜜	24.6	57.4	30

相比之下，像糖果、饼干甚至橙汁这样的含糖食物，则是含有大量的其他糖类，却几乎不含葡萄糖。比如，白砂糖中蔗糖含量为

100%，蔗糖是一种不同于葡萄糖的糖类。

这就引出了下一个问题。我们需要多少葡萄糖？

信不信由你，你在网上找不到答案。事实上，针对一个人每日需要多少葡萄糖（或碳水化合物），目前还没有膳食建议。我们需要借助科学手段来找到答案。

观察大脑葡萄糖代谢的最好方法，是通过 PET。多年来，我一直在使用 PET 研究大脑葡萄糖代谢（燃烧葡萄糖产生能量）的方式，及其与记忆、注意力和推理等认知功能的关系。

虽然大家都对 MRI 有所了解，但很少有人知道 PET 到底是什么。你有没有见过那种带明亮的红色和黄色或较深的蓝色和绿色的大脑扫描片子？那就是 PET 影像。颜色鲜艳的区域是活跃脑区，颜色较深的区域是比较不活跃的脑区。由于大脑只使用饮食中的葡萄糖来保持活跃和产生能量，我们通过 PET 所观察到的是，大脑在燃烧来自食物的葡萄糖。

在利用 PET 进行调查时，少量葡萄糖被注射到人体的血液中，随后迅速进入大脑，并直接流向大脑中最活跃的区域，因为那里是最需要燃料的地方。但我们使用的葡萄糖是经过特殊标记的。即将一种叫作氟-18（fluorine 18）的独特放射性物质标记在葡萄糖分子上，进入大脑之后，它就会发光。然后，我们使用扫描仪来检测它发出的光，从光的强度和部位，可以判断出大脑中正在发生的代谢活动的程度和位置。

通过这种方法，科学家们已经发现了健康大脑每天确切的葡萄糖消耗量。用科学术语来说，平均而言，每分钟每 100 克脑组织约消耗 32 微摩尔的葡萄糖。简而言之，这意味着，要保持活跃和健康，一个成年人的大脑，每天 24 小时约需 62 克葡萄糖。为达到最佳的运转状态，有些大脑需要的葡萄糖可能稍多一些，有些则稍少一些。

62 克葡萄糖，这听起来多吗？

不是的。事实上，每天 62 克葡萄糖，含有不到 250 大卡的热量。更重要的是，它不能是任何糖类，它必须是**葡萄糖**。例如，3 汤匙的生蜂蜜，就能为你的大脑提供一天所需的全部葡萄糖。相比之下，你需要吃下约 7.26 千克的巧克力曲奇，才能获得等量的葡萄糖。

高糖和低糖

除了关注食物中的葡萄糖含量，我们还需要关注一天的总糖摄入量。大脑靠葡萄糖供能的一个主要缺点是，我们的思维敏锐度极易受到血糖水平下降的影响。因此，我们需要给大脑提供足够量的葡萄糖，同时保持血糖水平的稳定，这对大脑的正常运转至关重要。

此外，你也不希望自己血糖过高。正如每位糖尿病患者都非常清楚的，血糖水平很容易失控。但是对于未患糖尿病的绝大多数人来说，高血糖并不是由疾病或嗜甜基因造成的。这一切都取决于你吃了什么。

下面我们来谈谈简要的工作原理。血糖水平由一种叫作**胰岛素**的激素调节。当膳食中含有大量的糖时，胰腺会分泌胰岛素。胰岛素帮助细胞和组织吸收糖，将其当作能量来源，同时降低血糖含量。

如果一个人经常摄入大量糖（特别是精制白糖），那最终会导致胰腺超负荷工作，胰岛素敏感度降低。一旦胰腺不堪重负，无论产生多少胰岛素，血糖都会处在高水平。这会导致一种被称为**胰岛素抵抗**的病症，就是人体能产生胰岛素，但不能有效地利用它。如果发生胰岛素抵抗，葡萄糖就会滞留血液中，改变人体的代谢，对人体健康造成极大的损害。

在美国，胰岛素抵抗已经成为一种很常见的病症。2012 年，美国卫生与公众服务部（U.S. Department of Health and Human Services）估计，美国 20 岁以上的人群中，有至少 8600 万人患有胰岛素抵抗或处于糖尿病前期。据估计，这一患病率在未来还将进一步上升。有胰岛素抵抗的人，更容易患上 II 型糖尿病、肥胖症和心脏病，这些疾病一直被认为会增加痴呆症的患病危险。在所有的痴呆症病例中，有多达 6% 至 8% 的病例可归因于 II 型糖尿病，还有 25% 的病例可归因于心脏病和中风。胰岛素抵抗还会与脂肪积累的增加相伴而生，这只会加剧人体的代谢紊乱，对大脑的健康产生严重影响。

此外，海马（主要负责记忆的大脑区域）实际上也可能出现胰岛素抵抗。简言之，胰岛素抵抗会导致大脑炎症并加速自由基的产生，从而导致记忆力下降。

不像看起来那么甜蜜

你经历过因为血糖升得太高然后骤降而造成的高潮和低谷吗？你有没有注意到，你在这之后感到多么虚弱和疲惫？这就是"糖果棒效应"（the candy bar effect），对你或你的大脑没有任何好处。

如上所述，高血糖会导致炎症、胰岛素抵抗、代谢紊乱和 II 型糖尿病，这同时又会增加患痴呆症的风险。

但是，即使还没患上糖尿病，你的脑部健康也可能已经受到影响了。研究表明，血糖水平偏高就会对大脑产生有害影响，尤其是随着年龄的变老，这种影响更为显著。例如，在一项研究中，研究人员对2000 多名老年人进行了长达 7 年的追踪研究，研究了高血糖与晚年认知能力低下的可能性之间的关系。虽然在研究开始时，没有一个参与者患有痴呆症，但在研究过程中，有许多高血糖者患上了痴呆症。血糖越高，患痴呆症的风险就越高，即使血糖处于标准血糖测试中被认为正常的血糖水平（<120 mg/dL），并未超标。换句话说，正常偏高的血糖水平（对身体来说"在可接受的范围内"），对娇弱的大脑来说可能就已经过高了。

脑成像研究还给出了更令人不安的证据，这些研究及 MRI 影像表明，未患痴呆症但是血糖高的老年人，不仅表现出记忆力下降，大脑体积缩小速度也有所增加。此外，研究人员在没有糖尿病迹象的参与者身上（尤其是大脑的记忆区域）也发现了这种相关性。

从社会的角度讲，我们如果想保留记忆，降低我们智力衰退（和患糖尿病）的风险，就迫切需要控制糖的摄入量，将其限定在大脑真正需要的数量和种类上。这意味着，我们可以吃一些含有天然葡萄糖的食物，但要少吃含有坏糖（造成胰岛素水平大起大落）的食物，以保持我们体内新陈代谢的顺畅和稳定。

不幸的是，常规的美国人餐盘里充满了加工食品和精制谷物，通常还配上大杯（若是按照世界其他地方的标准，就是超大杯）的碳酸饮料，每种食物中都有大量的浓缩糖。人们还经常吃零食（如糖果棒和精面粉制成的松软食品），喝超大杯的、富含糖的花式咖啡饮料。根据星巴克提供的营养数据，一个中杯（实际上是他们的最小杯型）的带奶油的焦糖巧克力咖啡星冰乐（Caramel Chocolate Frappuccino

Blended Crème）所含热量约为 300 大卡。这杯星冰乐看起来很诱人，但其中含有 48 克的精制白糖。如果还嫌不够，你可以选择再加上一层蓬松的搅打稀奶油。可如果你想要膳食纤维，那就得去其他地方找啦。

说到底，我们吃了太多的使人发胖的糖类，好糖（让我们变得聪明）的摄入量却不够。为了我们自身的利益，我们应该为自己和为孩子纠正这一点。

关注糖摄入量的一个好方法，就是关注食物的**升糖指数**（glycemic index）。升糖指数是一个营养评分系统，根据食物影响血糖水平的能力对食物评分。如果一种食物在消化过程中迅速分解为糖，糖又迅速进入血液，那它就是高升糖指数食物，因为它能引起体内胰岛素不健康激增。相反，如果一种食物在消化过程中缓慢分解，几乎不会导致血糖升高，那它就是低升糖指数食物。此外，我们还需注意食物的**升糖负荷**（glycemic load）。这是一个类似的系统，它的评分不仅根据食物引起血糖反应的速度，还根据食物中膳食纤维的含量，而膳食纤维含量越高，对胰岛素水平的影响就越小。

就大脑功能和健康而言，最糟糕的食物就是，能迅速分解为糖且膳食纤维含量极少的食物。这些食物包括含糖饮料、加糖果汁、烘焙食品和糖果，以及精面粉制品，如意式面食和比萨（完整列表见 www.health.harvard.edu/diseases-and-conditions/glycemic_index_and_glycemic_load_for_100_foods）。相比之下，复杂碳水化合物和淀粉含有更多的膳食纤维，在消化系统中的分解速度较慢，所以不会导致血糖快速升高。升糖指数较低的食物包括番薯或红薯（尤其是带皮食用），富含膳食纤维的水果，如浆果和葡萄柚，以及南瓜、奶油南瓜

（butternut squash）和胡萝卜等蔬菜。还有其他选择，如豆科植物（小扁豆、鹰嘴豆和黑豆）和全谷物（没有去掉麸皮的），它们既有利于保持血糖的稳定，同时也是大脑必需的葡萄糖的良好来源。换言之，如果你喜爱甜食，一个窍门就是，增加膳食纤维的摄入量。

从营养角度看，膳食纤维分为可溶性膳食纤维与不溶性膳食纤维。可溶性膳食纤维，存在于燕麦片、蓝莓和孢子甘蓝等食物中，它们在肠道中变成凝胶状的结构，可减缓消化速度，延长饱腹感。不溶性膳食纤维，如麦麸和深色绿叶蔬菜中的纤维，在消化过程中根本不会溶解，可增加粪便体积。这会促进消化道更快地排出废物。许多全食（完整食物），特别是水果和蔬菜，天然含有可溶性和不溶性膳食纤维。

除了改善胰岛素反应，饮食中的膳食纤维在支持肠道和免疫健康方面也起着重要作用。膳食纤维摄入量低，通常与便秘、胃肠（GI）疾病、炎症以及一些癌症（如结肠癌）的风险增加有关。在人们经常吃快餐食品，很少或根本不吃新鲜农产品的快餐大国（如美国），人均膳食纤维的摄入量是很低的，美国人平均每天的膳食纤维摄入量只有 10 到 15 克，这也与美国人的高胃肠疾病发病率有关。正如我们将在第 8 章中看到的，如果肠道不健康，大脑也会受到影响，这进一步强调了多吃膳食纤维对脑部健康的重要性。

总之，为了让你的大脑快乐，你应该多关注升糖指数低 / 富含膳食纤维的食物，将之作为你饮食中碳水化合物的主要来源，至于升糖指数高的食物，偶尔吃一点也是可以的。

如果你像我一样，觉得不能忍受完全戒掉零食，那么不要绝望。有些食物可作为零食，而且具有较低的升糖负荷，比以前认为的更健康。例如，有机黑巧克力（可可含量不低于 70%），具有较低的升糖负荷，是一种很好吃、又不会使血糖迅速上升的零食。爆米花也是如此。请访问我的网站（www.lisamosconi.com），那上面列出了几种富含葡萄糖的零食，既好吃，又不会像糖果棒那样影响你的血糖水平。

第 7 章

了解维生素和矿物质

你吃对维生素了吗

维生素在大脑的活动、生长和活跃中起着至关重要的作用。维生素虽然不是直接的能量来源，但有助于大脑的能量代谢。更具体地说，维生素就像一把钥匙，能帮助大脑打开食物中的能量宝库，并激活各种代谢过程，少了它们，这些代谢过程可能就进行不下去了。

自古以来，医者就认识到了维生素对最理想健康状态的重要性，维生素与人体健康之间的关系，长期以来一直是科学研究的课题。特别是，维生素缺乏症的发现堪称一块踏脚石，使人们认识到营养缺乏是许多疾病的核心成因，而这些疾病一度被认定是不可避免的。

我们现在知道，维生素对于增强人体免疫系统、吸收和消除其他营养物质而言至关重要，尤其在生成神经递质（大脑的化学信使）层面。一些神经系统疾病可能会因维生素缺乏而加重（甚至一开始就是维生素缺乏引起的）。维生素 B_1（**硫胺素**）的缺乏与**多发性神经病变**（polyneuropathy）和韦尼克–科尔萨科夫综合征（Wernicke-Korsakoff syndrome）有关，后者是一种可演变为痴呆症的脑病。维生素 B_6（**吡**

哆素）和维生素 B_{12}（**钴胺素**）的缺乏也会导致痴呆症。维生素 B_9（**叶酸**）缺乏，可导致胎儿神经管发育缺陷，甚至引发日后的认知功能障碍。这样的例子有很多。

我们可以从食物中获取上述所有维生素。大多数维生素是不能由大脑或人体自身合成的，因此属于需要从饮食中获得的大脑必需营养素。当你吃新鲜蔬菜或水果时，其中的维生素被吸收进入血液，到达血脑屏障，通过其上专门的运载体，进入大脑。

维生素通常分为两类：脂溶性（是指溶于脂肪的）和水溶性（是指溶于水的）。此外还可以根据化学名称和亚型细分，如维生素 B_6 或 B_{12}。

脂溶性维生素包括维生素 A、D、E 和 K。脂溶性维生素的一个优点是，它们可以储存于人体内的脂肪组织中，因此不需要天天补充。在这些维生素中，有两种以保护大脑的特性而闻名：维生素 A（其前体是 β-**胡萝卜素**）和维生素 E。这两种维生素都具有**抗氧化**功能，可以保护脑细胞和组织免受毒素、自由基，甚至污染的侵害。此外，维生素 E 还能增加脑组织中氧的供应，对于实现最理想化的大脑功能和代谢活动至关重要。

除了脂溶性维生素之外，其他维生素都是水溶性的。水溶性维生素不能在人体内储存，所以需要每天从食物中摄取。其中包括对大脑功能至关重要的几种维生素，如维生素 C、维生素 B_{12}、维生素 B_6、叶酸和胆碱。总的来说，这些维生素的主要价值在于，它们"促使事情发生"（make things happen）的能力。它们是大脑中的干将，主要起促进神经递质的作用，有时甚至能成为某种神经递质的一部分。这对于脑细胞之间的正常沟通至关重要。下面我们将以胆碱为例，来说明这一切是如何发生的。

用胆碱呵护你的记忆

大脑依靠胆碱（B 族维生素中的一种）来合成**乙酰胆碱**。乙酰胆碱是一种重要的神经递质，对记忆和学习以及唤醒和奖赏都至关重要。如果你或你所爱的人患有阿尔茨海默病，你可能已经知道，这种病的典型症状记忆丧失与乙酰胆碱缺乏有着怎样的关联。治疗阿尔茨海默病的主要药物，如安理申（Aricept），或称多奈哌齐（Donepezil），就是旨在改善乙酰胆碱在大脑中的作用。

然而，由于饮食原因，任何人都可能缺乏这种神经递质。胆碱是一种必需营养素，是大脑所需但自身不能合成的，因此乙酰胆碱的生成受限于大脑中有多少胆碱可用。

人体内的胆碱，大约有 10% 是由肝脏合成的，其余 90% 的胆碱需要从饮食中获取。例如，鸡蛋是胆碱最丰富的来源之一。吃一顿有 5 个鸡蛋的煎蛋卷，在几个小时内，你体内的胆碱水平就会增加近 4 倍，这使得大脑很容易获得这种营养物质，进而合成乙酰胆碱。但如果你的膳食中缺乏胆碱，那就很可能导致你大脑中缺乏乙酰胆碱——从而影响你的记忆力。不幸的是，研究表明，多达 90% 的美国人胆碱摄入不足。

这就引出了一个问题：摄入足量的胆碱容易吗？

不是特别容易。

根据目前的膳食指南，成年女性每天至少需摄入 425 毫克胆碱，成年男性每天需摄入大约 550 毫克胆碱。

举例来说，如果你是一名成年女性，为了摄入 425 毫克胆碱，你每天需要吃 22 个葡萄柚（约 1.36 千克西蓝花，或半只鸡），又或者，

3 个鸡蛋。如果你是一名成年男性，为了摄入足够量的胆碱，你需要吃得更多，比如每天吃 27 个葡萄柚（约 1.81 千克西蓝花，或约 0.91千克鸡肉），或大约 4 个鸡蛋。

　　我并不是说，你应该每天吃几千克西蓝花（或者一箱葡萄柚），但这确实有助于弄清两个非常有趣的事实。首先，这清楚地表明，有些食物比其他食物更富含胆碱，因此对大脑更有益。例如，吃一顿有 3 个鸡蛋的煎蛋卷比吃 22 个葡萄柚要容易得多。其次，这表明，吃对大脑有益的食物，摄入足够的营养素，无论怎么说，都"不是小菜一碟"。

　　现在让我们来看看，哪些食物富含胆碱，最能提高大脑中的乙酰胆碱水平。如表 6 所示，蛋黄排在首位，每 100 克蛋黄（约 4 个鸡蛋）含有高达 682 毫克的胆碱。每天吃那么多蛋黄可能有点不切实际，因此均衡膳食，将富含胆碱的各种食物搭配着吃，可能是最好的解决办法。富含胆碱的其他食物包括鱼子（鱼子酱）、大多数鱼类、动物内脏（如肝、肾、脑和心脏）、香菇、小麦胚芽、藜麦、花生和杏仁。

表 6　富含胆碱的十大食物，按胆碱含量从高到低排序。

食物名称	单位（英美制）	单位（公制，克）	胆碱（毫克）	胆碱含量（毫克/100 克产品）
蛋黄（生）	1	20	136	682
鱼子酱	1 汤匙	16	79	491
啤酒酵母	2 汤匙	30	120	400
生的牛肝	5 盎司	142	473	333
香菇	1 盎司	28	57	202
小麦胚芽	1 杯	240	202	84
鳕鱼	0.5 磅	227	190	84
藜麦（生）	1 杯	170	119	70
鸡肉	0.5 磅	227	150	66

　　此外，服用含有胆碱的营养补剂可能也是有帮助的。在此我们提供一个可能会奏效的捷径，啤酒酵母（用于酿造啤酒的，不是用于烘焙蛋糕的！）是一种很好的天然胆碱来源。马麦酱（Marmite）便是一种以啤酒酵母为主要成分的产品，尽管有些人吃不惯，但是在英国和澳大利亚，它是一种大多数人家厨房里常见的美食。在 20 世纪初，人们刚刚创造了马麦酱，这种口味独特的涂抹酱就因其高营养价值而备受赞誉，在第一次世界大战期间，每个士兵的食品补给都包括马麦酱。只需要几汤匙的啤酒酵母，你一天所需的胆碱摄入量就可得到满足，将之洒在煮熟的蔬菜和沙拉上，或者在汤和炖菜中加入一些，便可以有效地提高你体内的胆碱水平。（我做汤时也总会放一些。）

　　需要注意一点：尽管单纯吃富含胆碱的食物不太可能导致胆碱摄入超标，但要记住，过量的胆碱可能是有毒的。一般来说，成年人每日胆碱摄取量应不超过 3500 毫克。

维生素 B_6：对大脑活动至关重要

　　如第 5 章所述，没有维生素 B_6 的帮助，大脑就不能生成 5-羟色胺、多巴胺及 γ-氨基丁酸（GABA）等神经递质，所以一定要重视维生素 B_6 的摄取量。这种维生素是我们每天必须从食物中获取的。

　　维生素 B_6 广泛存在于许多天然食品中。如表 7 所示，维生素 B_6 的最好来源包括葵花籽和开心果，以及鱼类（特别是金枪鱼）、贝类、鸡肉、火鸡、瘦牛肉和动物内脏。维生素 B_6 的天然来源还包括番薯、牛油果、绿叶蔬菜、卷心菜、香蕉，以及麦麸和胚芽等全谷物食品。

在所有蔬菜中，大蒜是维生素 B_6 含量最高的。吃 100 克大蒜，就能达到每日所需的维生素 B_6 摄入量。不幸的是，100 克大蒜相当于 40 瓣新鲜大蒜，每天吃这么多大蒜，恐怕会难以下咽，更何况口腔中的大蒜气味会残留很久。谁都不可能每天吃 100 克大蒜。

表 7   富含维生素 B_6 的十大食物，按维生素 B_6 含量从高到低排序。

食物名称	单位（英美制）	单位（公制，克）	维生素 B_6（毫克）	维生素 B_6 含量（毫克 /100 克食物）
开心果	1 杯	123	2.10	1.70
大蒜	6 蒜瓣	20	0.22	1.10
金枪鱼	4 盎司	113	1.18	1.04
火鸡	4 盎司	113	0.92	0.81
牛肉	4 盎司	113	0.74	0.65
鸡肉	4 盎司	113	0.68	0.60
鲑鱼	4 盎司	113	0.64	0.57
蜂王浆	1 茶匙	5	0.05	0.50
菠菜	1 杯	90	0.44	0.49
卷心菜	1 杯	90	0.34	0.38

蜂王浆（营养价值比蜂蜜更高）也是富含维生素 B_6 的。就我个人而言，我几乎每天服用一茶匙蜂王浆，配上蜂花粉，因其被认为（尽管可能还没得到科学证实）具有天然的抗菌效果。你可以试着把它淋在酸奶上，再在上面洒上奇亚籽和开心果碎，这可以说是一种完美的零食，能有效促进 5-羟色胺水平的提高。

维生素 B_6 补剂（非处方药）也很容易买到，其形式可能是片剂或胶囊剂。过量的维生素 B_6 可能是有毒的，尽管从天然食物中获取维生

素 B_6 是不太可能过量的，不过还是应该了解，一般来说，成年人每日的维生素 B_6 摄取量应不超过 100 毫克。因此，在服用补剂时，一定要注意剂量。

其他 B 族维生素：对心脏有益就对大脑有益

现在，我们来探讨一种叫作**同型半胱氨酸**（homocysteine）的物质。医生们早就知道，同型半胱氨酸的水平升高（**高同型半胱氨酸血症**）是中风的一个重要危险因素，而中风又是痴呆症的一个主要危险因素，多达 25% 的痴呆症病例是由中风引起的。

更糟糕的是，研究表明，即使对于**没有**中风的人来说，同型半胱氨酸水平的升高也会影响认知功能。通常，在实验室检测中，血浆同型半胱氨酸的水平若是在 4μmol/L 至 17μmol/L 的范围内，就会被认定为安全。然而，研究人员还针对 1000 多名未患痴呆症的老年人开展了一项为期数年的追踪研究，结果发现，在追踪研究开始时，血浆同型半胱氨酸水平为 14μmol/L 的老年人，数年后患痴呆症的风险几乎翻了一番。更令人震惊的是，在同型半胱氨酸水平仅增加 5μmol/L 的情况下，认知功能退化的风险就会再增加 40%。这表明，我们的大脑不仅对同型半胱氨酸这种物质更敏感，而且对血管的变化也比以前认为的更敏感。

好消息是，同型半胱氨酸水平升高是完全可逆的。不仅如此，只要通过恰当饮食，就能实现这一目标。那么该怎么做？

同型半胱氨酸的产生，恰好受到特定 B 族维生素的调节，首先是维生素 B_{12} 和叶酸（即维生素 B_9），还有前面提到的维生素 B_6。如果体内缺乏这几种维生素，你的同型半胱氨酸水平就会上升，进而影响你的血管和循环系统。如果上述几种维生素摄入得足够多，你的同型半胱氨酸水平就会回归正常。

有几项研究表明，保持体内的 B 族维生素水平正常，可以防止增龄相关的认知能力下降。以一项将年龄在 65 岁或以上的 1000 名老年人作为研究对象的研究为例，研究人员发现，从日常饮食中获取足量叶酸（超过 400 微克 / 天）的老年人患痴呆症的风险低于日常饮食中缺乏叶酸（少于 300 微克 / 天）的老年人。

与维生素 B_{12} 有关的研究也体现了类似的结果。这项以 500 多名老年人为对象的研究表明，维生素 B_{12} 水平低的老年人（维生素 B_{12} 摄入量低于推荐摄入量，即低于 2.4 微克 / 天），日后患痴呆症的风险会增加。然而，即使老年人的维生素 B_{12} 摄入量在正常范围内，也不一定能减缓认知衰退。针对 80 多岁的老年人的研究表明，维生素 B_{12} 摄入量为 2.4 微克 / 天的老年人比维生素 B_{12} 摄入量为 20 微克 / 天的老年人的认知衰退率高 25%。请注意，维生素 B_{12} 的推荐摄入量是 2.4 微克 / 天，20 微克 / 天几乎是推荐摄入量的 10 倍。显然，与人体其他部位相比，大脑需要更多的 B 族维生素。

确保大脑能够获得大量的 B 族维生素是非常重要的。它们不仅有益于大脑的整体健康，而且能起到预防痴呆症的作用。最近有一项随机、双盲、含安慰剂对照的临床研究（这种研究的设计非常严谨和周密），以 85 位具有轻度认知障碍（MCI）的患者为研究对象（这些患者日后都很有可能患上阿尔茨海默病），测试了大剂量的 B 族维生素补剂的效果。在两年时间里，患者接受 B 族维生素补剂治疗，每天服用 0.8 毫克的叶酸、0.5 毫克的维生素 B_{12}、20 毫克的维生素

B_6。在研究结束时，MRI 影像显示，接受治疗（服用这三种维生素补剂）的患者不仅保持了记忆能力，大脑萎缩的速度也减慢了。这种治疗对同型半胱氨酸水平高的患者特别有效。接受 B 族维生素补剂治疗之后，患者的同型半胱氨酸水平降至正常，大脑萎缩速度**下降了 53%**。

有趣的是，这种治疗的效果也与患者的 ω-3 脂肪酸摄入量有关。对于 ω-3 脂肪酸水平较高的患者来说，接受 B 族维生素补剂治疗可取得很好的效果。而在治疗前和治疗期间，ω-3 脂肪酸水平一直很低的患者，接受 B 族维生素补剂治疗之后病情没有任何改善，表现出了与对照组（未接受治疗的患者）相同的大脑萎缩。由此可见，在摄入足量的 B 族维生素的同时，一定要摄入大量的 ω-3 脂肪酸，以最大限度地提升它们的综合功效。

这些 B 族维生素都很容易从均衡饮食中获得。叶酸广泛存在于植物性食物中，尤其是在黑眼豌豆、小扁豆、菠菜、豆腐和牛油果中。维生素 B_{12} 存在于贝类（尤其是蛤蜊）和鱼类（尤其是鲑鱼、鳟鱼、鲭鱼和新鲜的金枪鱼），以及鸡肉、蛋类、牛肉和乳制品中。如前面的章节提到的，仅 85 克的野生鲑鱼就可满足你一天所需的 ω-3 脂肪酸。这一小片鲑鱼也含有维生素 B_{12}，含量是每日推荐摄入量的 3 倍。再配上新鲜的菠菜沙拉和一些牛油果，这就是一份完美的有益脑部健康的食物。

最后，试想一下，通过多吃富含 B 族维生素的食物，有 25% 的痴呆症病例是完全可以预防的，其余 75% 的病例也有预防的可能性。中风和血管疾病也是如此。经过这一切，我们不得不相信，食疗确实胜过药效。

大脑的防御系统：抗氧化剂

你是否曾经把一个苹果切成两半，放在台子上，然后注意到它是如何开始变成褐色的？如果放更长时间，它就会变成深褐色，并开始萎缩。若是把它暴露在阳光下，这个过程会更快——如果环境受到污染，整个过程又会进一步加速。这种"生锈"（rusting）效应就是我们所说的**氧化**。氧化本身是一个非常正常的过程。它每时每刻都在发生，发生在我们的大脑、身体和周围的许多东西上——比如放在台子上的切开的苹果，或者泡在雨水中的铁管。

在大脑中，每当我们的脑细胞燃烧葡萄糖和氧气来产生能量时，就会发生氧化。正如你可能猜到的，这是持续发生的。一般来说，我们的大脑会设法平衡这种持续的氧化，但有时情况会失控，氧化的量超过了大脑对抗氧化的能力。在这种情况下，大脑会遭受所谓的**氧化应激**。简而言之，氧化应激对细胞造成的损害，是由于长期的氧化和自由基的作用——自由基是在氧化过程中产生的有害分子。

在所有的人体器官中，大脑最容易受到氧化应激伤害。大脑不停地运转，自由基不断地形成，这些自由基像小龙卷风一样，在神经细胞里作怪。大脑中含有的自由基越多，造成的伤害就越大。

然而，我们并非毫无防御能力。我们可以利用**抗氧化剂**来保护娇弱的大脑。抗氧化剂是防止氧化发生的自然之道。抗氧化剂能够在我们体内（包括大脑中）巡逻，击退沿途遇到的任何自由基。简单地说，抗氧化剂就像追捕坏人的警察。

某些抗氧化剂是能够由人体自身合成的，但大多数不是，需要通过膳食摄取。尤其是维生素 E（在杏仁或亚麻籽中含量丰富）和维生素 C（在柑橘、浆果和各种蔬菜中含量丰富），它们是人体主要的抗氧化捍卫者。你可以做个小实验，试着在切开的苹果上洒点柠檬汁，看看是否能推迟苹果氧化。

重要的是，我们应多吃富含抗氧化剂的食物来预防大脑老化和疾病。在美国和欧洲各国，大样本量的研究发现，与维生素 E 每日摄入量为 6 国际单位（或 4 毫克）的老年人相比，维生素 E 每日摄入量至少 11 国际单位（或 16 毫克）的老年人在数年后患痴呆症的风险会低67%。摄入维生素 C 和维生素 E 最多的老年人在数年后患痴呆症的风险也更低。研究估计，除了每日摄入 16 毫克的维生素 E 之外，我们每日还应摄入不低于 133 毫克的维生素 C，来为大脑提供最佳保护。

举例来说，上一节提到的菠菜和牛油果沙拉，就是既含有丰富的B 族维生素，又富含维生素 E 的食物。为了补充维生素 C，还可以再洒上柠檬汁，这样就好啦！吃对大脑有益的食物，是不是很简单？

总的来说，研究人员普遍认为，经常摄入维生素 C 和维生素 E，再吃一些富含 β- 胡萝卜素（维生素 A 的前体）的食物如黄橙色蔬菜和水果，不仅会降低我们脑细胞老化的速度，还能延长寿命，降低患心血管疾病和痴呆症的风险。

然而，在目前的膳食指南中，关于抗氧化维生素，推荐的摄入量都是比较低的。部分问题在于，在正式的临床试验中，抗氧化维生素并没有表现出很好的效果。维生素 E 是唯一被证实有疗效的，有一项研究表明，维生素 E 可减缓阿尔茨海默病患者的功能衰退——但只有在大剂量的情况下，就是每天补充 2000 国际单位（或 1.3 克）的维生素 E。

这些临床研究结果起初令人费解，后来人们认识到：服用抗氧化剂**补剂**，并不能真正起作用。我们必须从天然食物中获取这些抗氧化剂。事实上，上述很多研究表明，只有在从**食物**中获取抗氧化维生素的受试者身上，才能观察到认知衰退和患痴呆症概率的下降。就那些依靠补剂来获取抗氧化剂的受试者们而言，他们患痴呆症的概率与很少摄入或不摄入维生素补剂的受试者相同。

维生素 E 就是一个很好的例子，可以说明为什么会发生这种情况。合成的维生素 E 补剂仅包括一种化合物（α-生育酚），而天然的维生素 E 是由 8 种化合物组成的，通过吃富含维生素 E 的食物，我们就能获得所有这 8 种化合物。这似乎比单独服用 α-生育酚更有效，更能减轻氧化应激和炎症反应。况且，补剂药片并不美味可口，所以最好的办法就是，通过吃新鲜的、充满生机的食物（比如优质蔬菜和水果，以及坚果和种子），来获取抗氧化剂。

类黄酮的奇妙世界

你可能还记得，本书第 1 章中曾提到，植物会产生被称为**植物营养素**的各种化合物。有时被称为"维生素 P"，这些物质有非常特殊的效用。它们的作用是对抗氧化应激和炎性反应，从而延长植物本身的生命。除此之外，植物还会产生各种抗氧化维生素，在植物的浆果中，植物营养素和抗氧化维生素的含量非常高。植物产生这些化合物，是为了活得更长并保护种子以延续生命，但植物并不是唯一的受益者。通过吃这些浆果，我们也成为受益者。

科学家们已经鉴定出 4000 多种植物营养素（如类黄酮和多酚），并对它们进行了分类。常见的例子有：在苹果中发现的**槲皮素**

（quercetin），在可可豆中发现的**黄烷醇**（flavanols），红葡萄酒中富含的**白藜芦醇**（resveratrol）——每一种都以其强大的抗衰老特性闻名。尽管科学家们过去一直忽视这些物质，但新的实验研究表明，植物营养素在人类健康中起的作用比以前认为的要大。在后面几章中，我们将探讨它们如何构成了世界各地的长寿饮食法的核心和精髓。现在，我们来谈谈矿物质。

矿物质：少量就足够了

除了维生素，大脑还喜欢矿物质，我们主要从水果和蔬菜中吸收来自土壤的矿物质。植物和动物组织中所含的矿物质，实际上来自土壤。"尘归尘，土归土"指的就是这个过程。在循环利用这些元素的自然过程中，土壤中的矿物质在植物生长的过程中被植物吸收，然后作为食物中的营养素，被我们摄取。

就像维生素一样，矿物质对我们的身体和脑部健康也是至关重要的。它们有益于维护细胞（特别是血液、神经和肌肉细胞，以及构成骨骼、牙齿和软组织的那些细胞）结构。矿物质在体内有十分重要的功能，许多功能与大脑有关。某些矿物质起着电解质的作用，帮助调节大脑中的液体平衡。有些矿物质能促进细胞代谢。还有一些矿物质则承担着调节神经传导的重要任务。镁、锌、铜、铁、碘、硒、锰和钾都是人体必需的矿物质，对于保持大脑的健康和活跃至关重要。

但对大脑有害的，不只是矿物质缺乏。摄入过量的某些矿物质，尤其是金属元素，可能会对大脑产生毒性作用。这些矿物质主要是铅、镉和汞，它们被称为重金属。中毒是很容易发生的，其原因可能是工业暴露、空气或水污染、食品、药品、食品容器的涂层问题或者摄入含铅涂料。还有砷，另一种有毒金属，被用来制造农药，或养殖动物们（比如鸡，很不幸，因为吃了这些鸡，我们最终也会摄入这种有毒物质）吃的抗生素。人造黄油和涂抹酱中的反式饱和脂肪，是以金属镍为催化剂制成的。你也可以检查一下你用的牙膏，那里面很可能含有钛。某些看似无害的物质，比如铝，也会对我们娇弱的大脑造成危害。众所周知，即使摄入量很小，铝对脑细胞也有毒性作用。然而，通过使用铝容器以及含有铝的某些化妆品和药品，甚至饮用纯净水，铝都能很轻易地进入我们体内。

虽然金属中毒的症状和体征是因积累的金属而异的，但它会影响整个神经系统的细胞活动，在严重的情况下导致脑部炎症（**脑病**），这往往是不可逆转的。由于人们在工业生产中不受限制地使用这些重金属，以及普遍不重视人类活动对地球环境的影响，因此在我们的社会中，重金属中毒是对脑部健康最大的威胁之一。然而，就算是其他更常见、危险性更小的矿物质（如铁、铜和锌），如果摄入过量，也会对大脑造成损害。

在适量的情况下，这些矿物质对最理想的大脑功能至关重要。铁是不可或缺的，对于血红蛋白（血细胞中携带氧气的蛋白）以及其他一些蛋白质的生成至关重要。铜是不可或缺的，对于某些酶的功能，以及免疫系统、血管、神经和骨骼的健康至关重要。在支持大脑代谢方面，锌是最重要的金属元素之一。我们可以想象，缺乏其中的任何一种，都很容易影响到我们的脑力和思维敏锐度。

贫血这种常见疾病就是一个很好的例子。如果你血液中的健康红细胞数量不足或血红蛋白量低于正常值，那就表明你贫血了。这通常是缺铁造成的。贫血的一些最初症状是，疲劳、头晕、虚弱、耐力丧失和脑雾，这将对我们的身体和智力表现产生明显的影响。

幸运的是，我们只需摄入很少量的铁元素，就能满足机体的生理需要。另一方面，大多数人会犯相反的错误——摄入过量的铁元素，补铁过多对身体危害也很大。注意：体内的铁元素过少会导致贫血，但如果体内的铁元素过多，那就会损害大脑。铜元素和锌元素也是如此。

一些研究表明，老年人过量摄入铁、锌和铜元素，可能会导致认知问题。过量摄入这些矿物质会促进氧化应激，这种"生锈"效应会使你的大脑衰老得更快。

铜元素似乎更有可能伤害大脑。最近的研究表明，仅仅是吃常规的现代饮食，就会摄入足以增加患阿尔茨海默病概率的铜元素。铜元素似乎降低了大脑清除有毒性的淀粉样蛋白（在其形成淀粉样斑块之前）的能力，同时促进这些蛋白的聚集，淀粉样斑块的形成是患阿尔茨海默病的标志。

然而，与高脂肪饮食下的铜元素摄入过多相比，单纯的铜元素摄入过多就算不了什么了。研究表明，日常饮食中铜元素、饱和脂肪和反式脂肪含量都很高的人，认知衰退的速度也会特别快——大约相当于**早老了19年**。这些研究还表明，只有在同时摄入大量饱和脂肪和反式脂肪的情况下，铜元素摄入过多才会导致认知衰退加速。更糟糕的是，对于采用高脂肪饮食的人来说，每天只需摄入2.7毫克的铜元素（相当于仅仅85克的火腿），就会导致脑部健康受损。

但是，在我们把这些影响归咎于食物之前，还需考虑如下问题。我们大多数人不知道的是，铜元素也可以通过其他途径进入人体——

比如饮用水，在生活饮用水是通过铜管输送的情况下。此外，许多人会通过服用维生素补剂摄入更多的铜元素。常见的复合维生素都含有铜和铁元素，含量有时甚至超过了推荐剂量。简而言之，你如果采用高脂肪饮食，那真的需要注意矿物质摄入量，特别是要注意复合维生素中的矿物质含量。

　　在美国，我们甚至不需要服用含有这些矿物质的补剂，因为从日常食物中，我们就能获取足量的矿物质。

第 8 章

食物就是信息

基因给枪上膛，生活方式扣动扳机

前几章所揭示的是，我们的大脑受饮食和生活方式选择的影响有多大。从神经元相互沟通的方式到新脑细胞的形成和生长，我们个人的日常选择不断地影响着自己大脑内部的变化。我们现在将看到，这些影响如何不仅受到我们生活方式选择的控制，而且受到我们行为和遗传倾向相互作用的控制。我们先来探讨一个微妙且高度复杂的主题——我们的**基因个体性**。

正如詹姆斯·D. 沃森（James D. Watson）博士在 20 世纪 60 年代所言："我们并不都是平等的，这根本不是真的。这不是科学。"作为 DNA 双螺旋结构的发现者之一，沃森的这句话确证了我们的基因是多么复杂、可变和高度个体化的。这种固有的个体性发生在基因组中的很多区域，表现为独有的特征，如头发和眼睛的颜色。这些变化取决于我们的基因组中携带的更微妙的遗传信息。每当看着心爱的人的眼睛，你就能感受到其独特的基因在起作用。

然而，其发生始末，则不是那么显而易见的。

　　人类遗传多样性是数千年来连续的基因突变的结果。突变是 DNA 的永久性变化。例如，最初，人类的眼睛都是棕色的。但是在大约 6000 至 10000 年前，由于一种基因突变，拥有蓝色眼睛的人出现了。当这第一次发生时，我们可以想象，那一定引起了很大的轰动！从那以后，携带这个突变的人越来越多，逐渐向世界各地迁徙，现如今，蓝眼睛特征已经很常见了。

　　基因突变发生在整个进化过程中。有些基因突变是有益的，比如造就了美丽的蓝眼睛，或者增加了人类的大脑体积和脑力。其他突变是有害的，会导致疾病。然而，这些"坏"的基因突变是罕见的，只影响不到 1% 的人口。

　　总而言之，有少数基因突变会让我们生病，另外无数的基因变化，只会让我们与众不同。

　　就我们的大脑而言，这一点尤其正确。据估计，人类基因组中约有 1500 万个 SNP（单核苷酸多态性），其中很大一部分与大脑功能有关。每个人的基因组中都至少有一些这样的 SNP 组合，这样一想，"多样性"这个词就有了一个全新的含义。

　　我们的大脑拥有类似指纹的东西。尽管我们所有人的大脑结构（包括功能区和特定结构的各种划分）可能大致相同，但在大脑的大小、形状、脑部活动和分子组成方面，人与人之间存在很大差异。这些差异不仅基于我们独特的基因构成，而且受到个人背景、教育和经验的影响，是由这些因素塑造成型的。其他影响因素还包括个人的饮食习惯、所处的文化环境和游历经历，因此，每个人的大脑都是独一无二的。

　　从大脑扫描片子上看，这种巨大的差异是再明显不过的了。我从事脑成像研究已有 15 年之久，检查过的大脑扫描片子已有成百上千张之多。无论是年轻人或老年人、男人或女人还是快乐的人或不快乐的人、健康的人或抱恙的人……我都研究过他们的片子。此外，我还研究过各种神经疾病（如阿尔茨海默病、帕金森病、中风）患者的大脑扫描片子。当我面对每一位患者的大脑扫描片子时，我都会惊叹于其揭示的独特性，每一个大脑扫描片子都是独一无二的。

最终，正是我们独特的基因构成，加上我们自己的生活方式和行为，决定了我们大脑的命运——有多大可能优雅地老去，或患上痴呆症，忘记亲人的名字和面孔。

尽管一个人的大脑蓝图在很大程度上取决于从父母那里得到的遗传物质，但最新的研究已经导致人们重新思考"你就是你的基因"（you are your DNA）这一旧观点，转而支持一个更加动态的模型。在这个新模型中，基因在确定脑部健康的某些方面是至关重要的，但正是我们当前的生活方式选择，在**开启或关闭这些基因**方面发挥了核心作用。尽管听起来很奇怪，但你实际上有能力激活或沉默自己体内的某些基因表达，这个发现被称为**表观遗传学**。

表观遗传学指的是，尽管你的生活方式选择不会改变你的 DNA 结构，但它们确实有能力改变 DNA 的工作方式。你的生活方式选择（你住在哪里，你和谁交往，你如何锻炼，你服用什么药物，以及——是的，你猜对了——尤其是你吃的东西）会引起你体内的变化，进而开启或关闭你的基因。这种情况可以在一生中发生一次，也可以随着时间的推移持续发生，从而影响到你有多大可能保持最理想的认知状态。

这一切归结起来就是，你的 DNA 毕竟不会决定你的命运。遗传基因这种碰运气的事就好比赌手气时，可能决定你输赢的牌，但你的生活方式就好比实际玩牌的手。我们又回到了起点——基因给枪上膛，生活方式扣动扳机。

关闭你的 DNA

在所有已知的影响人类 DNA 作用的生活方式因素中，饮食起主导作用。每个人都会偶尔锻炼一下，偶尔服用药物，或者偶尔接触环境毒素，这些都会影响 DNA。但是说到食物，我们每天都要吃饭，一天吃几次，并且持续一生。正是这种持续性的食物接触，使得饮食成为影响我们 DNA 的最重要因素。

几项研究表明，一些膳食营养素有能力影响和调节我们的基因表达。这些营养素恰好是大脑最需要的营养素，如 ω-3 脂肪酸、胆碱、几种抗氧化剂和 B 族维生素。在过去 10 年里，这一认识引发了营养学领域的一场革命。事实上，只有更深入地了解营养在遗传和分子水平上是如何起作用的，才能充分认识营养对健康的影响。

食物和基因之间的相互作用，已成为一门新学科的主要研究焦点，该学科名为**营养基因组学**，旨在揭示食物是如何直接影响 DNA 活性的。通过证明我们吃的食物正在决定我们将来会变成什么样子，这一新颖的视角给那句老话"人如其食"（we are what we eat）带来了新的含义。与此同时，我们的基因也会影响我们对食物的反应，使我们能接受某些食物，却不能忍受另一些食物。

事实证明，饮食不仅仅是一种能量或营养来源，它还是一种"基因开关"。食物可以直接影响我们的 DNA，有些食物通过开启某些好基因，使我们对疾病更有抵抗力，而另一些食物则通过关闭这些相同的基因，使我们更容易生病。

这是因为，食物就是**信息**。膳食营养素不亚于生物信号，一旦进入你的体内，就会被你的细胞"读出"。信不信由你，你的细胞上有很多受体，这些受体就好比探测器，它们在寻找特定的营养素。比如说，一旦发现健康的 ω-3 脂肪酸进入你的血液（从饮食中吸收的），它们就会让你的 DNA 知道，援助已经上路了。然后就好像，你的 DNA 深吸一口气，体内其他抗炎化合物的产生也由此得到了减缓。这只是一个例子，说明一种常见的饮食成分如何能强有力地影响你的基因。总而言之，探测器发现某种营养素，将其视为朋友或敌人，并据此提示细胞，引起相应的基因反应。

无论我们研究的是食物如何影响我们的基因，还是基因如何影响我们对食物的反应，营养基因组学都已经为我们打开了一扇大门，在对待健康和营养的方式上，我们的基因个体性是关键。因此，"一刀切"的时代正在迅速成为过去。相反，在对待健康和营养方面，我们站在新的个性化方法的前沿。

生物个体性

这些研究表明，没有哪种完美的饮食方案，同样适用于每个人。这个概念，通常被称为**生物个体性**，目前在医学领域是备受关注和尊重的。

生物个体性坚持这样一个事实，每个人都有独特的生物化学体质，影响其行为、心理健康、激素分泌、过敏倾向、免疫能力，以及

营养需求。由于消化吸收食物方面的遗传差异，我们中的一些人可能
自然缺乏某些营养素，同时又拥有过多的其他营养素。俗话说："一
个人的美食可能是另一个人的毒药。"事实上，最近研究人员发现，
人类的许多基因对饮食有更高的敏感性。

　　无论是对个人还是对某些人群来说，这都是正确的。乳糖不耐受
就是一个很好的例子。许多人对乳糖不耐受，这意味着他们难以消化
乳糖（乳糖是牛奶中含有的一种糖）。其原因是他们体内缺乏一种叫
作**乳糖酶**的物质，这种酶负责分解乳糖。由于人类在婴儿时期消化母
乳，所以体内会生成乳糖酶，但是在断奶后，乳糖酶基因便会自行
关闭。

　　然而，一旦人类开始放牧养牛，成年人能够消化牛奶就成为一种
进化优势。牛奶是脂肪和蛋白质的良好来源，也是钙、维生素 D、几
种 B 族维生素，乃至胆碱的良好来源。有些人群适应了这种情况，通
过保持乳糖酶基因的开启，他们在成年后仍然能够生成乳糖酶。有些
人群不依靠放牧养牛（如中国、泰国和非洲的一些地区），因此就没
有形成这种能力。直到今天，有些成年人还是对乳糖不耐受，他们在
断奶后也不会再产生乳糖酶。

　　在个人层面上，我们发现了更加多样化和不可预测的差异。因
此，我们每个人在消化吸收食物的方式上都有遗传独特性。例如，在
吸收大脑必需的营养素（如维生素 E、一些 B 族维生素或 ω-3 脂肪酸）
方面，有些人就天生效率较低。有些人则天生缺乏控制体内微量矿物
质（如铜、铁和锌）水平的能力。还有一些人，由于胃酸水平不足或
肠道功能受损，消化食物有困难。除此之外，让情况变得更复杂的一
个事实是，我们每个人都有不同的**微生物组**。

认识你强大的微生物组

"微生物组"这个术语是指，存在于人体中的细菌、病毒、真菌和其他微生物的集合。

就像地球有自己充满动物、植物和各种生物的生态系统一样，人体也有自己复杂的生态系统，这是一个奇妙的生命多样性的家园。在这个生态系统中，只有很少一部分真正属于我们这个物种。在我们皮肤上、口腔里、身体上的各种皱褶和缝隙处，都有各种各样的微生物在茁壮成长。它们主要存在于胃肠道系统中。一个成年人体内有近100 万亿个细菌，其中 95% 以上位于肠道。

科学家们早就知道，细菌存在于人体内，但是在微生物组被发现之前，它们的存在和相关性一直没有得到充分的重视。事实证明，在我们体内，细菌细胞的数量是人体自身细胞数量的 9 倍。换句话说，人体内细胞约有 90% 为微生物细胞，而非人类细胞。尽管细菌比人体细胞小很多，但它们数量惊人——90% 可是很多的。如果你把它们收集在一起，它们会有一个足球那么大，重达 1.36 千克。

人体内不仅有数以万亿计的细菌——它们还来自数千个不同种类，每个细菌种类都有自己独特的遗传物质。因此，我们体内真的充满了非人类的 DNA。令人震惊的是，与这些简单得多的微生物群相比，人类基因组（也就是我们的 DNA）是非常小的。人类基因组大约包括 2.3 万个基因，而人体微生物群总共有 400 万个不同的基因。

这引发了一系列令人深思的存在主义和科学问题，其中最重要的是：我们应该担心吗？

有些微生物，特别是病毒，肯定会危害人体健康。例如，某些病毒会使我们患上麻疹和流感。一些细菌也可能是有害的，比如会导致链球菌性咽喉炎或食物中毒。但实际上，只有不到 1% 的细菌会使人患病。绝大多数细菌不仅无害，反倒非常有益。事实证明，我们的肠道微生物在我们的整体健康（从头到脚的健康）中起着重要作用。

首先，也是最重要的一点，肠道细菌能帮助我们消化食物，每种细菌都能或多或少地吸收各种营养物质，每种细菌对食物的反应也各不相同。例如，我们吸收维生素 B_{12} 等维生素的能力，以及吸收对神经系统健康至关重要的几种矿物质的能力，都高度依赖于肠道微生物组的健康和多样性。此外，这些有益的细菌能够合成人体必需的维生素（如叶酸），还有助于维持足够的氨基酸（如色氨酸）水平，而色氨酸又是合成 5-羟色胺等神经递质所必需的。

此外，肠道菌群可以产生对身体有益的脂肪酸，如**丁酸**，丁酸是人体肌肉的一种极好的能量来源。但特别令人惊讶的是，这些细菌产生的脂肪酸可以直接改变血脑屏障的功能，血脑屏障是由紧密连接的内皮细胞构成的，保护大脑免受感染或病原体侵害。肠道微生物产生的脂肪酸既能强化这个屏障，也能削弱它，从而有效地调节能穿过血脑屏障进入大脑的营养素和外来物质的量。

最后但同样重要的是，肠道菌群充任免疫系统的强大战士，保护我们免受致病微生物的侵害。我们的肠道需要保持一种微妙的平衡——既能抵御有害成分，又能包容和吸收有益成分。一般来说，肠道内壁必须具有足够的通透性，使营养物质和其他分子能够进出肠道。然而，如果肠道内壁的通透性太大，就会出现"肠漏症"（leaky gut）。在这种情况下，肠道内容物（如食物中的大分子物质或细菌），会穿过肠壁细胞间的间隙，进入血液循环。当身体察觉到血液中的这些外来入侵者时，就会触发一种炎症反应，旨在赶走入侵者。久而久之，其作用可能适得其反，损害我们的肠道细胞和微生物组，使肠道炎症和渗漏更加严重。这种恶性循环进一步削弱了肠道系统吸收适当营养素的能力，使人更容易对特定食物敏感或患上食物过敏症。如果这还不够令人不安，在接下来的几页中，我们将看到，大脑也有可能受到影响。

菌群和大脑

最近的研究表明，肠道微生物的变化可能会使人易患某些脑部疾病，如自闭症、焦虑症、抑郁症，甚至痴呆症。这导致人们越来越关注一个新的理念，那就是，健康的肠道对健康的大脑至关重要。

我只能告诉你一个开头，因为这个故事才刚刚开始。近年来，尽管与脑部健康有关的微生物组研究是个热点，但这一领域仍处于起步阶段。还需要注意的是，迄今为止，大多数微生物组研究（包括抗生素治疗，甚至粪便移植），都是以啮齿类动物为对象的实验。鉴于实验鼠和人类之间的巨大差异，谁也不能保证这些研究发现会在人类身上得到证实。尽管如此，以人为研究对象的一些初步研究还是表明，微生物组与脑部健康之间存在着一种关系。这些初步研究引起了人们（包括专业的科研人员和媒体，乃至国家研究资助机构）的极大兴趣，这也导致人们看待许多脑部疾病的方式发生了合理而有意义的转变。

从历史上看，西方的神经病学和精神病学在很大程度上忽视了肠道及其微生物组。直到今天，学生们所学到的仍然是，大脑在解剖学上与身体其他部分隔离，被血脑屏障保护得很好，血脑屏障可以阻挡**包括**细菌在内的病原体。也有一些例外，比如某些病原菌可能偶然穿过血脑屏障，引发**脑膜炎**等疾病。但几十年来，科学家们要么认为微生物是相当无害的东西，寄居在我们的肠道内（因此与我们大脑内部发生的事情无关），要么认为微生物直接威胁我们的健康，必须把它们消灭掉。

这种观点已发生巨大变化，因为许多新的研究表明，肠道细菌影响的不仅是人们的饮食，还有思维和感受。

在这方面，关于抑郁和焦虑的一些研究工作，是最令人信服的。以基因改造后体内**没有微生物菌群**的动物（所谓的无菌小鼠）为例，它们会表现出焦虑样行为增加和对压力的过度反应，此外还有各种奇怪行为、反社会倾向、记忆问题，甚至是鲁莽倾向。然而，科学家们发现，只要移植有益的细菌，无菌小鼠的行为就能够变得正常和稳定。这不仅能降低它们的压力水平，而且能直接促进它们大脑中的GABA（γ-氨基丁酸，一种抑制性神经递质）的产生。

此外，事实证明，微生物组与神经发育密切相关。近几十年来，医生和家长们发现，在自闭症儿童当中，有约40%至90%也会表现出一些胃肠道症状，如食物过敏和消化问题。最近的研究表明，自闭症可能确实与儿童微生物菌群中存在的问题有关。例如，无菌小鼠表现出的一些症状，如社交能力的欠缺、重复行为的倾向以及与同伴交流的减少，这与人类自闭症的症状相似。只要给这些"自闭症"小鼠补充**脆弱拟杆菌**（Bacteroides fragilis，自闭症儿童的肠道内有时也会缺少这种细菌），就可以改善它们的行为。使它们变得不那么焦虑，增多与其他小鼠的互动，减少表现出的重复性行为。

你可能已经注意到，上述研究都是以实验动物为研究对象的。然而，有一些证据表明，益生菌（即存在于肠道中的活的微生物，能使宿主受益）也会改变人的大脑功能。

在其中一项迄今为止最著名的研究中，研究人员使用功能性磁共振成像（fMRI），来测试服用含有益生菌的食品（如酸奶）是否会引起受试者（一组年轻女性）大脑活动的变化。fMRI 是一种脑成像技术，利用局部血氧含量变化来检测大脑神经元的活动。利用它，人们可以实时观察，在不同形式的刺激下，大脑的哪些区域会被激活。在这项研究中，25 名健康女性被分成两组，一组受试者食用富含益生菌的酸奶，每天喝两次，每次喝一杯，持续一个月，另一组为对照组，受试者不食用酸奶。通过 fMRI 监测，研究人员测试了受试者对令人沮丧的面部表情（如愤怒、悲伤或害怕）图像的情绪反应。（或许）令人惊讶的是，两组受试者（喝酸奶的受试者与不喝酸奶的受试者）在测试中的反应有显著差异。与后者相比，前者在面对负面情绪刺激时表现出了更为温和的反应。换句话说，与不喝酸奶（没有补充益生菌）的受试者相比，喝酸奶的受试者更能保持平静。如果通过喝酸奶就能缓解焦虑症，而不需服用抗焦虑药赞安诺（Xanax），那不是很好吗？

除了在影响焦虑和压力水平方面的作用之外，新的研究表明，微生物组可能是决定大脑长期健康的一个重要因素。坚持高纤维和低动物脂肪（动物脂肪不适合有益健康的肠道菌群生存）饮食习惯的那些人，拥有最健康的微生物组。相反，经常吃低纤维和高脂肪食物的那些人，有非常脆弱且容易崩溃的肠道菌群。这些研究发现表明，健康肠道细菌的减少，可能是老年人认知能力下降的原因之一。

　　许多人甚至怀疑，痴呆症本身就是细菌感染或菌群失调导致的。迄今为止，还没有明确的证据表明，仅仅是不健康的微生物组这个单一因素，就会导致痴呆症。尽管如此，仍有很多证据表明，许多病毒和细菌可能会严重影响大脑，导致头脑混乱、脑雾和记忆丧失等症状。例如，导致艾滋病的**人类免疫缺陷病毒**（HIV-1），也能引发一种名为"HIV 相关痴呆症"的痴呆症，其症状类似于阿尔茨海默病。引起口腔周围溃疡的**单纯疱疹病毒**，也可以导致脑部炎症（**脑炎**），从而引发认知和情绪障碍。**梅毒**（一种主要透过性行为传染的细菌性疾病），也可能会侵袭大脑，导致严重的认知障碍。由于这些病原体具有影响认知健康的能力，医生在评估痴呆症患者时，通常会筛查这些病原体。

　　当我在纽约大学工作时，曾有过一次有趣的经历，一位女士被诊断为 MCI（轻度认知功能障碍，这通常是阿尔茨海默病的前驱阶段），接着被转诊到我们这里。一想到自己最终可能患上痴呆症，她简直吓坏了，她母亲在几年前就是因痴呆症去世的。在进行了几次血液检查后，我们的医疗主任发现了一个不寻常的情况：这位患者有严重但完全无症状的尿路感染（UTI）。她报告说没有疼痛、刺激或瘙痒感受——尽管她的尿液中充满了细菌和血细胞。不用说，她立即开始接受抗生素治疗。几个月后，这位患者回来完成评估，她的诊断结果为认知正常。你可以想象一下，当得知自己没有患阿尔茨海默病的迹象，重新找回自我时，这位患者有多么如释重负。

　　最后，尽管数据仍然有限，但似乎也表明了微生物组与脑部健康和行为的几个方面有关。这带来了希望——我们可以采取一种可行的策略（通过优化饮食和生活方式，使其有利于健康的肠道细菌），来管理甚至预防焦虑症、抑郁症、自闭症，以及随着变老而可能发生的认知衰退。但我们究竟该怎么做呢？

好习惯：益生元、膳食纤维和发酵食品

首先，经常食用富含益生元和益生菌的食物，有利于你的肠道健康。

益生元是益生菌的食物，就是你体内的有益微生物喜欢的食物。这是因为这些食物富含一种叫作**低聚糖**的独特碳水化合物，而低聚糖恰好是肠道菌群最喜欢的食物。这些碳水化合物的独特之处在于，虽然其他碳水化合物都是在小肠中被分解的，但是低聚糖在小肠中不能被消化吸收，几乎直接进入大肠。进入大肠后，低聚糖发挥重要作用，喂养益生菌，保持它们健康。这些支持益生菌的碳水化合物主要来自不特别甜但有轻微甜味的食物，如洋葱、芦笋、洋蓟和牛蒡根。益生元也存在于大蒜、香蕉、燕麦和牛奶中。

除了滋养有益的细菌之外，某些低聚糖还具有降低胆固醇、抗癌和排毒的作用，并因此受到越来越多的关注。具有此类作用的低聚糖包括，存在于蘑菇中（特别是灵芝和香菇中）的β-**葡聚糖**（beta-glucan），以及芦荟汁中富含的**葡甘露聚糖**（glucomannan）。我非常喜欢这两种食物，我将会在后几章中更多地提到它们。

此外，富含纤维素的食物具有支持消化系统的健康和促进排便规律性的作用，从而对肠道微生物组的健康至关重要。废物、有害毒素和坏细菌会损害我们的肠道菌群，健康的消化系统是排出废物、有害毒素和坏细菌的关键。我们应该经常吃富含膳食纤维的食物（例如：

十字花科蔬菜如西蓝花、富含膳食纤维的水果如浆果、各种绿叶蔬菜、豆科植物和未加糖的全谷物麦片），以确保肠道健康。

除了益生元和膳食纤维，我们的肠道微生物还渴望含有**益生菌**的食物。这些食物含有活菌（益生菌），到达肠道后，就扩大了肠道微生物组的有益菌队伍。益生菌存在于发酵食品中，例如酸奶和开菲尔之类的发酵乳，德国酸菜之类的腌菜。在第 12 章，我将给出更详细的建议。

坏习惯：抗生素、肉类和加工食品

在饮食和生活方式方面，我们不仅要知道该增加什么，而且要知道该避免什么。任何食物和制剂，若能通过增加肠道通透性或引起炎症来破坏你的肠道健康，就也会在这个过程中破坏你的肠道微生物组。

抗生素是肠道微生物组的头号敌人。过度使用抗生素，会对肠道菌群产生不良影响，因为抗生素消灭有害菌的同时也消灭了有益菌。在第二次世界大战时，抗生素的应用取得了巨大的成功，在那之前，肺炎和伤口感染等疾病一度是致命的。然而，最近几十年来，抗生素在许多国家遭到了滥用，耐药菌株引起的感染日趋增多。与此同时，滥用抗生素还会对人体微生物组的稳定性和多样性产生不良影响。

当然，如果生病了，该用抗生素的时候还是要用的，我并不是建议你不要用抗生素。只不过，许多美国人将抗生素当作一种快速治疗措施，甚至是"以防万一"的方法。例如，我常听到人们说"我得了流感，我需要抗生素"，而真实情况很可能与公众看法相反——因为流感通常是由病毒引起的，而不是细菌。在出现了一点发烧感冒症状时，你可以和医生讨论一下是否需要用抗生素。顺便说一句，欧洲的大多数医生会给出这样的建议——在使用抗生素之前或正在使用时，吃一些酸奶（或服用益生菌补剂），以保护胃肠道，同时补充肠道菌群。

除了药品，食物也是影响肠道功能的主要因素。我们虽然只是偶尔服用抗生素类药品，但每天都要吃饭，食物会不断地改变肠道微生物的状态和健康。在所有对人类肠道微生物组有不良影响的食物中，工业化养殖生产的肉类排在首位。

信不信由你，肉类可能是致命的"超级细菌"的主要来源。在现代工厂化养殖模式中，人们通常会给生长在封闭式动物饲养经营（CAFOs）场所的动物低剂量的抗生素，以预防因拥挤和不卫生的环境导致的疾病。事实上，美国销售的抗生素中有高达 80% 被用在畜牧业——给养殖动物防病治病，而不是用于给人治病！问题是，在吃下这种肉时，我们也摄入了抗生素。因此，对许多人来说，吃肉是体内抗生素过多的一个主要原因。

更糟糕的是，美国食品杂货店出售的肉类中，半数含有可导致严重食源性疾病的耐药细菌。根据美国食品药品监督管理局（FDA）最近的一项研究，在全美 81% 的火鸡碎肉、69% 的猪排、55% 的碎牛肉和 39% 的鸡肉中都发现了**沙门氏菌**（Salmonella）和**弯曲杆菌**（Campylobacteron）的耐药性菌株。更令人不安的是，联邦数据显示，被检测的所有肉类中，87% 的肉类中**肠球菌**（Enterococcus bacteria）和**大肠杆菌**（Escherichia coli）呈阳性，意味着这些肉类曾被粪便污染。

我建议只选择有机的、草饲的、散养或牧场养殖生产的肉蛋奶和其他动物产品，原因之一就是，在有机认证标准中有规定，除了治疗用途，不得给动物使用抗生素。

加工食品是对我们肠道的另一个主要威胁。除了含有大量不健康的糖，如高果糖玉米糖浆（High-fructose corn syrup）和精制白糖，加工食品通常含有**乳化剂**，这对肠道菌群特别有害。乳化剂是一种食品添加剂，用于改善食品的质地和外观，还可延长保质期，包括冰激凌、烘焙食品、沙拉酱、奶精、乳制品和非乳制品在内的很多食品都含有这种物质（是的，即使是"健康"的杏仁奶也可能对你有害——如果它含有乳化剂）。事实证明，这些物质可以增加肠道内壁的通透性，导致有害细菌进入血液循环。这进而会导致结肠炎和肠道炎症［如肠易激综合征（IBS）］，还会导致肥胖、高血糖和胰岛素抵抗之类的代谢综合征。

下一次，当你去食品杂货店购物，选购预包装食品的时候，请仔细看看包装食品标签上的配料表，看看那上面是否列出了这些常见的食品添加剂：卵磷脂（lecithin）、聚山梨醇酯（polysorbate）、聚甘油（polyglycerol）、羧甲基纤维素（carboxymethylcellulose）、卡拉胶（carrageenans）、黄原胶（xanthan gum）、瓜尔豆胶（guar gum）、丙烯（propylene）、柠檬酸钠（sodium citrate）和双乙酰酒石酸单双甘油酯（DATEM）。这些食品添加剂都是危险信号，不利于我们的认知健康。

麸质，真的像我们担心的那样糟糕吗

最后但同样重要的，是麸质。麸质是存在于小麦、大麦、黑麦等谷物中的一种混合蛋白质，最近成了人们关注的问题，因其可能对脑部健康有潜在害处。

　　关于麸质的摄入及其对人体健康的影响，我们目前还有很多问题没有搞清楚。我们所知道的是，麸质可能会对**肠道**健康产生负面影响。有些人对麸质有特别强烈的反应，尤其是那些对麸质有遗传易感性的乳糜泻患者，必须避免食用含有麸质的食物。对于这些乳糜泻患者来说，摄入麸质会导致肠道通透性增加，造成前文所述的肠漏症环境，随后出现免疫系统减弱和炎症的症状。类似的反应有时也会发生在没有患乳糜泻的人身上，这可能是由于麸质与他们的微生物组之间的负面相互作用。最终，你的肠道对麸质的反应，取决于你的 DNA（包括人体细胞的 DNA 和肠道微生物的 DNA），所以你需要注意自己的身体感受，并做出相应的反应。

　　至于麸质是否与脑部健康有任何关系，我们所知道的就更少了。经常有人问我，麸质是否对大脑有害，是否应该避免。据我所知，目前还没有确凿的证据表明，麸质摄入与认知衰退或痴呆之间有任何关系。你可以使用科学家们用来查找经过同行评议的研究论文的工具：PubMed（www.ncbi.nlm.nih.gov/pubmed），自己查一查。如果搜索"麸质与阿尔茨海默病或痴呆症"，你会找到关于这个主题的最新信息。请注意只包含有英文刊名的期刊，如《阿尔茨海默病杂志》（*Journal of Alzheimer's Disease*）或《神经病学杂志》（*Neurology*）。截至 2017 年 3 月，只有大约 10 篇论文是探讨麸质和认知障碍之间的关系的，其中大部分与乳糜泻患者有关。若想了解哪些发现在科学家们眼中更重要，你可以使用"葡萄糖与阿尔茨海默病或痴呆症"这一对关键词搜索一下——会发现近 4000 篇关于这两者之间存在显著关联的研究论文。鉴于肠道与大脑之间的关系，随着越来越多的科学家开始将麸质作为认知障碍的可能危险因素来研究，未来可能会出现更多线索。只不过，关于这个问题，目前还没有定论。我可以告诉你的是，到目前为止，还没有证据表明，吃谷物会致使你忘记名字或丢失钥匙。

虽然还没有证据表明麸质会损害我们的大脑，但缺乏膳食纤维确实对我们的大脑有害。有大量证据表明，膳食纤维缺乏会对微生物组产生负面影响，从而在某种程度上影响大脑。如前所述，我们需要膳食纤维，它还能稳定血糖水平和支持健康的免疫系统。因为麸质存在于富含膳食纤维的多种谷物中，从饮食中去除麸质，可能会导致膳食纤维摄入量不足。因此，我的建议是，从饮食中剔除谷物之前，一定要谨慎。我的常识性建议是：找出适合你自己的方法。如果你属于能够耐受麸质的人，精心挑选的、非转基因的有机全谷物食品就是健康饮食的一个很好的补充，有益于肠道健康和脑部健康。

如果感到担心，你可以和医生谈谈，做一下麸质过敏或敏感性检测。如果检测结果表明，你对麸质有负面反应或不耐受，那就一定要注意避免摄入含麸质的食物。明智地评估自己的选择，这是很重要的。如果你对麸质过敏，那么请注意，天然无麸质谷物包括苋米（amaranth）、荞麦、小米、大米、高粱、苔麸（teff）和藜麦（事实上，藜麦是一种种子）。豆腐也是天然无麸质的——但你买到的普通酱油不是。大多数人没有意识到的是，除了谷物，麸质还存在于许多食品和产品中。在表 8 中，我们会发现许多意想不到但又常见的含麸质食品或产品。

表 8　常见的含麸质食品以及例子。

食品	例子
谷物或谷类	小麦、黑麦、大麦、燕麦（除非是无麸质款）
小麦及其衍生品种	全颗粒小麦、硬粒小麦、粗粒小麦粉、小麦粉、法罗小麦、全麦粉
麦芽和麦芽衍生物	大麦麦芽粉、麦芽乳或麦芽奶昔、麦芽提取物、麦芽糖浆、麦芽调味料、麦芽醋
意式面食	小麦面食、意大利饺、饺子、蒸粗麦粉、意大利团子、面条（米粉除外）
烘焙食品	面包、糕点、饼干、曲奇、酥脆面包丁、比萨
早餐食品（通常含有麦芽提取物／调味料）	谷物早餐（包括玉米片和卜卜米）、用普通燕麦制成的格兰诺拉麦片和燕麦能量棒、薄煎饼、华夫饼、法式吐司、法式薄饼、点心、燕麦能量棒
酱汁，肉汁（通常含有小麦粉作为增稠剂）	酱油、用奶油炒面糊（roux）制成的白酱（cream sauce）
加工肉制品	熟肉制品、冷切肉、熏牛肉、萨拉米（欧洲腌制肉肠）、博洛尼亚香肠
调味品	沙拉酱、腌泡汁、蛋黄酱、番茄酱
油炸食品（通常会用到含有小麦粉的面糊）	炸薯条、炸鸡、炸鸡块、快餐、甜甜圈、油炸烘焙食品
糖果和糖果棒	
奶精和植脂末	
汤类，肉汤和肉汁制品	
用面筋（小麦麸质）制成的肉类替代品	素食汉堡、素食香肠、素培根、素海鲜

（续表）

食品	例子
在餐厅里点的鸡蛋（可能含有煎饼面糊）	煎蛋卷、炒蛋、意式蛋饼
饮料	啤酒、艾尔啤酒（ale）、拉格啤酒（lager）、由含麸质谷物制成的麦芽饮料、葡萄酷乐（wine cooler，葡萄酒类果汁饮品）、伏特加酒（除非不含麸质）
药物填充剂（通常含有淀粉）	一些药物、非处方药和膳食补剂
口红、唇彩和润唇膏（通常含有淀粉）	
在共用厨具中（意面锅，烤面包机，油炸锅）制作的任何食物	

在本章结尾，我要说的是，关键在于：每个人的饮食都应该充分考量自己的遗传独特性，以优化自己的健康和降低患病风险为目标。尽管这个领域刚刚起步，但我们已经有了必要的工具，来评估各种食物对我们的 DNA（包括人体细胞的 DNA 和肠道微生物的 DNA）的影响，以及它们之间的相互作用如何支持或影响我们的大脑。还要记住，光靠营养不能达到我们的目标。我们对饮食的许多焦虑表现为，寻求**完美的**营养素、最好的超级食物，或者一种灵丹妙药来治愈我们所有的疾病。我们往往纠结于各种食品和补剂的特定品质，无休止地思考关于蛋白质与碳水化合物或脂肪的摄入平衡问题，并争论到底该吃哪种鱼油补剂。但是，正如我们所学到的，无论我们寻求什么，答案最终都在于，我们所吃的食物中含有的营养物质。我们要获得这些营养物质，就必须真正拿起食物并把它吃下去。真正重要的是，我们

如何吃以及如何对待食物。为了改变饮食习惯，我们可以从重新学习饮食艺术开始，这既是一个营养问题，也是一个生活方式问题。

在下一章，我们将仔细研究真正掌握了饮食艺术的那些人，其饮食方式对脑部健康和整体健康都有好处。现在，让我们聚焦于这些不寻常的人：百岁老人。

第 9 章

世界上最好的健脑饮食

蓝色地带

为了找出在现实世界中可行的方法，研究人员有时需要走出实验室去实地考察。由此，研究人员发现了几个长寿区域，就是百岁老人聚居地——很多老人年已过百仍无止迹。更有趣的是，这些百岁老人的头脑还很敏锐。

目前，研究人员已确定，世界上有 5 个长寿之乡，就是百岁老人最集中的地区。这些地区被称为"蓝色地带"（blue zone）。第一个蓝色地带在意大利撒丁岛（Sardinia）的努奥罗省（Nuoro）和奥利亚斯特拉省（Ogliastra），是世界上男性百岁老人最集中的地方。这很不寻常。事实上，女性通常比男性长寿，男性百岁老人尤其罕见。第二个蓝色地带在爱琴海上的希腊伊卡里亚岛（Greek island of Ikaria），它甚至有"让人们忘记死亡的岛屿"之称。第三个蓝色地带是冲绳，有"日本的夏威夷"之称，世界上最长寿的女性安家于此，而在世界上的超级百岁老人（110 岁以上）之中，有多达 15% 的人在此居住。第四个蓝色地带在哥斯达黎加的尼科亚半岛——这里有 10 万混血人口，他们的中年死亡率低于正常水平。第五个蓝色地带在加利福尼亚州的罗马琳达（Loma Linda），基督复临安息日会（Seventh-day Adventists）信徒居住地，他们的预期寿命比美国人的平均预期寿命约长 10 年。

到目前为止，在所有这些已被确定的蓝色地带中，居民们活过100 岁的概率平均比美国人高 10 倍。他们不仅活得更长，而且享受着非常充实的生活，他们的各种疾病（心脏病、肥胖症、癌症和糖尿病）发病率都很低 —— 痴呆症发病率也很低。显然，他们在某些事情上做得很对。

尽管这几个蓝色地带在地理位置上相距很远，彼此之间的文化在很多方面都非常不同，但这些地区的人们在生活方式方面有着惊人的相似性。

首先，他们经常进行体力活动。尽管已步入老年，他们平常仍会自然地进行一些体力活动，比如在花园里干活或散步，除此之外，他们也会做一些更繁重的体力活，比如耕作、手工采摘，甚至放牧。他们的压力水平低，生活节奏慢。尽管如此，他们仍然会抽出时间放松，比如经常睡午觉。蓝色地带的居民们与家庭和社会的联系往往也很紧密，并且通常参与宗教团体（这进一步加强了这些行为）。此外，他们有很强的生活目标感和归属感，这使他们能够积极地参与社会活动，并很好地融入社区。美国的情况则截然不同 —— 在美国，年迈的父母退休后要么独自生活，与亲人们不在同一个州居住，要么住进养老院，有时与其他家庭成员相距很远。在蓝色地带，祖父母们在抚养、教育和照顾孙辈方面发挥着重要作用，也经常积极参与志愿服务活动。顺便说一句，**退休**这个词在冲绳的传统方言中并不存在。

　　至于他们的饮食，事实证明，这几个蓝色地带的居民们尽管相距甚远，却倾向于遵循相似的饮食模式。虽然存在地区差异，但他们的饮食方式都以植物性食物为主，以适度的热量摄入为特征，吃小份食物。儒家的养生之道是，吃饭只吃八分饱，蓝色地带的居民们也是这样做的。这些百岁老人的饮食习惯通常是：早餐吃得好，午餐吃得饱，晚餐吃得少，而且晚餐吃得比较早，以便晚上睡得好。从营养学角度看，他们吃的是高碳水化合物饮食，脂肪和蛋白质摄入量处于中低水平。他们经常食用豆科植物，偶尔才吃肉（平均每个月吃五次），每次也只是吃一点，不会像西方人那样每次吃很多。他们可能会适度饮酒，每天不超过一两杯，最常喝的是葡萄酒。

　　为了更仔细地了解他们的典型膳食和食谱，我们需要把这几个蓝色地带分开来看。在撒丁岛和伊卡里亚岛，居民们遵循地中海式饮食模式，经常吃野生的、略带苦味的绿叶植物，如蒲公英和葡萄叶，还有鹰嘴豆之类的豆科植物和土豆。他们也很喜欢吃鱼——做法简单，就是烤制，用百里香、莳萝、鼠尾草和马郁兰等香草调味，偶尔还会吃点奶酪，比如菲达奶酪（Feta）和佩科里诺奶酪（Pecorino）。他们都很爱橄榄油，橄榄油是饮食中不可或缺的一部分。

　　冲绳人的传统饮食与地中海式饮食差别很大，但事实证明，他们的饮食同样美味。他们经常吃颜色鲜艳的紫番薯，各种海藻、苦瓜等蔬菜和水果，以及豆制品，如豆腐和纳豆（大豆发酵食品）。当然，他们常吃的食物还包括新鲜的鱼类，以及糙米、绿茶、香菇、生姜和大蒜。冲绳人的传统饮食中几乎不含肉、蛋或乳制品。此外，即使按照日本人的标准，这种饮食的热量也特别低。一个典型的冲绳百岁老人，每日摄入的热量比日本人的平均水平要低 20%，这凸显了限制热量带来的寿命延长作用。

在哥斯达黎加的尼科亚半岛，人们所吃的食物与其他地方完全不同，那里的百岁老人常吃的是，中美洲出产的三种主要作物：豆类、玉米和南瓜。他们的餐桌上经常会有自制的玉米圆饼，以及黑豆、白米、山药和鸡蛋，他们也经常吃芒果、百香果、番石榴、木瓜等各种水果，以及富含维生素 A 和 C 的桃椰子（peach palm），这是当地的一种特色水果。这个蓝色地带的居民们有时也会吃鱼和一些肉类食物。哥斯达黎加以优质咖啡闻名，与撒丁岛和伊卡里亚岛的居民们一样，尼科亚半岛的居民们也是每天都喝咖啡的。

最后但同样重要的，在加利福尼亚州的罗马琳达，有一个由基督复临安息日会信徒组成的大型社区，这个基督教新教教派鼓励成员们吃均衡的素食，其中包括大量的豆科植物、全谷物、坚果、水果和蔬菜。他们最常吃的食物包括牛油果、坚果、豆类、燕麦片、全麦面包和豆浆。有些信徒也会吃一些鸡蛋和奶制品。说到饮料，他们只喝水。咖啡、茶、碳酸饮料或含咖啡因的饮料是被禁止饮用的。除了蜂蜜等天然来源之外，糖类也是被禁止的。毫不奇怪的是，这个蓝色地带的居民们，除了寿命更长之外，心脏病和糖尿病的发病率在美国也是最低的，肥胖率也非常低。

地中海式饮食

当谈到脑部健康时，许多人首先想到的就是地中海式饮食。在这五个蓝色地带中，有两个蓝色地带的百岁老人们就是遵循这种饮食模式的。地中海式饮食一直备受研究人员称赞，因其具有促进脑部健康和整体健康的作用。事实上，地中海式饮食不仅是著名的有益心脏健康的饮食，而且是有益脑部健康的饮食。大量的科学研究论文（包括我自己的研究在内）表明，严格遵循地中海式饮食的人，不仅不太可能患糖尿病、肥胖症和心血管疾病，而且在晚年患认知障碍症和阿尔茨海默病的风险也会降低。

　　我在意大利出生和长大，对地中海式饮食有亲身体验。对意大利人来说，地中海式饮食甚至不是一种饮食，而是一种进餐和体验食物的方式。在当地旅行时，无论你是从意大利去往希腊群岛，或是从法国西南部去往巴塞罗那，都可能会注意到各地美食的奇妙变化——各种各样的特色菜、不同的关键配料，以及伴随它们的饮食习俗——无论哪一种，都令当地人引以为傲。然而，所有这些地区的共同之处是，重视选取健康的新鲜食材，就是那种当地种植的、在阳光充足的环境中成长起来的食材。

　　如果像许多营养学家喜欢做的那样，创建一个地中海式饮食金字塔，你会发现，各种各样的蔬菜、水果、豆类和坚果位于金字塔的最底部，因为它们是餐盘中的主要食物。金字塔的倒数第二层是全谷物，如小麦、燕麦、斯佩耳特小麦（spelt）和大麦（只经过简单的加工，以最大限度地保留各种营养成分），然后是野生鱼，从鳟鱼到鲷鱼（金头鲷），这些都是人们常吃的食物。肉类和乳制品位于金字塔的上层，人们偶尔会吃一些。各式香草和香料被用来给食物自然调味，以减少油和盐的用量。糖果所占的比重很低，人们只是偶尔才会吃一点糖果，例如在星期天招待客人时，或者在特殊的庆祝活动中。此外，那些糖果往往比超市里买到的甜品更健康，因为它们通常是由坚果和种子制成的，用蜂蜜、糖蜜（Molass）和其他天然糖来增甜。

总的来说，地中海式饮食是一种非常新鲜、非常美味、低热量低脂肪的饮食，它富含大脑必需的各种营养素。

橄榄油尤其值得一提。人们现在认为，特级初榨橄榄油的日常摄入，是地中海式饮食模式有益于健康的一个主要原因。真正的特级初榨橄榄油有一种独特的苦味和辛辣味，因其天然抗氧化剂含量高而被誉为"世界上最健康的油"。事实上，橄榄油含有单不饱和脂肪酸（对心脏健康有益）和**多酚类**化合物（能防止动脉硬化）以及维生素 E（另一种重要的抗氧化剂）。这种特殊的组合使橄榄油变得近乎神奇，因为多酚类化合物也能保护脆弱的维生素 E。甚至有临床试验表明，如果经常食用特级初榨橄榄油（摄入量为每周 1 升），就可以抵御认知衰退。

红酒是地中海式饮食的另一个要素，也是抗衰老抗氧化剂的极好来源。在地中海地区，人们与葡萄酒有一种自然亲近的关系。人们甚至会让小孩们品尝一小口葡萄酒，让他们从小就了解喝葡萄酒的艺术。我记得我 6 岁时第一次品尝葡萄酒，我父亲让我喝了一小口用水稀释了的红酒。在你表示反对之前，我想表明，到目前为止，我从来没有宿醉过。这是因为，我们不仅从小就学会了如何品尝葡萄酒，而且学会了如何遵守适度的准则。对男性来说，理想的饮酒量是，每天最多喝两小杯葡萄酒。由于女性吸收酒精的速度比男性更快，女性每天喝一小杯葡萄酒就够了。需要注意的是，只有在进餐时饮用葡萄酒，才会对身体健康有好处，将其作为一种饮料单独饮用则不然。例如，在空腹时喝葡萄酒，对身体健康有害无益。

社交成分是地中海式饮食模式的另一个特点。人们通常不会独自吃饭（或饮酒），也不会在逛商场或去上班的途中边走边吃，更不会一个人坐在电脑前独自吃饭。相反，人们总会聚在一起吃饭，在饭桌上轻松愉快地聊天——有趣的是，聊天话题往往围绕着食物。我祖母总是在吃午餐时就开始和我们讨论晚上吃什么，在周二的晚餐上往往就开始讨论周日的午餐菜单。这种讨论可以让大家各抒己见，或者用意大利语来说就是 *"dire la loro"*（说出他们的想法），同时让大家更留意自己的饮食选择。"**番茄意粉**（pasta al pomodoro）怎么样？等等，我们上周刚吃过——那就吃**波伦塔**①（polenta），怎么样？"

最后，日常体力活动也是地中海式饮食文化的一个要素。然而，这并不意味着剧烈运动。传统上，一般人不会去健身房锻炼。相反，悠闲的活动，如散步、做家务、在花园里干活、骑自行车、爬楼梯（而不是乘电梯），是人们日常生活中不可或缺的一部分。说实话，这些国家的大多数建筑甚至都没有装电梯。

总之，地中海式饮食模式，与其说是一种饮食，不如说是一种生活方式。它包括新鲜、有生机、纯粹的食物，日常体力活动，丰富的社交生活和积极的人生观，这些因素就是地中海沿岸地区人们的长寿秘诀。

真正令人兴奋的是，地中海式饮食对健康的益处，甚至会显现在大脑扫描片子上。你还记得第 1 章中的 MRI 片子吗？那两张 MRI 片子来自我们实验室的一项研究，我们选取了 50 多名受试者（年龄在 25 岁到 70 多岁），进行了一系列大脑成像研究，观察地中海式饮食对脑部健康的影响。研究结果令人吃惊。无论年龄大小，与遵循典型的西方饮食模式（或者任何红肉和加工肉制品、含糖饮料和糖果所占比

---

① 一种意大利式的玉米粥。——译者注

重高，植物性食物和鱼类所占比重低的饮食）的受试者相比，遵循地中海式饮食模式的受试者大脑结构（从 MRI 扫描片子上看）都更健康。从 MRI 片子上看，那些饮食不健康的人的大脑似乎确实衰老和萎缩得更快。有一项研究表明，他们的大脑看起来比实际年龄老 5 岁。

还有一项研究表明，饮食不健康的受试者不仅大脑在萎缩，而且大脑活动也减少了。更糟糕的是，尽管这项研究的受试者们都没有表现出任何认知障碍的迹象，但遵循西方饮食模式的受试者大脑中有更多的淀粉样斑块，超过了其实际年龄的正常水平，这表明他们以后患阿尔茨海默病的可能性更高。

好消息是，虽然从小养成健康饮食习惯，可能会得到最大的益处，但研究表明，无论何时，只要你选择向更好的生活方式转变，你就能从中获得健康益处，这永远不会太晚。例如，一项以 1 万多名女性为研究对象的观察性研究发现，与在中年时期饮食不太健康的女性相比，在中年时期遵循地中海式饮食模式（尽管不一定在此之前）的女性更有可能健康地活到 70 岁以上，就是在年满 70 岁时既没有慢性疾病，也没有认知障碍。

幸运的是，你不需要搬到地中海沿岸国家去居住，就能保持头脑敏锐。无论你生活在哪个地方，一种被称为健脑饮食法（MIND diet）的新饮食法，即延迟神经退行性疾病的地中海–得舒干预饮食法（Mediterranean-DASH Intervention for Neurodegenerative Delay diet），都会使遵循地中海式饮食模式变得更容易。健脑饮食法的核心原则是：每天食用三份全谷物，一份沙拉，外加一份蔬菜，喝一杯葡萄酒。每隔一天吃一次豆类，每周吃两次禽肉和浆果，每周吃一次鱼。此外，为了有效预防阿尔茨海默病，健脑饮食法鼓励人们少吃不健康食物，特别是少吃油炸食品或快餐，也要少吃高脂肪的乳制品和肉类。这些要求听起来好像有点太苛刻，不过一些研究证据会让你心动的：对于严格遵循这种饮食法的参与者来说，患阿尔茨海默病的风险可以降低 53%。即使是"不太严格"遵循这种饮食法的参与者，患病风险仍然可以降低 35%。最后，如果你对地中海式饮食真的不感兴趣，中国美食怎么样？

长寿面

尽管这个地区尚未获得"蓝色地带"的称号，广西南部的巴马瑶族聚居地（曾经是中国最贫困的地区之一），仍是著名的长寿村所在地，这里有很多百岁老人。

从地理位置上看，巴马被风景如画的丘陵和山脉环绕，香格里拉的盘阳河（Shangri-la's Panyang River）流经其间。由于空气清新，巴马被许多人誉为"天然氧气库"。在这个田园诗般的地方，巴马的百岁老人们的生活方式可以与任何其他蓝色地带的居民们媲美。他们吃得很节俭也很用心，最喜欢吃新鲜采摘的蔬菜和水果。特别是蔬菜，每餐都有蔬菜——无论早餐、午餐或晚餐。其他主要食物包括大米和玉米糁（玉米粒加工成的），还有番薯、水果、坚果和种子。甜玉米，豌豆、小扁豆等豆类和新鲜鱼类也经常出现在他们的餐桌上。他们还经常食用一种名为火麻籽油的富含多不饱和脂肪酸的植物油。总的来说，这些百岁老人遵循低热量低脂肪的饮食模式，但是这种饮食富含碳水化合物、维生素、矿物质和膳食纤维。

此外，他们大多是农民，一辈子都在从事田间劳作，无论年龄多大。在这个偏远地区，人们以前从来没有使用过机械设备和电动工具，这里甚至没有通电（直到最近才通电），所以几乎所有生产活动都靠人工劳作。对于他们来说，看电视或长时间上网关注社交媒体是不可想象的。他们在现实社交中愉快地生活，这再次证明了，健康长寿是建立在现实社交提供的强烈的社区意识和归属感之上的。此外，老年人也是特别受尊重的。例如，在吃饭时，每家每户都会先给家中的老人盛饭。此外，人们会听老人言，向祖父母寻求明智的建议。

说到中国，几种传统中药值得特别关注，因为其中有世界上最著名的健脑补脑剂。银杏（ginkgo biloba）是地球上最古老的植物之一，人们早就知道它具有治疗增龄相关认知减退的潜力，在德国和法国等国家，银杏制剂已被广泛使用。人们认为，银杏有助于血液稀释，能改善大脑血氧供给。尽管结果并不一致，但一些临床试验表明，对于患者来说，服用银杏提取物（每天服用 240 毫克，持续 6 个月左右），对注意力、记忆力和整体认知功能有好处。

人参是另一种具有抗衰老功效的草药，深受中国人推崇，被认为是青春之泉（Fountain of Youth）。尽管需要更多的数据证实，但一些临床试验表明，阿尔茨海默病患者如果每天服用 4.5 克的高丽参（Panax ginseng），就可能有助于改善认知功能。

印度咖喱

即使考虑到印度人口的预期寿命较短这个因素，印度的阿尔茨海默病发病率也比发达国家的低很多。相比之下，美国人患阿尔茨海默病的比率是印度人的 8 倍。

研究表明，饮食与此有很大关系。事实上，印度菜中有大量的香料，那些香料以具有保护大脑的功能而闻名。事实证明，姜黄（印度菜肴中常用的香料）是一种强大的抗氧化剂和抗炎剂。印度人每天都吃咖喱，咖喱中有一种橘黄色粉末，那就是姜黄，在印度阿育吠陀传统医学中，姜黄的药用历史已有 5000 年之久，被用来治疗与衰老有关的各种疼痛和炎症。最近的证据表明，这种香料，或者更具体地说，它的活性成分**姜黄素**，有神经保护作用，有助于防止老年痴呆和认知功能丧失。

例如，动物实验研究表明，与不服用姜黄素的小鼠相比，服用姜黄素的小鼠大脑中形成的淀粉样斑块（与阿尔茨海默病相关）较少。此外，对于大脑已经出现了淀粉样斑块的老年实验鼠而言，姜黄素可以显著降低其大脑中斑块的数量和严重程度。换句话说，咖喱似乎可以帮助大脑远离阿尔茨海默病的病变。

迄今为止，关于姜黄素补剂，只有少数几个临床试验已经完成，其结果都是阴性或不确定的。然而，由于许多研究人员相信姜黄素具有抗衰老的潜力，他们正在开展一些临床试验，评估姜黄素抗衰老和痴呆症的功效。这还可能再次证明，食用真正的香料比服用某种单一成分更有效、更具协同作用。

抗氧化饮食法

正如我们在前几章看到的，随着年龄增长，大脑会更多地使用抗氧化剂来对抗有害的自由基。抗氧化饮食法的目的是，更多地摄入抗氧化能力强的食物和营养素，基于这样一个概念，你可以利用的有助于抑制自由基的抗氧化剂越多，你的大脑遭受氧化应激和疾病损伤的风险就越低。这种饮食法可以被看作地中海式饮食的衍生品，它更加强调植物性食物的营养成分。

植物体内可能富含以下物质：特别强大的抗氧化剂，如维生素 C、维生素 E 和 β-胡萝卜素，矿物质硒，几种植物营养素——比如橙色蔬菜（胡萝卜、番薯）中的**类胡萝卜素**，樱桃中的**花色素苷**（使樱桃呈鲜红色）。黑莓和蓝莓等浆果、柠檬和橙子等柑橘类水果，以及巴西坚果、核桃和许多深色豆类（比如生可可豆），都富含天然抗氧化剂，有助于保护大脑免受自由基损伤。富含抗氧化剂的食物还包括蔬菜（尤其是菠菜、辣椒和芦笋）和几种食用油（比如特级初榨橄榄油）。这些不是普通食物，而是超级食物——无论年龄大小，我们都应该经常吃此类食物。

对于神经营养学家们来说，**谷胱甘肽**是一个法宝。谷胱甘肽被誉为"大师级的抗氧化剂"。从某种程度上说，谷胱甘肽是所有其他抗氧化剂的协助者，并具有解毒作用，对人体的免疫系统非常重要。因此，谷胱甘肽**是每个人都需要的**抗氧化剂，能起到预防疾病和维持身体健康的作用。然而，许多人从未听说过它。谷胱甘肽是人体可以自行合成的，某些食物和补剂也有助于提高人体内的谷胱甘肽水平。多吃一些含硫食物，特别是洋葱、大蒜、芦笋、牛油果、菠菜和十字花科蔬菜（如西蓝花、卷心菜和花椰菜），有助于提高你体内的谷胱甘肽水平。

除了多吃富含抗氧化剂的食物，我们还应注意，有些食物会进一步消耗大脑的抗氧化能力，这些食物是我们应该避免的。在过去的十年中，科学家已经通过实验证实，有些食物含有大量的**糖基化终产物**

（advanced glycation end-products，简称 AGEs），这些有害化合物就像自由基一样，会引起炎症，并且会对人体内几乎所有类型的细胞和分子产生负面影响。这就会加速大脑老化、认知衰退和疾病的发展。

富含脂肪和蛋白质的动物源性食物，如黄油、人造奶油、香肠、汉堡肉和猪排，都含有大量的糖基化终产物。此外，在烹饪（特别是干热烹饪）的过程中，这些食物会产生更多的糖基化终产物。烤牛肉、法兰克福香肠和煎培根就是典型的例子，它们都含有大量有害的糖基化终产物。为了降低体内的氧化应激，限制膳食中的 AGEs，推荐烹饪方法是：（1）蒸；（2）缩短烹饪时间；（3）低温烹饪。如果想吃一些高蛋白食物，你可以选择营养丰富而且糖基化终产物含量低的食物，例如水波蛋和清蒸鲑鱼。此外，在烹饪动物性食物时，添加醋或柠檬汁等酸性物质，也可减少糖基化终产物的生成。你尝试过意大利香醋（balsamic vinegar）烤鸡吗？很好吃。

与动物性食物不同的是，即使在烹饪后，高碳水化合物食物所含的糖基化终产物也是相对较少的。胡萝卜和番茄等蔬菜、苹果和香蕉等水果以及燕麦和大米等全谷物，都是不含糖基化终产物的食物。如果你的日常饮食中有足够的能够清除体内自由基的食物，你的大脑将能够更好地抵御增龄相关的氧化"生锈"效应和疾病。

热量限制和生酮饮食

热量限制（或者在合理范围内大幅减少热量摄入），已被证实与寿命延长和认知功能改善有关，尽管这种饮食方式不如地中海式饮食那样广为人知，也没那么诱人。

热量限制背后的策略，建立在近百年来的科学研究的基础上，这些研究表明，通过热量限制来给我们的机体施加压力，会促使我们体内的细胞变得更强壮，更能抵抗压力。尼采在他的哲学文章中优雅地写道："那些没有消灭我们的东西，将使我们变得更强壮。（That which does not kill us makes us stronger.）"正如肌肉会越锻炼越强壮，经受热量限制考验的脑细胞也会变得更强大。

动物实验表明，热量限制可以增强大脑的抗氧化防御系统，尽管具体的作用机制还有待进一步研究。此外，热量限制可以增强线粒体（细胞的能量工厂）的作用，使其产生更多的能量。热量限制还能减少炎症，防止阿尔茨海默病淀粉样斑块的沉积，似乎还能促进**神经元的生成**（neurogenesis）——形成新的与记忆相关的神经元。这些功效确实令人印象深刻。

一般来说，我们可以在动物身上观察到上述的热量限制效应，如果动物的热量摄入被限制在其惯常的热量摄取量的 30% 到 40%。相比之下，对于一个人来说，如果采用热量限制饮食法，那就应将每日摄取的总热量从 2000 大卡降低到 1200 至 1400 大卡。虽然有关热量限制的人体试验研究还很少，但最近的一项临床试验表明，类似的热量限制确实可以降低记忆力丧失的风险。这项研究选取了 50 名健康的体重正常或超重的老年人为受试者，其中 1/3 的受试者被分配到热量限制组。经过 3 个月的干预，他们的记忆力测试成绩提高了 20%。更严格地坚持热量限制饮食的受试者，还伴有胰岛素水平的显著改善和炎症的减少。

事实证明，虽然减少卡路里总摄取量确实有益健康，但**禁食**的效果可能更好。或许听到这里你在自言自语"算了吧"，想象一位大师在钉板上打坐和长时间禁食，别担心——我们说的不是长时间禁食，而是**间歇性**禁食。间歇性禁食是一种有限的、短期的禁食，就是短期饮食限制与平时正常进食相结合。这似乎能带来最大的健康益处。例如，给实验动物间歇性禁食，可使其寿命延长 30%。这是有道理的，因为在进化史上，大多数动物（包括人类）都会经历许多次短暂的热量限制（食物短缺），比如在冬天。因此，当我们摆脱 24/7（每周七天每天 24 小时）不间断地消化和吸收营养的负担时，新陈代谢会更有效率。

关于禁食对认知健康的潜在有益影响，虽然还需要更多的研究工作来证实，但有证据表明，一种被称为"5∶2 饮食法"（5∶2 diet）的间歇性禁食可以改善心血管功能，因此可能有助于减缓增龄相关的认知衰退。这种饮食法是指，每周 5 天正常饮食，另外 2 天控制热量摄入，每天摄入的热量不超过 600 大卡。在最近的一项研究中，107名超重或肥胖女性参与者被随机分为两组，参与饮食干预实验。一组参与者每天都要控制热量摄入（每天摄入 1500 大卡的热量），另一组参与者采用 5∶2 饮食法。经过 6 个月的饮食干预之后，两组参与者在体重方面都有所下降，其他指标（炎症、胰岛素抵抗、胆固醇、甘油三酯和血压水平）也都有所降低。然而，与每天都要控制热量摄入的参与者相比，采用 5∶2 饮食法的参与者在减重和其他指标的改善方面都明显更好一些，这表明，与持续性饮食控制相比，间歇性禁食（一周有 5 天正常饮食，另外 2 天严格控制热量摄入）效果更好或同样有效。

热量限制的另一个好处是，禁食会增加酮体的生成。如前所述，当葡萄糖供应不足时，大脑可以依靠酮体供能，酮体是大脑唯一的替代能量来源。由于禁食对很多人来说是非常困难的，有些研究人员提出，把低热量饮食与外源性酮体补充结合起来，作为支持脑部健康的可行性替代方案。

"生酮饮食法"（ketogenic diet）出现于 20 世纪 20 年代，是一种高脂肪、低碳水化合物的饮食方案，其原理是，如果一个人严格限制碳水化合物的摄入量，身体就会进入酮症状态，被迫燃烧脂肪，进而产生酮体。除了有助于减轻体重，生酮饮食还具有抗惊厥和保护神经的作用，被广泛应用于控制癫痫发作。

最近有一些研究数据表明，生酮饮食也可能有助于治疗帕金森病和阿尔茨海默病等疾病。尽管这方面的临床试验还很少，但初步研究表明，帕金森病患者在接受饮食干预治疗——通过饮食补充 MCT（中链甘油三酯，一种脂肪，也是酮类物质的重要来源）——仅一个月后，疾病症状就改善了 43%。还有一项研究表明，阿尔茨海默病或轻度认知障碍（MCI）患者在接受饮食干预治疗——服用一种医疗食品，商品名为 Axona（caprylidene），属于中链甘油三酯，进入人体后会被代谢为酮体——几个月后，认知会有所改善。然而，这些临床研究还是有局限性的——样本量很小，其结果还需要得到更多研究证实。此外，就改善阿尔茨海默病症状而言，食用富含 MCT（中链甘油三酯）的天然食品，如椰子油，是否同样有效，这在目前还没有定论。

如果你对生酮饮食感兴趣，了解以下几点是很重要的。第一，酮体不是大脑的首选能量来源。如前所述，大脑需要由葡萄糖提供至少 30% 的能量，才能有效工作。第二，生酮饮食与经科学证实有效的地中海式饮食是基本相反的。第三，脂肪摄入增加，会导致机体的新陈代谢改变。第四，生酮饮食含有大量饱和脂肪，即使你的身体能把摄取的饱和脂肪燃烧掉，体内的胆固醇水平还是有可能升高。第五，生酮饮食富含蛋白质，会增加肾脏负担，高脂肪低纤维的食物也会对消化系统产生不利影响。因此，便秘、胀气、**消化不良**和"**酮臭**"（口臭）等不良反应都是常见的生酮饮食副作用。

从世界上最健康的饮食方式中学到的经验

我们能从世界上最健康的饮食方式中学到什么？当我们经常受到加工食品和太多甜食的诱惑，长时间坐在办公桌前，工作压力很大，想要做更多的事情时，我们怎样才能把这些饮食原则融入我们的日常生活中呢？

尽管这些饮食初看起来可能没有什么共同之处（比如冲绳饮食中的海藻、撒丁岛饮食中的橄榄、印度饮食中的咖喱）——它们实际上有一个共同的要素。除了生酮饮食之外，上述的每一种饮食都是完全和营养丰富的饮食，既有益于脑部健康，也有益于身体健康。

在每一种饮食方式中，经常食用新鲜的绿色蔬菜都是不可或缺的。这些绿色蔬菜含有丰富的维生素、矿物质和抗氧化剂，它们是脑细胞保持健康和相互沟通所必需的。（充分成熟时从树上采摘的）新鲜水果，是维生素和天然糖分的另一个极好来源，还可以抑制人们对精制糖的渴望。在所有水果中，浆果似乎是对大脑最为有益的。许多研究表明，在实验动物身上，浆果提取物（无论是来自蓝莓、蔓越莓、黑莓、樱桃、草莓或美洲葡萄）可以起到改善甚至防止认知功能衰退的作用。

虽然很多人都喜欢巧克力，但很少有人意识到生可可也来自浆果。可可富含抗氧化剂，如可可碱（与咖啡因是同一类物质），以及许多功能强大的类黄酮。最近的一项临床试验表明，老年人每天饮用一杯可可饮料（类黄酮含量高达 500 至 1000 毫克），经过短短 8 个星期，就会出现注意力和记忆力的改善、炎症的减少和胰岛素水平的降低。

咖啡呢？咖啡是用烘焙的咖啡豆做出来的，而咖啡豆又是**咖啡树**的浆果。正如大多数人所知，咖啡豆含有咖啡因（这种物质能让人在晚上保持清醒），但除此之外，它还含有强大的抗氧化剂，如**绿原酸**（*chlorogenic acid*）。值得注意的是，尽管并非所有蓝色地带居民都有饮用咖啡和可可饮料的传统，但是在有此传统的蓝色地带，人们患糖尿病和心脏病的比率相对更低。虽然研究结果并不总是一致的，但一些研究表明，中年时期每天喝咖啡的人，老年时期患痴呆症的可能性较小。同样，一切都要适量。如果你喝了太多的咖啡，你的心率和睡眠质量就会受影响。

作为热爱葡萄酒的人，我们会强调，葡萄也是浆果。红葡萄酒中含有大量的**白藜芦醇**，白藜芦醇是存在于葡萄皮中（以及覆盆子和桑葚中）的芳香化合物，以具有抗氧化和保护神经元的作用而闻名。葡萄酒还含有保护血管和心脏健康的类黄酮。尽管几乎所有人都认为，每天喝一两杯红酒是让人优雅地变老的生活方式的一部分，但迄今为止，临床试验未能证明白藜芦醇对认知能力的有益作用。这再次提出了这样一个问题：通过饮食（或更好的选项——葡萄酒）来获取这些益处，是否比试图通过服用补剂来获取这些益处更有效？

虽然并非所有蓝色地带的百岁老人都有饮茶习惯，但有证据表明，茶这种受欢迎的饮品也可能有助于保护脑细胞和抵御老年痴呆症。有饮茶习惯的人多数最喜欢红茶。然而，大脑更喜欢绿茶。绿茶中抗氧化剂的含量是红茶的两倍，因此是一种更强大的抗衰老盟友。绿茶还富含一种特殊的类黄酮，叫作**表没食子儿茶素没食子酸酯**（epigallocatechin-3-gallate，EGCG），它似乎可以防止阿尔茨海默病淀粉样斑块的累积，从而保护大脑。

坚果和种子也是许多百岁老人常吃的食物。坚果和种子虽然体积小但营养丰富，富含有益健康的不饱和脂肪酸、蛋白质、膳食纤维和各种抗氧化剂。核桃尤其以营养价值高而闻名，富含多不饱和脂肪酸和抗氧化剂，如维生素 E、褪黑激素和**鞣花酸**。这些营养素协同作用，增强了多不饱和脂肪酸的作用，同时也促进了核桃中保护性化合物的吸收。有一项研究表明，给老年动物喂食核桃，可以改善其认知功能。

本地出产的全谷物、豆类和淀粉类食物，也是大多数长寿老人饮食中的主食。这些食物可以缓慢释放对大脑有益的碳水化合物和膳食纤维，同时降低每餐饭的血糖负荷，避免血糖大起大落。番薯尤其值得一提，它是大多数长寿老人饮食的一部分。番薯不仅富含增强多巴胺的营养物质，还含有大量的 β–胡萝卜素（大脑最喜欢的抗氧化剂），我们的身体会将 β–胡萝卜素转化为维生素 A。仅一个番薯所能提供的维生素 A 的量，就相当于每日推荐摄入量的 368%，我们的身体可以将之储存起来，以备不时之需。

未经加工的优质植物油和富含不饱和脂肪的鱼，在大多数长寿地区的饮食中也很常见。这些食物中所含的营养素有助于促进胆固醇的转运，从而保护心脏，同时确保大脑有充足的氧气和营养物质供应。

此外，多脂鱼（如鲑鱼），是大脑必需的 DHA 的最佳天然来源之一。迄今为止，有 9 项大规模流行病学研究已经得出结论，经常吃鱼对大脑的健康至关重要。有很多研究表明，对于中老年人来说，经常吃鱼可延缓认知功能衰退，与不吃鱼或很少吃鱼的中老年人相比，经常吃鱼的中老年人患阿尔茨海默病的风险降低了 70%。只需每周吃一次或两次优质的多脂鱼，就能得到如此大的健康益处。

另一个重要的经验是，它不仅关乎**吃**什么，还关乎**不吃**什么。除了生酮饮食法之外，所有的长寿饮食法都有一个特点，就是少食红肉和乳制品，从而降低饱和脂肪和胆固醇的摄入量。这或许可以解释为什么那些百岁老人的心脏病患病风险较低。在**食用**肉类和乳制品时，他们会选择有机的肉类和乳制品，来自牧场里的草饲动物（通常是山羊和绵羊）。与工业化养殖的动物相比，草饲动物的肉更瘦，其中多不饱和脂肪酸的含量更高，所产的奶含有更多的大脑必需营养素，如B 族维生素和色氨酸（能提高 5-羟色胺水平）。

我们还观察到，在蓝色地带，甜食被视为特殊的零食，人们偶尔才吃一次，不会常吃。此外，在制作甜食时，他们会使用天然糖（如本地产的生蜂蜜、糖蜜和果干），从不使用精制糖产品。碳酸饮料中含有大量的糖分，是人们摄入的添加糖的最隐蔽来源之一，大多数百岁老人及其年轻的家庭成员都不喝、也不喜欢喝碳酸饮料。直到今天，我还从未见过一个喝可口可乐的意大利**祖母**，除非她想搞什么恶作剧！

总的来说，传统饮食和科学研究都表明，有一些共同的饮食原则可以促进长寿，这些原则植根于我们所做的选择和整体的生活习惯。

第 10 章

这不仅关乎食物

健身、活跃和健康

从身心两个方面来保持大脑活跃，是一项终身事业，可以不断增加自身认知储备，使大脑有更强的灵活性，能够承受增龄相关变化，而不会出现记忆力丧失和其他认知障碍。参与体育和休闲活动、接受高等教育、进行智力交流、从事复杂工作、与家人和朋友社交，甚至睡觉——所有这些都有助于我们保持良好的认知功能直到晚年，维持记忆力敏锐，降低患阿尔茨海默病的风险。

全面、健康的生活方式，具有最小的缺点和充足的益处，可以改善我们的整体健康，保护和支持我们的大脑，持续一生。我们将在本章探讨，为了让大脑保持最佳状态，我们需要哪些特定的体育活动、智力和社交活动，甚至睡眠习惯。

聪明点：锻炼你的心脏

虽然在思考如何使大脑保持最佳状态时，你可能不会首先想起这些——伦巴（Rumba）、恰恰舞（cha-cha-cha）……骑马，甚至浮潜，但它们很可能是理想的处方。

运动被推崇为万能良方，可以治疗几乎所有疾病，无论是痛经、骨质疏松，或肥胖、Ⅱ型糖尿病、心脏病和抑郁症。为了保护大脑免受疾病侵害，人们提出了越来越多的生活方式因素，运动是其中的最新一项。

然而，运动对大脑有实质性益处的证据还没有被主流医学界完全接受。例如，你如果因为担心记忆力丧失而去找神经科医生看病，则不太可能得到物理治疗或运动处方。即使是最开明的医生，也很难做到按你的需要，给你推荐一个特定的健身计划。"我是应该每天跑步，还是举重？或者报个班，练习普拉提（Pilates）？"事实上，关于"大脑健身"（brain fitness），目前还没有形成统一的医学建议。

但我们正在接近目标。关于体力活动对大脑和身体的有益影响，在近年来发表的一些科研论文中已经得到证实。与惯于久坐不动的老年人相比，身体健康、经常运动的老年人在推理和工作记忆任务上表现得更好，他们的反应时间也更短。

你的大脑当然会喜爱运动。运动能促进心脏健康——正如我们之前讨论过的，对心脏有益的就是对大脑有益的。体力活动，特别是**有氧运动**（能使心跳加快的运动），可以增强血液流动，改善血液循环，给大脑输送更多的氧气和营养物质，还能减缓动脉斑块的形成。这方面的益处尤其重要，因为随着年龄的变老，脑动脉血流速度会自然减慢。

运动也是一种天然的抗抑郁剂。锻炼后，你不觉得更放松、心情更好吗？你的大脑也是如此。这是因为运动可以刺激**内啡肽**的分泌（内啡肽是我们体内的一种天然止痛剂），还可以增加 5−羟色胺的生成，让我们感觉更快乐。你或许听说过著名的概念"慢跑者的愉悦感"（joggers' high），那就是因为运动影响了大脑中的**阿片类物质系统**——这个系统也可以被阿片（一种肌肉松弛剂）等药物激活。然而，运动可以让我们有一种自然的愉悦感，因为它能减轻疼痛，让人放松，甚至带来欣快感，从而令人产生整体的幸福感。

运动的好处不止于此。运动的一个显著但未被充分认识的好处是，记忆力的提高。研究表明，体力活动会刺激记忆形成，增强神经元从损伤中恢复的能力，并且对新生神经元的形成特别有益。你锻炼得越多，大脑合成的**脑源性神经营养因子**（BDNF）就越多，BDNF是一种蛋白质，在形成记忆的神经元的生长中起着关键作用。

除此之外，体力活动还能提高免疫力，增强人体对疾病的防御能力，甚至可以增强酶的活性，这种酶在溶解大脑中的阿尔茨海默病相关斑块方面特别有效，从而能进一步降低记忆力丧失和患痴呆症的风险。

总之，锻炼身体会带来很多好处，尤其对大脑而言。

在开始行动之前，让我们首先了解一下新出现的科学观点，看看什么是健脑运动。总的来说，人们普遍认为，与久坐不动的人相比，经常进行体力活动的人更有可能保持头脑敏锐。例如，对近 2000 名老年人进行的一项追踪研究发现，与久坐不动的老年人相比，经常运动（如步行、跑步、慢跑或骑自行车）的老年人在数年后患上痴呆症的风险降低了 **43%**。

进一步的研究表明，只要你经常活动，你可能根本不需要"锻炼"。许多研究表明，中年时期经常参与休闲活动（leisure-time activities，LTA）的人，在晚年出现认知功能衰退的可能性会降低。虽然我们通常不把这些活动当成"锻炼"，但只要你进行需要一定运动量的活动（例如爬楼梯而不是乘电梯，去公园散步，打扫房间，甚至照看孩子），你就既锻炼了身体，也锻炼了大脑。活动的效果与强度无关，与次数和持续性有关。事实上，上述的追踪研究表明，与久坐不动的老年人相比，经常进行轻微体力活动（如悠闲地散步或进行园艺活动）的老年人在数年后患上痴呆症的风险会降低35%，这与慢跑的效果（可把患痴呆症的风险降低43%）差不多。

尽管更剧烈的活动可能会产生更大的益处，但许多人，尤其是老年人或有伤病的人，根本无法忍受高强度训练、跑步、慢跑或动感单车（spinning）等运动。好消息是，**力所能及地**锻炼身体，同时一天到晚经常活动，是增强记忆力和防止大脑老化的好策略。我们的目标就是：经常活动。

这一点至关重要，因为已有多项研究表明，久坐不动的生活方式，只会让人的大脑老化得更快。特别是，在成年晚期（也称老年期），大脑的记忆中心通常会萎缩，导致记忆力减退和思维敏锐度下降。在MRI等脑成像技术的帮助下，几个研究小组的报告表明，与经常活动的老年人相比，久坐不动的老年人大脑萎缩更明显。我和我的同事们也进行了这方面的研究，虽然我们的研究对象比较年轻（年龄为三四十岁），但我们也有类似的发现，这些研究表明，不管你年龄多大，久坐不动的生活方式都对你的大脑有害。

　　一般来说，"久坐不动的人"是指，每周参加体育活动或休闲活动少于一次或根本不参加的人。如果你步行的最长距离就是从客厅沙发走到汽车旁，或者躺或坐着的时间比站着的更长，那就该好好活动了。

　　我听到一些"但是"——但是如果我这辈子从来没有参加过体育锻炼呢？但是我身材**真的**走形了。但是我膝盖不好，腰背不好，心脏不好！我该如何扭转这一切？

　　那句老话是对的：什么时候改变都不算太晚。临床试验表明，仅仅坚持走路这项活动一年，就可减缓大脑萎缩，无论参与者以前是否有走路锻炼的习惯。例如，有一项研究，研究对象是 120 名惯于久坐不动的成年人，其中一半人被分配到旨在提高有氧体能的步行项目中，另一半人被分配到包括瑜伽或伸展运动但没有有氧运动的塑身项目中。在步行项目中，参与者把步行作为他们唯一的运动。他们被要求从每天步行 10 分钟开始，步行速度比平常速度要快一点。每个参与者都能逐渐加快步行速度，并延长步行时间，直至达到一个预设的目标，即每周三次，每次不间断快走 40 分钟。步行速度就是匆忙赶路时的速度，或者就好像你去看医生，按预约时间快迟到时的赶路速度，并不需要气喘吁吁。

　　MRI 扫描显示，这种简单的锻炼方式，对大脑的影响令人难以置信。通常而言，老年人的大脑海马体积以每年 1% 至 2% 的速度逐渐萎缩，参与塑身项目（而不是步行项目）的那一组老年人的大脑便是如此。而参与步行项目的那一组老年人的记忆力提高了，海马体积也增长了 2%。这一增长相当于大脑年轻了两岁，仅仅通过快步行走就可以实现。

从心脏到大脑

至此，我们已经看到，无论谈及饮食还是运动，对心脏有益的就对大脑有益。在心脏病学界，有这么一句话"人与动脉同寿"（you're only as old as your arteries），意思是，你的年龄与你的动脉血管年龄密切相关。如果你的动脉老化，它就会把心脏累垮，导致心脏衰竭，进而导致大脑衰竭。事实证明，人的心脏不仅会向大脑输送氧气和营养物质，它对衰老的影响也比之前想象的要大得多。事实上，尽管岁月不饶人，你的心脏却在秘密地帮助你保持头脑和身体上的年轻。

秘密就在于，我们的血液有返老还童的特性。

尽管这听起来可能令人震惊，但血液的返老还童特性早已被人们认识到，以至于早在几百年前，人们就开始尝试通过饮用血液来抗衰老。换血回春（年老的人吸取年轻血液来延长生命）的概念，可以追溯到十五世纪，教皇英诺森八世（Pope Innocent Ⅷ）据说就曾为了抗衰老而喝下了男孩的血液。女伯爵伊丽莎白·巴瑟（Countess Elizabeth Báthory）据说是历史上杀人数量最多的女性连环杀手，她杀害了数百名年轻的仆人，以便在他们的血液中沐浴，保持她年轻的容貌。自 18 世纪以来，吸血鬼通过吸食血液来永葆青春的故事，就一直是流行文化的一部分。

这个话题迟早会受到科学审视。在 19 世纪，科学家们开始进行一种名为**联体共生**（parabiosis）的实验——通过缝合皮肤把两个不同的动物连接在一起。剩下的工作是靠生物学机制来完成的。自然的伤口愈合过程导致了新的血管生长，由此两个动物的循环系统连接在一起，它们的血液可以在彼此的身体内流动。

在 20 世纪 50 年代，纽约市的科学家们用这种方法把两只小鼠（一只年老，一只年轻）的循环系统相连接，让它们共享血液循环。这个实验产生了一些显著的结果。年轻小鼠的血液似乎给年老小鼠的那些衰老器官带来了新的生命，使那些器官变得更强壮、更健康。年老小鼠的心肺功能都开始好转。它的皮毛甚至也变得更有光泽了。年轻小鼠则没那么幸运，因为接受了年老小鼠的血液，年轻小鼠似乎过早地衰老了。最后，年老小鼠的寿命延长了，比一般小鼠的寿命长几个月——对小鼠来说，这是非常显著的寿命延长。这表明，年轻小鼠的血液很可能促成了年老小鼠的寿命延长。

近些年来，科学家们使用这种方法来证明，接受年轻动物的血液确实能使年老动物的**大脑**变年轻。一系列研究表明，接受了年轻小鼠血液的年老小鼠，其大脑记忆中心会出现新的神经元生长。这进而会改善年老小鼠的学习、记忆能力和耐力。还有一些研究人员通过给年老动物注射年轻者的血液，也得到了类似的结果，这表明，注射年轻血液在未来也许会成为使人永葆青春的有效方法。

这些研究结果促使人们寻求更好地理解"大脑变年轻"（brain rejuvenation）背后的机制。虽然我们还不确定这些转变是如何发生以及为何发生的，但初步研究表明，这可能与**干细胞**有关。

干细胞到底是什么？

干细胞是"母细胞"。干细胞的独特之处在于，它们能够分化成为体内任何类型的细胞。正因为干细胞有这种能力，所以它们在各种组织（包括脑组织）的修复中是不可或缺的。

这些干细胞在我们的循环系统中游走。科学家们发现，随着年龄的增长，干细胞仍然存在于血液中，但已经开始衰减。这是因为，我们的血液中除了含有宝贵的干细胞之外，还含有负责激活干细胞的蛋白质。随着年龄的变老，血液中的这些蛋白质——特别是其中被称为**生长分化因子** 11（GDF11）的——会变得低效，使细胞再生变慢，并可能导致记忆力下降和神经系统功能退化。

这些发现提供了一种使人返老还童的潜在策略。输入年轻的血液来补充这些蛋白质，有可能起到促进健康的作用，并提高大脑中新细胞的生成速度。有些研究人员目前正在进行临床试验，给老年人输入年轻献血者的血液，看看是否真的能使老年人返老还童。然而，与此同时，这样的临床试验也伴随着一些紧迫的问题：为了保护年老大脑的记忆力，我们真的需要采用那么麻烦的输血疗法吗？如果我们能防患于未然，从年轻时就开始阻止血液变老，那不是更好吗？

虽然我们还需要进一步的研究，来充分探索大脑变年轻背后的机制，但有一点是明确的。年轻人的血液中富含的一些蛋白质（对恢复衰老大脑的活力至关重要），是受多种因素影响的，饮食当然是其中的一个因素。研究表明，有几种营养素可以增强这些能给人带来活力的蛋白质的功效。相关的营养素包括类黄酮（存在于水果和蔬菜中），抗氧化剂（如维生素 C 和维生素 E，存在于水果、蔬菜和种子中），其他维生素（特别是维生素 D，存在于多脂鱼、蛋类和奶中），以及维生素 K［存在于动物内脏、发酵的大豆食品（如味噌和纳豆）、蒲公英嫩叶等蔬菜中］。提醒一下：在接下来的几章中，我还会频繁地提到蒲公英嫩叶。

尽管如此，我们还需记住，健康的血液需要健康的心脏。

大脑从血液获得各种营养物质和氧气，为大脑供血的循环系统血管总长度不少于 16.1 万千米。这相当于从纽约到东京往返 6 次的飞行里程。即使你感觉不到，你的心脏每分钟也都会直接向大脑输送约0.95 升的血液，这是脑细胞获取所需的营养物质和氧气的唯一途径。如本节开头所述，人与动脉同寿——特别是与**大脑的**动脉同寿。

关于保持血管畅通的重要性，再怎么强调也不为过，因为这是防止大脑衰老和患病的有效方法。心血管疾病是痴呆症的一个主要危险因素，许多人没有意识到，心血管疾病在很大程度上不仅是可改善的，而且是可预防的。保护心脏的方法有很多种，大多与健康的生活方式有关。

保护心脏，只需做到以下几点：（1）经常进行体力活动，会使你的心脏保持强壮；（2）多吃营养丰富的蔬菜、水果、豆类和全谷物；（3）尽量少吃动物产品和添加糖，因为它们会影响你的新陈代谢，提高你的胆固醇水平，并可能引发动脉阻塞；（4）多喝水；（5）戒烟和尽量避免二手烟；（6）如果你需要减肥，那就按照你的医生的指导去减肥。

尽管这一切听起来合乎逻辑，但是在美国和其他许多国家，心脏病仍是头号杀手。部分问题植根于饮食文化本身。例如，红肉和土豆是许多美国人餐桌上的主食，对于美国人来说，一顿丰盛的早餐还包括几杯牛奶和煎薄饼。相比于煎薄饼，更糟糕的是，为了省时间，美国人在早餐时经常吃很多加糖的、精加工的、不健康的谷物食品，甚至会将这种谷物早餐食品作为零食给孩子们吃。由于这些早餐食品一度被誉为健康饮食的一部分，许多人很难相信，这些食品可能是不健康的。

一年前，我丈夫在拉斯维加斯，他给我发了当地的一家汉堡餐厅的许多照片。那家餐厅名为"心脏病烧烤餐厅"（Heart Attack Grill），食客们穿上医院病号服，然后大吃"诱发心脏病发作的食物"，比如"心脏搭桥汉堡"（Bypass Burger）。更有甚者，在进入餐厅前，食客可以在体重秤上称一下体重。闪烁的霓虹灯牌子上写着："体重超过350磅（约合158千克）的人免费吃饭。"有些食客似乎挺失望的，因为他们的体重略低于350磅，刚好错过了这个免费大吃一顿的机会！

　　如果你觉得心脏病发作的威胁还不足以迫使你改变生活方式（例如放弃芝士汉堡，离开躺椅，选择更健康的食物和快走健身），那么请注意，越来越多的证据表明，心脏不好还会影响大脑，这个信息可能会促使你改变生活方式。只有保持心脏健康，才能保证全身各器官的血液供应，让身体和大脑充满活力，并且健康长寿。

你的大脑是忙碌的工作者

　　除了健康饮食和多锻炼身体之外，科学家们普遍认为，锻炼大脑（多进行智力活动）可以减缓衰老，并降低在晚年患认知障碍的风险。

　　最近的一项研究表明，早退休会增加患痴呆症的风险，这支持了有关脑力和保持头脑敏锐的"用进废退"（use it or lose it）理论。当然，退休故事也有两种。有些人退休后过得很开心，另一些人则似乎在退休后不久就开始走下坡路，头脑不灵了，身体也越来越差。研究表明，平均而言，工作似乎能使人们保持活跃，带来社交联系和智力挑战，对于近50万人的研究表明，晚退休（把退休年龄推后几年）的人，在未来的岁月里患痴呆症的风险更低。每多工作一年，患痴呆症的风险就会降低3%。

　　这并不是说你应该永远工作。相反，关键是让自己经常参与智力活动，并持续一生。例如，一项以在社区居住的 400 多名老年人（其中大多数是退休人员）为研究对象的研究表明，与不参与智力活动的老年人相比，经常参与智力活动的老年人认知能力下降的风险降低了 54%。

那么，什么才算是"智力活动"呢？智力活动可以是做填字游戏和脑筋急转弯，也可以是读书看报。其他选择还包括写作、弹奏乐器、加入读书俱乐部，或者去看自己喜欢的演出。事实上，脑成像研究表明，终生参与此类活动会减缓甚至阻止阿尔茨海默病相关斑块的积累，从而保护大脑，预防老年痴呆。

我们来了解一下抗衰老领域的一个热门话题。近年来，市面上出现了大量的脑力训练软件，俗称"健脑游戏"（brain game）。这种在线程序软件公司声称其产品能让你变得更聪明，提高你的记忆力，同时使你的智商提升几个百分点。实际上，很多科学家都被这样的说法激怒了。

2014 年，斯坦福大学长寿研究中心（Stanford Center on Longevity）和柏林的马克斯·普朗克人类发展所（Max Planck Institute for Human Development）发表了一份由该领域的 75 位知名科学家签署的联合声明，反对大脑训练行业提出的观点。在这份声明中，作者们批评这些脑力训练软件公司夸大宣传，利用了老年消费者对记忆力减退的恐惧。也许是为了回应科学家们的呼吁，美国联邦贸易委员会（FTC）开始更多地关注在线脑力游戏公司。仅仅几年后，也就是在 2016 年，FTC 针对 Lumosity（一个知名的脑力训练应用）背后的公司采取了惩戒措施。鉴于声称其在线游戏能延缓认知障碍、记忆力丧失和阿尔茨海默病，该公司最终遭 FTC 罚款 200 万美元，理由是涉嫌"欺骗行为"

（deceptive conduct），即虚假广告。

　　经常有人问我，对于这些健脑游戏产品，我有什么看法。说实话，我对它们的看法有好有坏。一方面，一些临床试验表明，认知训练可以改善老年人的认知表现。例如，一项对近 3000 名老年人的研究表明，短短几周后，参加脑力训练项目的老年人便表现出了记忆力、推理能力和信息处理速度的提高。同样是这些接受过脑力训练的老年人，即使在 5 年后，他们表现出的认知能力仍超出平均水平。此类研究通常会获得媒体的广泛报道，这便是其中一个例子。

　　另一方面，结果为阴性或效果不显著的临床试验也有很多——但这些研究并没有成为新闻。如果综合分析这方面的所有研究数据，我们会发现，这种认知训练在提高老年人的认知能力方面效果有限。最后，就像任何声称有治疗效果的药物或疗法一样，这些健脑游戏产品须经过严格的临床试验验证，并获得 FDA 批准，才能得出关于其有效性的任何结论。

　　目前来说，我的建议如下。如果将两者——安排一个小时的时间进行脑力训练（独自坐在计算机或平板电脑前玩健脑游戏），**或者**用这一个小时的时间来散步、读书或与朋友一起去看演出——进行比较，前者就是不值得的。如果是在玩这些健脑游戏与坐在床上或沙发上漫无目的地看电视中间进行选择，那么当然选择前者会更好一些。

　　就此而言，你可能会惊讶地发现，在我们所有的智力活动中，人脑似乎有一个最爱——棋牌游戏。

　　已有多项研究表明，作为一种智力活动，玩棋牌游戏与降低患痴呆症的风险有着最为一致的联系。例如，有一项为期 2 年的研究，以 4000 名参与者为研究对象，其结果表明，与不玩棋牌游戏的参与者相比，经常玩棋牌游戏的参与者在数年后患痴呆症的风险降低了15%。

这当然说得通，因为棋牌游戏是一项很有趣的活动。这些游戏不仅是消遣的方式，它们通常还会促进复杂推理、计划、注意力以及记忆技能的提升。此外，在玩的过程中，你还会与其他人互动，**并且**想要打赢。有些棋牌游戏（比如象棋或跳棋），可能非常具有挑战性。纸牌游戏也属于这一类，事实证明，纸牌游戏的益智效果与棋类游戏一样好。尝试过玩桥牌的人都知道，有些纸牌游戏可能是很费脑筋的。

正如你可能注意到的，这些游戏都有促进社交互动的作用，而且往往还能加强多代人之间的联系。对于许多家庭来说，在下雨天玩拼字游戏可能是一种特有的家庭记忆。在意大利，你可以经常看到这样的一幕，退休老人们聚在一起，抱着孙子或孙女，一边喝着**浓缩咖啡**，一边玩着布里斯科拉（Briscola，地中海地区的一种传统纸牌游戏）。

毕竟，我们是社会性动物。我们大脑中相当大的一部分——边缘系统（limbic system）——都与爱、人际关系、玩耍或游戏有关。对人类来说，成为群体中的一员，是一个首要需求。研究表明，这种需求在一定程度上基于这样一个事实：拥有强大的人际支持系统的人似乎比其他人活得更好、寿命更长。正如第9章提过的，有目标感和社会联系可以显著延长老年人的寿命，那些痴呆症发病率较低的地区通常将这两者奉为传统文化的重要一环。最近一项荟萃分析（共纳入30多万名老年人）显示，与社交关系较少或不那么令人满意的老年人相比，社交关系较强的老年人活得更久的可能性要高出50%。

内向的人注定要完蛋吗？不是的。就和其他很多方面一样，真正重要的是社交关系的质量，而不是数量。一项以在社区居住的1000多名老年人为研究对象的研究表明，如果老年人拥有一个充满爱意的家庭，并且尽可能频繁和快乐地与家人联系，就足以避免患上痴呆症。与独居或没有密切社会关系的老年人相比，已婚的、与他人一起居住或有子女的老年人患痴呆症的风险要低近60%。特别是，与子女关系好并且经常联系（每天或者每周都会联系）的老年人，患痴呆症的风险最低，相比之下，那些有亲戚朋友但很少与他们联系，或对这种关系不那么满意的老年人，出现认知衰退的可能性最高。

显然，有一个充满爱的大脑，会使人更快乐、更长寿。

大脑的美容觉

人们发现，影响脑部健康的生活方式因素有很多，睡眠（或缺乏睡眠）是最新发现的一个因素。虽然人们早就知道，一夜好眠有利于身体健康，但事实证明，大脑也需要睡眠。

专家们一致认为，睡眠对于记忆巩固和学习至关重要，睡眠质量差会对学习和记忆能力产生负面影响。睡眠不充足的话，你会难以形成清晰的思维，注意力减退，记忆力下降。如果你曾有过考前熬夜复习，第二天在考场上发现自己什么都没记住的经历，应该会很认同前面的结论。只要是经历过长期睡眠剥夺的人，就会非常清楚它的影响。作为一个新妈妈，我亲身体验过睡眠剥夺会对大脑功能造成多么严重的影响。

不幸的是，我们习惯于将睡眠视为一种商品，为了其他更紧迫的需求，比如赶在截止日期前完成工作任务，我们不得不经常放弃睡眠。尤其是在美国，需要睡眠、睡得多或喜欢睡懒觉都有些工作效率低下的意味，而那种一天到晚忙个不停的人则会受到称赞。

　　许多人没有意识到的是，睡眠不足会严重威胁脑部健康，甚至可能损害整体认知功能，增加患阿尔茨海默病的风险。事实上，睡眠的一个重要作用是，清除大脑中的有害毒素、废物和有害的自由基，这是大多数人没有认识到的。

　　直到最近几年，科学家们才弄清楚，大脑独特的废物清除系统到底是怎么运作的。这些研究表明，每当大脑需要自我清理时，它就利用**类淋巴系统**（glymphatic system）。通过一系列的搏动，这个系统实际上是用脑脊液冲洗大脑组织。这些液体在大脑里快速地流动，有点像洗碗机的喷射水流，冲走积聚的毒素和废物。

　　虽然很多人都喜欢在早上洗澡，但我们那极为独特的大脑更喜欢在夜里做这事。在我们即将进入深度睡眠时，大脑类淋巴系统就活跃起来，开始它的工作。动物实验表明，在睡眠时，脑部类淋巴系统的清理工作要比在清醒时活跃 10 倍。正是在睡眠期间，有害的毒素（比如与阿尔茨海默病相关的淀粉样蛋白）被从动物的脑部清除了。如果动物得不到足够的睡眠，这些毒素就会一夜又一夜地积累起来，从而对大脑造成损害。

　　脑成像研究表明，人类大脑中可能也存在类似的情况。有些研究发现，与每晚能有 7 个小时以上高质量睡眠的老年人相比，每晚睡眠不足 5 小时，或者睡眠时间较长但质量不好的老年人大脑中淀粉样斑块的水平更高。我们还需要更多的研究来弄清楚如下问题：究竟是睡眠不足会加速斑块的形成（通过阻碍淀粉样蛋白的清除），还是斑块的积累是睡眠质量差的原因，或者两者兼而有之。无论哪种情况，睡眠过少或睡眠质量差都与智力衰退的风险增加有关联。

那么我们应该睡多久呢？

在"我们每天应该睡多少个小时"这个问题上，并没有一个放之四海而皆准的神奇数字。研究表明，我们确实需要给大脑足够的时间来自我清理。关键在于，大脑的自我清理活动发生在一个被称为"深度睡眠"的特定睡眠阶段。

你可能已经注意到，睡眠过程不是一成不变的。在一整夜的睡眠中，我们每个人都会经历几个睡眠周期，每个睡眠周期持续约 90 至 110 分钟，包括 5 个不同的睡眠阶段。第一阶段实际上可视为睡意来临或入睡期。第二阶段被称为"轻度睡眠"阶段，大脑会逐渐将其清醒时的活动停止掉。在第三和第四阶段，你的大脑处于深度睡眠或慢波睡眠状态，一切似乎完全停止了。你的全身肌肉显著放松，肌张力消失，眼球不再运动。你基本上切断了和外界无关刺激的联系。此时此刻，你处于深度、无梦的睡眠之中。这是你的大脑享受它应得的自我清理时间的绝佳机会。

在这种状态下，几乎不需要任何监督，你的身体就能达到深度宁静状态，你的大脑会忙着自我清理，洗去毒素，清除各种废物。过了一段时间，这个阶段中断了，接着是第五阶段，快速眼动（REM）睡眠，梦通常发生在这个阶段。但是当 REM 睡眠结束后，这五个阶段的睡眠周期又重新开始，你的大脑会很快为下一次自我清理做好准备。

如果你每晚睡七八个小时，你的大脑会经历几个睡眠周期。在每晚的第一个睡眠周期中，深度睡眠时间最长，快速眼动睡眠时间最短。在后几个周期中，你的快速眼动睡眠时间会延长，而深度睡眠时间会缩短。如果你想确保大脑有足够的机会自我清理，就要保护好自己的睡眠，特别是前半夜的睡眠。

运动、爱、欢笑、健康

尽管健康饮食能有效预防大脑疾病和认知障碍，但仅靠饮食是不够的。事实上，单靠一种方法总是不够的。正如我们前面提到的，协同作用和全局意识是保持健康的关键。现在是时候了，我们该学会把人体看作一个整体，把生活看作不同滋养来源的组合，滋养包括但不限于我们所吃的食物。

除了良好的饮食之外，其他形式的滋养包括多久锻炼一次身体，与朋友和家人的联系有多紧密，多久参加一次智力活动，对自己的职业有多满意，甚至睡眠质量有多好。这其中的每一种要素都能起到支持脑部健康的作用，但当它们同在时，它们的共同作用会比各自单独作用时的简单相加还要大。我们把所有这些要素（健康的习惯）融入到日常生活中的程度，决定了我们的大脑和身体能变得多么健康和耐久。

在一生中，坚持健康的生活方式，不仅有助于增强脑力，而且有助于抵御诸如阿尔茨海默病之类的疾病，但是有许多人对此持怀疑态度——这样的生活方式可以降低患阿尔茨海默病的风险？有研究证据吗？证明这种因果关系的临床试验在哪里？

终于，研究证据来了。

2015 年发表的一项突破性临床试验表明，一些相对简单的基于生活方式的对抗策略（包括饮食、运动、智力活动和血管疾病危险因素管理），对老年人的认知能力确实有改善作用。在短短两年的时间里，受试组（改变生活方式）老年人的认知能力就提高了25%。该项目能特别有效地提高人们执行复杂任务（比如记住电话号码和跑腿办事）的能力，受试组（改变生活方式）老年人执行复杂任务的能力提高了83%。更喜人的是，他们完成这些任务的速度提高了150%。

除了睡眠要素之外，这项研究把对脑部健康有益的所有已知的生活方式要素都纳入考虑，提供了重要的研究证据，表明生活方式和认知健康之间存在**因果**关系。科学研究终于开始证明，留意这些关键的互动要素、过着全面健康生活的人，是能够有效地改善脑部健康和降低患痴呆症的风险的。由于在治疗阿尔茨海默病的药物研究方面，有那么多临床试验都失败了，这些与生活方式有关的研究发现是我们期待已久的，为我们提供了一种有效的替代方案。预防策略不再遥不可及，即使是最喜欢持怀疑态度的人，也会因此产生新的希望和动力，去做必要的事，通过改变生活方式来保护自己的脑部健康。

现在是不是有了点手舞足蹈的意思？

健康饮食法改善认知能力

第 11 章

脑部健康的整体方法

你的大脑最喜欢的食谱

我们现在将把学到的知识付诸实践，并探讨让大脑维持最理想营养状况的**基本准则**。本章提供的饮食和生活方式建议，适用于每一个希望增强脑力、改善记忆力和保护认知能力的人，以及有兴趣利用饮食来更好地优化脑部健康、延缓大脑衰老、尽量降低患阿尔茨海默病风险的人。这些建议是建立在坚实的科学证据之上的，要使大脑处于最佳状态，某些营养素组合是必不可少的（与此相关的科学证据，我们已在前几章介绍过）。此外，在提出这些建议时，我还参考了营养医学、微生物组学和营养基因组学研究领域的最新核心概念。

首先，我们必须找到增加大脑必需营养素摄入量的方法，因为这些营养素对大脑的正常功能至关重要。本章简要介绍了最能提供这些大脑必需营养素的"超级食物"，还给出了一些实用技巧——就是如何最合理地把这些超级食物结合起来，以便持久保持脑部健康。当你开始注意自己的饮食，为了延长寿命和增进脑部健康而吃得更健康时，请记住把重点放在最重要的食物上，并尽可能地把它们添加到你的日常饮食中。

除了多吃有益脑部健康的超级食物，还要记住少吃对大脑有害的食物。特别要注意少吃那些同样会影响心脏健康的食物，如加工食品、油炸食品和高脂肪食品。还要注意，不要吃太多红肉和乳制品。这听起来或许有些令人生畏，别担心。我在这里向你确保，吃对大脑有益的食物并不影响你享受美食。我会告诉你如何用更健康、更令人满意的食物来替代对大脑有害的食物。

此外，这个计划不仅仅涉及节食的问题，更涵盖了改变生活方式的问题，它在尽力确保你所做的大多数选择都对脑部健康有益。正如我们在前几章中看到的，一些证据巧妙地表明，老年时期的认知健康反映了健康和积极的生活方式的长期影响。体力活动、智力活动、社交互动和优质睡眠，这些都是某一个整体的组成部分，它们共同协作，使大脑在一生中都能保持活跃、灵活，充满活力。为此，我提出了一些建议，它们不仅涉及饮食和营养，还涉及已知的能惠及脑部健康和表现的其他生活方面。

主菜：植物性食物

正如第 2 章提过的，大脑的进化是一个相当漫长的过程，经历了数百万年。我们的祖先从森林中走出来，并逐渐设计出越来越好的策略获取食物。从最开始的使用短刀和弓箭获取食物，最终演变为耕种和农业。因此，在人类诞生以来最长的一段时间里，人类不断进化的大脑是从一种非常特殊和朴实的饮食中获取营养的。如果我们要描述他们的饮食偏好，可以说，早期人类祖先是生食纯素食者（raw vegan）。人类祖先的大脑最初就是靠植物性食物滋养的，现如今，我们的大脑仍需要植物性食物，它们是实现最理想健康状况的基础。

你是否还记得百岁老人的标配饮食？那些百岁老人掌握了长寿、健康和不患痴呆症的秘诀，他们之中的素食者有 98% 之多。总的来说，他们的日常饮食离不开新鲜蔬菜、水果、谷物和豆类。此外，这些食物是天然的低热量食物，同时富含各种营养物质，正好能满足大脑的需要。从许多不同的角度来看，它们本质上都在以一种独特的方式反映着人类大脑的需求，这一点任何其他种类的食物都做不到。再看看大脑必需的维生素、矿物质、好碳水化合物、好脂肪和精益蛋白质（lean protein）……这些植物性食物中都有。它们也是抗氧化剂（如维生素 C 和 E、β-胡萝卜素和硒）的最佳来源。

绿叶蔬菜（如菠菜和瑞士甜菜）和高纤维蔬菜（如西蓝花、芦笋和卷心菜）都是大脑必需营养素的极好来源。柑橘类水果、浆果和番薯也富含有益健康的营养素。你喜欢牛油果吗？它们富含大脑必需的营养素。坚果和种子呢？杏仁、巴西坚果、亚麻籽和奇亚籽都是对你只有好处没有坏处的食物。举例而言，一把巴西坚果含有的硒，已达到每日推荐摄入量的 800%，硒是一种矿物质，也是有效的抗衰老物质，在其他食物中含量很少。

此外，这类食物还含有大量的植物营养素。当然，植物性食物中的植物营养素含量是其他任何种类的食物都无法比拟的。有些植物营养素本身就是强大的抗氧化剂，如果再与前文提到的维生素和矿物质相结合，我们就能收获一种理想的神经保护剂。

植物性食物的另一个主要好处是，富含膳食纤维，有利于消化系统的健康。膳食纤维对我们肠道和大脑的健康至关重要，人体不仅是每天都需要它们，甚至每餐饭都需要它们。膳食纤维含量最高的食物是蔬菜，其次是谷物、豆类和浆果。最后但同样重要的是，植物性食物无"添加糖"并且富含天然的葡萄糖，可以满足你的大脑对甜食的喜好，同时不会对你体内的胰岛素水平有显著影响。

总的来说，尽管不同人群有不同的健康和营养需求，以植物性食物为主的饮食方式总是不会错的。我这么说是在要求你成为素食者吗？不，但我们可以在日常饮食中多加一些植物性食物，这对以后的身体健康有好处。我们的目标就是，每天的**午餐和晚餐**都有蔬菜，每天至少吃一次完整水果（whole fruit），每周至少吃四次全谷物和豆类。一般说来，在你的餐盘中，植物性食物应占最大比例。

植物性食物种类繁多——蔬菜和水果、豆类、全谷物和淀粉类食物，以及坚果和种子，这还只是一些常见的种类。每个种类都包括很多可供选择的食物。仅蔬菜这一类，可供选择的品种就非常多。例如，卷心菜有多达 150 种，南瓜也有多达数百个品种。

然而，就日常蔬菜消费而言，典型的美国饮食中的蔬菜种类很少。根据美国农业部（USDA）的统计，在美国最受欢迎的蔬菜是白肉马铃薯（white potato），其次是番茄。这两种蔬菜通常被制成炸薯条和比萨番茄酱，本来有益健康的蔬菜倒变成了垃圾食品。除此以外，哪怕在吃汉堡包时，我们选择的也是最没有营养的蔬菜——平淡无味的冰山生菜。

不幸的是，这些食物根本无助于你的脑部健康。

在接下来的几页中，我们将讨论如何最大限度地增加对脑部健康特别有益的植物性食物的摄入量。此外，我将分享几个有益脑部健康的秘密，帮助你选择正确的食物，让你的大脑更健康。

蒲公英嫩叶是我要分享的第一个秘密。在前面的章节中，我曾说过，我以后还会频繁提到这种菜的，不是吗？我从小就喜欢蒲公英嫩叶。我的**祖母**经常把这种菜制成我们星期日午餐的一部分。直到今天，我仍然清楚地记得，在星期日的下午，我会感到多么轻松，头脑多么清醒。以蒲公英嫩叶为原料，**祖母**能做出各种菜肴，但她最常做的一道菜是，用蒲公英嫩叶做春季配菜。她把蒲公英嫩叶（有时带着蒲公英花）放入沸水中焯一下，然后捞出置于碗中，洒上鲜榨柠檬汁，倒入特级初榨橄榄油——这是她直接从农民那里买的，生产特级初榨橄榄油的农民就住在邻近的托斯卡纳（Tuscan）。长大以后，我意识到这道菜富含大脑必需的营养物质，从此开始致力于神经营养学研究，而且也更加重视不起眼的蒲公英了。

你如果从来没有考虑过食用蒲公英嫩叶，确实应该尝试一下。蒲公英嫩叶是地中海地区饮食中的常见菜品，除了美味可口和具有药用价值外，蒲公英的栽培也很简单，你甚至可以在家里种植，现吃现采。信不信由你，蒲公英嫩叶富含你大脑渴望的几乎每一种营养物质。虽然蒲公英嫩叶不是橙色蔬菜，但它富含维生素 C 和 β-胡萝卜素。蒲公英嫩叶还富含维生素 E、维生素 K、胆碱、叶酸和维生素 B_6，还有矿物质和膳食纤维。令很多人惊讶的是，蒲公英嫩叶中的蛋白质含量也相当高。一杯切碎的蒲公英嫩叶中就有 1.5 克的精益蛋白质，含有所有必需氨基酸。此外，蒲公英嫩叶具有独特的、微苦的味道，这表明它们能够滋养你的肠道中的有益细菌。如上一章所述，蒲公英嫩叶中还含有能够增强心血管系统活力的分子。你在哪里能找到这么不寻常的蒲公英嫩叶？或许在你的花园里，你就可以找到蒲公英。

佛碗（Buddha bowl）是我的另一个有益脑部健康的秘密，可以增加你的蔬菜、谷物和豆类摄入量。食用蒲公英嫩叶或任何蔬菜的最好方式，就是将其当作佛碗食谱的一部分。佛碗有时被称为荣光或嬉皮碗（glory or hippie bowl），是一种丰盛又饱腹的碗装料理，食材搭配包括生的或烤熟的蔬菜、豆类（如豆子和小扁豆）和全谷物（如斯佩耳特小麦或糙米）。佛碗里装满了有益健康的食物，看起来满满当当，像一个圆润的肚子（就像佛陀的肚子）。你可以选择不同的佛碗食谱，尝试把色彩缤纷的各种食材搭配起来。有时，佛碗配料中还包括坚果和种子，以及非常美味的酱汁，例如我喜欢的枫芝麻酱（见第 16 章）。最棒的是，佛碗的做法很简单，营养也丰富，含有各种营养素和维生素，可以滋养和保护你的大脑。由于准备这些食材可能需要花一些时间，我通常会每次多做一些，准备好所有食材（大米、斯佩耳特小麦、荞麦、蒸熟的蒲公英嫩叶、烤好的蔬菜——甚至酱汁），把它们放在密封的玻璃容器里，置于冰箱冷藏。我在第 16 章中列出了我喜欢的一些食谱，在我的网站上你还可以找到更多食谱。

适量的有益脂肪

增加对脑部健康有益的好脂肪的摄入量，同时限制那种阻塞动脉的坏脂肪的摄入量，健康饮食之旅就算开始了。然而，所有的膳食脂肪，无论健康与否，对身体来说都是高热量的，应适量食用，不要吃得太多。一个与之相关的关键策略是，控制脂肪总摄入量，与此同时，多吃对大脑有益的好脂肪，别吃对大脑无益的坏脂肪。做到这一点，你的整个身体在这个过程中都会受益。

膳食中的健康脂肪包括 ω-3 多不饱和脂肪酸，特别是 DHA（二十二碳六烯酸），这种罕见的脂肪，在海产品和鱼油中含量较高。正如你所知，吃优质的鱼和贝类不仅对大脑有益，而且还能降低记忆力丧失和患痴呆症的风险。除了富含 ω-3 多不饱和脂肪酸之外，鱼肉中还富含对神经系统整体健康至关重要的完全蛋白质和维生素 B_{12}。野生鱼是 DHA 的最佳来源。我最喜欢的野生鱼包括阿拉斯加鲑鱼、鲭鱼、青鱼（blue fish）、沙丁鱼和凤尾鱼。

大多数长寿饮食建议，每周至少吃一次鱼。我们也会这么做，并且把次数增加一些，增至每周吃两三次鱼（但也要确保适量，别多吃金枪鱼和鲨鱼等大型鱼类，它们的汞含量往往很高。孕妇应该避免食用汞含量高的鱼类）。一个窍门是，只吃优质的鱼类，搭配上提高其品质的食材，比如精选的香草，甚至可以再加上一杯葡萄酒。举个例子，你可以挑选一条好鱼，用柠檬、香草和海盐作配料，或者撒上开心果碎，做一道美味的烤鱼。接下来我要揭晓另一个秘密武器——鱼子酱。

黑鱼子酱是指经过盐渍的鲟鱼子，它是一种公认的奢侈美食。从有益脑部健康的 **DHA** 和**胆碱**的角度讲，仅仅两三茶匙鱼子酱就可以满足推荐的每日摄入量。当然，缺点也是存在的——鱼子酱可能相当昂贵。我最喜欢的替代品是鲑鱼子，它的 DHA 含量几乎与黑鱼子酱的相同，但价格却只有黑鱼子酱的 1/3。鲑鱼子不仅富含对大脑有益的脂肪，而且富含抗氧化剂（如维生素 C、维生素 E 和硒，以及大量的 B 族维生素）以及蛋白质。仅仅 28 克的鲑鱼子，就含有 6 克蛋白质，其中有丰富的必需氨基酸。鲑鱼子的食用方法多种多样，可以"随意搭配"，视情况而定。你可以取几茶匙鲑鱼子，加在你喜欢的寿司卷上，或者洒在黑麦面包片上，制成点心，又或者在全麦吐司上加希腊酸奶，再洒上鲑鱼子，当成餐前开胃小吃吃掉。

即便不吃鱼，你也需要确保自己每天摄入的 ω-3 脂肪酸达到推荐摄入量。有几种坚果和种子也是富含 ω-3 脂肪酸的。我最喜欢的是杏仁、核桃、亚麻籽、奇亚籽和火麻籽，我经常把它们加到果昔、汤和沙拉中。

另一种有用的方法是，把富含 ω-6 脂肪酸的食用油换成含 ω-3 脂肪酸的食用油。亚麻籽油是 ω-3 脂肪酸含量最高的植物油，1 汤匙亚麻籽油约含 7 克 ω-3 脂肪酸。至于富含 ω-6 脂肪酸的食用油和产品（包括葡萄籽油、葵花籽油、玉米油、大豆油、芝麻油和花生油），则**要少吃一些**。

此外，我们应该把不太健康的膳食脂肪换成有益心脏健康的单不饱和脂肪酸，澳洲胡桃、橄榄、牛油果等高脂肪水果中都有较高含量。橄榄油是单不饱和脂肪酸最广为人知的来源，特别是那种特级初榨橄榄油，即由橄榄果经冷压榨获得的第一道油。人们现在认为，经常食用特级初榨橄榄油，是地中海式饮食方式有益健康的一个主要原因，因为它的天然抗氧化物含量很高。

有一种脂肪，因其对人体健康有害无益，应该第一个被从饮食中彻底清除。我说的就是反式脂肪。还记得吗，摄入反式脂肪，不仅会导致胆固醇水平升高，还会引发全身性的炎症反应。除此之外，含有反式脂肪的食物通常还含有有毒的金属元素、乳化剂、化学甜味剂和人工色素，这些物质都会对你的大脑、心脏和肠道菌群产生不利影响。

反式脂肪通常隐藏在加工食品中。市售的甜甜圈、曲奇、饼干、玛芬蛋糕、馅饼、蛋糕、已打发的鲜奶油（Cool Whip–like cream）、再制奶酪（processed cheese）和糖果……都可能含反式脂肪。博洛尼亚香肠（bologna）、萨拉米（salami）、粗盐腌牛肉（corned beef）和烟熏牛肉（pastrami）之类的加工肉制品中也可能含有反式脂肪。真空包装的马苏里拉奶酪（Vacuum-packed mozzarella）、罐装的喷雾奶酪呢？拜拜！这些也含有反式脂肪。所以最重要的是，逐步限制自己吃此类食品的次数，直到彻底不吃这些含反式脂肪的食品，转而选择有机食品。有机食品并不会贵很多，而且含有更健康的脂肪和更少的糖。一个新鲜的自制苹果派显然比食品公司生产的、保质期很长的苹果派更美味。不会烘焙？找一个会烘焙的人来替你做。为了你自己和家人的健康，这是值得的。

同样重要的是，少吃用起酥油或部分氢化植物油制作的油炸食品和烘焙食品——几乎每一家快餐连锁店都会使用这种油烹制食品，有时它们还会采用一些营销策略，宣称其食品为"天然的"或"健康之选"。这包括炸薯条、炸鸡、炸马苏里拉奶酪、炸蔬菜条等食品、裹面糊炸的任何食品，以及几乎所有的糖果和曲奇。你喜欢吃薯片吗？自己做。用椰子油制作香脆的番薯薯片，那才是真正的美味小吃，而且比那种快餐店或便利店用精炼脱色油制作的油炸食品更有营养。

减少加工食品的摄入量时，你饮食中的饱和脂肪也会随之减少。饱和脂肪（尤其是天然来源的），虽不需要杜绝，但应该大幅减少。由于人体可以靠燃烧脂肪来供给能量，我们需要从饮食中获取一些饱和脂肪，使所有身体机能保持正常。与此同时，出于三个因素（预防大脑衰老，避免体重增加，降低患心脏病的风险），我们需要避免过量摄入饱和脂肪。事实上，关于哪种脂肪对人体有益或有害，虽然公众可能会持有相反的观点，但科学家们已经进行了严谨的研究和计算，总的来说，从长远看，过量摄入饱和脂肪有害健康。

如前所述，饱和脂肪有不同的类型，有些类型的脂肪比其他类型的更健康。例如，某些植物油（如椰子油），富含一种特殊类型的饱和脂肪，即所谓的中链甘油三酯。越来越多的证据表明，摄入这种油，不仅对胆固醇水平没有负面影响，还有助于降低患心脏病和动脉粥样硬化的风险，因此也降低了患痴呆症的风险。这种油也是天然不含胆固醇的，如果你担心自己的胆固醇水平，它就是一个比较好的选择。此外，中链甘油三酯是酮体的良好来源，在食物短缺或禁食的情况下，酮体是大脑的备用能量来源。然而，由于我们将为饥饿的大脑提供大量的有益健康的葡萄糖，就能量消耗来说，这些高脂食物并不是真正必要的。此外，它们不应该代替富含 ω-3 脂肪酸的食用油，与饱和脂肪相比，ω-3 脂肪酸更有益于脑部健康。因此，我们应该明智地使用富含饱和脂肪的食用油。详细内容将在下一章介绍。

来自动物产品的饱和脂肪是另一回事。如前几章所述，世界各地的大多数百岁老人都是很少吃肉和乳制品的——通常只有在集体庆祝活动中才会吃这些东西。还记得吗？这些食物如果吃得过多，就会有潜在危害，因为它们富含甘油三酯和胆固醇，还含有 ω-6 脂肪酸。ω-6 脂肪酸与 ω-3 脂肪酸在人体中互相竞争，影响 ω-3 脂肪酸进入大脑。因此，它们会促进炎症反应，提高胆固醇水平，进而增加血管损伤的风险。

我并不是建议你完全戒除肉食和奶酪。我说的是分量。有些人很能吃，一顿能吃下两份甚至三份牛排和汉堡——以及很多再制奶酪。如果你需要吃约 450 克肉食才能感到满足，那就是个问题，属于暴食的范畴了。你可以用自己的手来估算，一份肉类食物，与你的手掌大小或一副扑克牌的大小相当，大约 56 至 84 克。一份奶酪，与你的食指长度（宽度和厚度）相当，大约 28 克。

次数也很重要。每周吃红肉和猪肉的次数不应超过一次。选择瘦肉，而不是很肥的肉，要是吃鸡肉，最好不吃鸡皮。每周吃奶酪的次数也应该以一两次为限度。另一方面，牛奶是许多必需营养素的良好来源。当你喝牛奶或用牛奶烹饪时，最好选择那种有机的草饲牛奶。此外，喝太多牛奶，例如每天喝 1 升牛奶，是没有必要的。最好把牛奶当作液体食物。喝 1 小杯就足够了，尤其是和其他食物搭配吃时。

但喝酸奶又是另一回事，我们可以不遵从这个谨慎的乳制品规则。酸奶是大脑必需营养素和益生菌的极好来源，所以可以每天喝一杯。经常喝酸奶有利于使胃肠道功能保持理想状态，而这又可以维护大脑的健康。

最后，我们来谈谈鸡蛋。在美国，鸡蛋在早餐餐桌上是最受欢迎的，许多人每天都吃鸡蛋。研究表明，尽管鸡蛋并不像以前认为的那样对人体有害，但也不应该吃太多。通常我建议，一周吃两三个鸡蛋，其形式可以是炒鸡蛋、水煮鸡蛋或鸡蛋制成的煎蛋卷、烘焙食品，例如我喜欢的蓝莓香蕉玛芬蛋糕和香蕉杏仁饼。

我们将在第 12 章继续讨论不同类型的蛋、肉和乳制品。

至于甜点，想想葡萄糖

我们需要增加"好碳水化合物"的摄入量，同时减少"坏碳水化合物”的摄入量。遵循典型的西方饮食模式的人，除了经常食用劣质肉类之外，另一个更显著的特点是，大量食用精制白糖。在快餐、餐桌上的加工食品以及随处可见的不健康零食中，都含有大量的精制白糖。更不用说，食品杂货店里琳琅满目的被当作谷物早餐的人造食物，以及廉价的糕点、曲奇和能量棒——它们都含有大量的糖和化学添加剂。甚至纯素食者的饮食也可能是不健康的。尽管“素食食品”理论上是典型的健康食品，但它们通常含有大量的添加糖，这使得素食消费者的饮食状况并不比肉食消费者的好多少。

如今，就像关注不健康脂肪的摄入一样，越来越多的医生在关注糖的摄入，特别是其与心脏病的关系。然而，高糖食物对你的大脑也是有害的。它们是“坏碳水化合物”。

由于公众逐渐意识到精制糖对身体的危害，越来越多的人倾向于用人造甜味剂代替白糖，常见甜味剂有阿斯巴甜（商品名 NutraSweet，Equal）、三氯蔗糖（商品名 Splenda）、乙酰磺胺酸钾或安赛蜜（商品名 Sunett，Sweet One）和糖精（商品名 Sweet'N Low）。由于这些甜味剂可能有很多副作用，从头痛、偏头痛到肝肾功能受损，甚至还有情绪障碍，它们的安全性也受到了密切关注。

幸运的是，我们没有必要摄入对身体有害的物质（如精制糖、高果糖玉米糖浆和人造甜味剂）。有很多更健康、更天然的甜味剂，可供我们选择。

记住，你的大脑需要葡萄糖供能。因此，就大脑而言，“好碳水化合物”等同于**富含葡萄糖**的食物（如第 6 章所述）。天然甜味剂有很多，不仅包括生蜂蜜和枫糖浆，还包括椰子糖、糙米糖浆、雪莲果糖浆（yacón syrup）、黑糖蜜（blackstrap molass）、甜菊糖（stevia）

和果泥，甚至包括葡萄等水果和甜菜根等蔬菜。你可能会惊讶地发现，这些天然甜味剂还有一个额外的好处，它们富含抗衰老的抗氧化剂——用天然甜味剂替代日常饮食中的精制糖，可以增加抗衰老的抗氧化剂摄入量，增加的量相当于一份浆果或坚果中的抗氧化剂含量。所以，请尝试找出你最喜欢的天然甜味剂。在下一章中，我将针对特定饮食计划给你更具体的建议。

某些复杂碳水化合物（尤其是全麦、高粱面、野生稻和番薯），不仅富含葡萄糖，还富含膳食纤维、维生素和矿物质。这种特殊的营养组合可以在更长的时间内持续为大脑提供能量，因而是一种理想的午餐选择。很多人喜欢把谷物当成早餐。如果你也喜欢早餐吃谷物，我建议你选择健康的、不加糖的、不含人工色素及合成的维生素或矿物质的、最低限度加工的 100% 全谷物。这些谷物通常是不会被放在颜色鲜艳的包装盒中出售的，也没有醒目的品牌名称。相反，你会发现，这些谷物被装在不起眼的透明袋中，只有一个小标签。这类谷物包括钢切燕麦（steel-cut oat）、膨化糙米（puffed brown rice）和荞麦粥（buckwheat porridge）。只要在谷物中加入一点蜂蜜或枫糖浆，或者在碗里放些新鲜水果，就可以让它们变甜了。

话虽这么说，我承认我爱吃甜食，而且很难戒掉。在意大利生活时，甜食对我来说不是什么大问题，但是当我搬到纽约之后，我开始有了对甜食的渴望。午餐一吃完，我就会不由自主地伸手去拿饼干或巧克力，这主要是对能量突然下降的反应。偶尔，当我餐后吃不上甜食时，就会发现自己的情绪很糟糕，此外，我的表现也会受影响。我知道，饭后很多人都会渴望吃点甜食。不仅如此，吃了甜食之后，我们还会责备自己。

　　问题是，对甜食的渴望通常是由糟糕的饮食造成的。不幸的是，美国饮食大多富含精制糖，会扰乱你的血糖水平，导致你想吃更多甜食。经过仔细审视，我发现，我过去在意大利吃的零食大多是家庭自制的，用的是新鲜的有机食材，而且精制糖含量低。它们对我的身体的影响，与我来到美国之后习惯的那种零食（从超市购买的巧克力曲奇）截然不同。为改掉这个习惯，我经历了一个相当辛苦的过程。我不得不学会阅读食品标签，弄明白其成分，选择含天然甜味剂的零食，避免食用含精制糖或人造甜味剂的零食。但这确实是有回报的——我在饮食选择上变得更明智，另外的好处就是，我不再有对甜食的渴望（或称为糖抑郁），并且没怎么费劲就减掉了我来美国后所增加的体重。如果你也需要"摆脱甜食瘾"（de-sugar），请参阅本书"第二步：健康饮食法改善认知能力"概述的饮食方案，它将帮助你实现这个目标，同时确保你的大脑有充足的能量。

　　如果你确保自己的餐盘里装满了健康、能带来饱足感的食物，这本身会减少你对高糖的甜点、碳酸饮料和特大杯咖啡的需求。当你确实需要一点提神的东西或想吃甜点时，没必要克制自己。你只需留心一下，注意自己吃了什么，以及吃的次数。我喜欢的健脑甜点、点心和偶尔会吃的零食有很多，例如巧克力杏仁能量球（Chocolate Almond Power Bite）、巧克力蓝莓冰激凌、拉斐尔椰子酱酥球（Raffaello Coconut Butter Ball）等，具体信息见我的博客。这些自制小零食都富含葡萄糖、热量低而且具有较低的升糖负荷。希望你会像我一样喜欢它们！

　　最后，如果还是有心理负担，那就吃巧克力吧。

拜拜，好时

在人类可获得的所有食物中，巧克力自古以来就是世界上最受欢迎的食物之一。阿兹特克人和玛雅人早已将巧克力视为"神的食物"，非常崇敬地饮用它。在那时，"巧克力"是一种奇异的苦味饮料，是由可可豆经过发酵、烘焙，然后研磨成糊状，并与水和奇异的香料混合，然后用蜂蜜增甜而制成的。时至今日，纯黑巧克力仍然是一种强大的超级食品，有很大的健康益处。然而，若要享受食用巧克力的健康益处，你就不能选择那种奶和糖含量很高的巧克力。真正的可可是苦的——因其含有数百种多酚类化合物，它们都对健康有益。不幸的是，市售的大多数巧克力产品（如牛奶巧克力、白巧克力、糖果巧克力或巧克力糖）都只含有微量的可可成分，却含有大量的糖、脂肪和添加剂。以典型的好时（Hershey's）牛奶巧克力排块为例，每 28 克巧克力就含有多达 16 克的糖。

黑巧克力则不仅含糖量低，而且富含抗氧化物质类黄酮和矿物质，如镁和钾。它还富含可可碱，可可碱有助于促进血液循环，还可能减少 LDL（"坏"）胆固醇。购买时应注意，选择高品质、可可含量 65% 以上、几乎不含添加糖的黑巧克力。请记住，不同品牌的巧克力，采用的可可、糖和可可脂成分配比也不同，所以它们的含糖量并不完全相同。例如，28 克的瑞士莲黑巧克力（Lindt Excellence chocolate，可可含量为 70%）含有近 10 克糖，而 28 克的舍利塔有机巧克力（Dagoba Organic chocolate，可可含量为 74%）仅含有 7.5 克糖。我最喜欢的瑞士莲软心松露黑巧克力球（Lindt Lindor dark chocolate truffles），每颗重约 14 克，只含有 5 克糖。真的想吃甜食时，我会选择它。就甜食而言，我们的选择的确很多吧?

渴了吗

喝水。这是我个人的健脑口头禅。

喝干净的水对人体健康至关重要，可以促进补水、恢复液体平衡、维持体内的各种细胞的活性。然而，大多数人都没有喝足够量的水。对于许多美国人来说，不爱喝水的一个常见原因是，不喜欢水的味道，或者可能是因为水几乎没有味道。当我第一次听到这些时，我很难理解他们的意思。水既然没有特别的味道，又怎么会令你不舒服呢? 后来，我终于明白了，对于从小就习惯于喝碳酸饮料、牛奶和果汁解渴的人来说，喝白开水很乏味。

当然，我们还有其他选择。花草茶就是一种很不错的饮料。喝花草茶既可以补水，也可以补充维生素和矿物质。此外，与朋友一起喝茶也有社交方面的作用，这可以使喝茶成为一种愉快、益脑的活动。我们可以选择不同的香草，混合制成花草茶。我钟爱的花草茶材料有很多，例如具有舒缓作用的薄荷，具有安神作用的玫瑰和洋甘菊，具有排毒作用的玫瑰果，当然还包括具有抗衰老作用的人参、生姜和香茅。这些花草茶材料用开水冲泡即可饮用，在夏天也可以制成美味的冰茶。

水果泡水也是一种好方法，既补水也能补充营养素，味道又好（同时还可以帮助你戒掉喝碳酸饮料的习惯）。这类饮品也被称为健康排毒水（detox water）或水果茶（spa water），水果、蔬菜、香草和香料可任意组合，用水浸泡，别有风味。水果泡水或自制果味水，不仅很美味，而且没有添加糖和热量，对你的健康十分有利。自制果味水的配方有很多，读者可登录我的网站查阅。

为了让你更了解果味水，我打算详细说说自己是如何制作覆盆子鲜橙香料水（Spicy Raspberry and Orange Water）的。你需要一杯覆盆子和一个橙子（切成薄片），两个黄瓜（也是切成薄片，不用去皮），一把新鲜薄荷叶，两根肉桂条。只需把这些配料放在一个大水罐里，加入 1 加仑（约 3.79 升）的泉水，让它在冰箱里浸泡过夜即可。如果喜欢更浓郁的口味，你可以再加一些其他的水果和香草。想喝时，把水罐从冰箱里取出，加一杯冰（我还加半杯芦荟汁），就可以直接饮用了。

绿色蔬果汁和果昔也是很不错的饮品，可以增加液体摄入量。有些人每天早晨都要喝一杯冷榨绿色蔬果汁，而另一些人则持怀疑态度，喝不下那种鲜绿色的液体。就我个人而言，我知道这些饮品有很多健康益处，我尤其喜欢一些果昔。说到果昔，我指的不是那种由含糖果汁、糖、乳制品甚至冰激凌混合而成的，像奶昔一样的饮料。我说的是全食果昔（whole-food smoothie），由有机新鲜水果、蔬菜、坚果、种子以及大量水制成。尽管这些饮料本身并不能弥补糟糕饮食的不足，也不能代替水，但喝这些饮料是一种简单、快速的方法，能促使你将更多的水果和蔬菜以及更多的大脑必需营养素纳入日常饮食中。在接下来的章节中，我将介绍几种饮料的配方和制作方法。

保持体内有充足的水分的另一个窍门是，减少咖啡摄入量。你喝完咖啡后会口渴吗？你每天喝好几杯吗？喝太多咖啡，可能会有副作用，如脱水、心悸和睡眠障碍。尽管如此，有研究表明，适量饮用咖啡的中年人，在老年时期患痴呆症的风险可能会降低。那么要怎么办？其中的一个诀窍在于制作咖啡的**方式**。浓缩咖啡的抗氧化物含量是冲泡滴滤咖啡的五倍，浓缩咖啡的咖啡因含量也更高。此外，用不同品种的咖啡豆，通过不同加工方法制作出来的咖啡，其咖啡因含量也会不同。因此，你可以坚持每天喝一小杯浓缩咖啡，或者喝两个中杯（用有机咖啡豆现煮）的**美式咖啡**，具体喝多少则取决于你选用的咖啡豆和采用的制作方法。

虽然我非常喜欢喝浓缩咖啡，但是有一些其他选择也很好。可可茶是我目前最喜欢的咖啡替代品。可可是一种给人安慰的食物，既能有效地改善情绪，又能使人精力充沛，还是抗氧化剂的极好来源。可可茶能使人精力充沛，又不会造成喝咖啡后可能出现的神经紧张和崩溃，而且味道很好。我喜欢喝不加糖的黑可可茶，但是如果你喜欢甜一点的，可以加一点甜菊糖或者生蜂蜜。此外，制作可可茶时，也可以用杏仁奶或榛子奶代替水，使其具有更好的口感。

耶巴马黛茶（Yerba maté tea）、珠茶（gunpowder green tea）和抹茶（matcha tea）都是富含抗氧化剂的咖啡替代品。抹茶是碾磨得来的绿茶粉末，能够溶于水，可以做成很棒的冰茶。但如果你渴望的是咖啡的真正味道，而不只是提神，那就试试蒲公英茶吧。信不信由你，饮用蒲公英茶在欧洲和亚洲已有几百年的历史。蒲公英茶的制作方法很简单，就是把晒干或者烘干的蒲公英叶子放入沸水中浸泡 10 分钟，然后加入一点牛奶和蜂蜜调味。

来一杯红葡萄酒

这很简单：饮酒要适量，不要空腹饮酒，尽可能选择红葡萄酒，而不是选择其他种类的酒。长期以来人们一直认为，饮用红葡萄酒对大脑有一定程度的保护作用，并且有益心脏健康。出生于意大利的伽利略·伽利雷（Galileo Galilei）曾经说过，"葡萄酒是汇聚在水中的阳光"（Wine is sunlight, held together by water）。虽然白葡萄和红葡萄都含有白藜芦醇（一种抗氧化剂，赋予了葡萄酒良好的声誉），但红葡萄中的白藜芦醇含量更高。

喝酒是非常个人化的选择。适量喝酒是指，如果你是男性，每天最多喝两杯（约 300 毫升）葡萄酒。如果你是女性，每天喝一杯（约 150 毫升）葡萄酒就足够了。再次强调，在葡萄酒的选择上，质比量更重要（有机葡萄酒是最好的），请找出适合你的品牌。

如果不喜欢葡萄酒，你可以选择其他饮品。例如，有机石榴汁几乎与普通红葡萄酒一样富含抗氧化剂。葡萄汁和西梅汁也是有效的替代品。

1 + 1 = 3

营养学研究的一个主要问题是，一项研究通常只针对一种营养素。当然，在研究中，这种实验设计（一次只研究一种营养素）更容易处理，因为它减少了必须考虑的变量个数。然而，其风险是落入过于简单化的陷阱，即将这些营养素简单地分为两类：好的和坏的。

最初，当目标是对特定维生素的缺乏进行补救时，构建一种适用于所有人的饮食似乎是有效的。然而，这只会鼓励科学家们满足于研究单一营养素（而不是营养素的协同作用）如何影响我们的健康。这种有些过时的态度仍在影响医疗和营养实践，从而导致许多健康专家专注于追查最新的"坏"营养素，一旦查清，这种"坏"营养素就必须被剔除出饮食。正如所有胆固醇的迷思教会我们的，这种做法会让许多努力白费。

除此之外，这种倾向完全忽视了一个事实，即营养素是协同作用的，不是单独发挥作用的，正是这种协同作用，才能确保最理想的健康状态。让我们以柠檬为例。请在脑海中想象自己在咬一个酸溜溜、香气浓郁的柠檬。无论是心理上还是身体上，你在流口水了吗？光是想着咬一口柠檬，就会让你的感官活跃起来。

可要是换成把维生素 C 胶囊放进嘴里，你很可能就没什么感觉。虽然能成功地从柠檬中提取出维生素，但是柠檬中还有更多的营养素。柠檬酸、矿物质（如铁和钾）、B 族维生素、一系列植物营养素（如**橙皮素**、**柚皮苷**和**柚皮素**）……这些营养素都相互作用，以确保每个柠檬具有最理想的营养效果。一粒维生素胶囊可以提供与一个柠檬相媲美的维生素 C，但它提供不了激活身心的完整体验：我们可以毫不夸张地说，1 + 1 = 3——这是一个历来被西方医学忽视的概念。

基于这一认识，为了对这种营养协同作用进行更明智的研究，一系列新的研究出现了。我自己的实验室研究表明，几种营养素（如 ω-3 多不饱和脂肪酸、B 族维生素、维生素 C 和维生素 E 等抗氧化剂）的组合，在保护记忆力和思维敏锐度方面特别有效。这些研究还表明，就像某些食物及其营养素的组合有利于我们的健康一样，其他组合则恰恰相反。反式脂肪、饱和脂肪、胆固醇、精制白糖和钠盐的组合，就可能是对健康有害的。这个组合对你的大脑来说尤其是坏消息。研究表明，与很少同时摄入这几种营养素的人相比，经常同时摄入这几种营养素（就是经常吃甜食、油炸食品、加工食品、高脂肉类和乳制品）的人会表现出更明显的大脑萎缩、更差的认知能力，以及更高的阿尔茨海默病患病风险。即便在年仅 25 岁的受试者身上，研究人员也观察到了类似的相关性，这更清楚地表明，不管年龄多大，这些食物都会损害大脑。

归根结底，任何一种食物，都不可能包含支撑脑部健康所需的所有营养素。由各种不同食物组成的食谱，更适合给大脑提供它每天所需的所有营养素，就这么简单。

营养协同作用的相关研究结果，可以指导我们的实践，即如何搭配食物，做出既美味可口又有营养价值的饭菜。首先，烤姜蒜酱汁腌制的鲑鱼（见第 16 章），就是很有营养价值的，富含大脑必需营养素，这些营养素具有缓解大脑萎缩和改善代谢的作用，对各个年龄段的人都有好处。此外，事实证明，富含植物脂肪的产品（如特级初榨橄榄油），可以增强人体对具有抗氧化作用的维生素的吸收，由此可见，加了柠檬汁和特级初榨橄榄油的蒲公英嫩叶（我祖母常做的一道菜），是鲑鱼的理想搭配（见第 16 章）。维生素 C 能够促进人体对铁的吸收，所以我总是会在蒲公英嫩叶这道菜上加一些鲜榨柠檬汁。

本书中包含的所有食谱和膳食计划，都基于将营养协同作用最大化这一原则，同时为你提供大脑每天所需的所有营养素。此外，它们也很美味。

第 12 章

质比量更重要

你可以负担起

我们健脑饮食的重点应该是，选择完整的、纯粹的食物。理想情况下，我们可以每天都去农贸市场，购买新鲜的本地食物，亲手烹制一日三餐。在现实中，因为居住的地方通常距离食物产地很远，我们不得不购买能够在家中存放一段时间的食物，此外，我们经常忙到几乎没有时间吃晚饭，更不用说准备晚饭了。除此之外，如果没有找到好的应对策略，健康饮食可能会很昂贵。

担心吃有机食品会花太多钱的人可不单你一个。不过，值得庆幸的是，你可以使用一些小窍门，在不用花太多钱的情况下，更多地享用到健康、高品质的食物。网上有很多有用的信息，但在这里，我会介绍几个小窍门，这些小窍门可帮我节省了很多钱。

首先，我们可以了解一下有机食品的线上零售商。有一些网站（如 Thrive Market、Vitacost，甚至亚马逊）会以接近开市客（Costco）的价格，出售全食品质的有机食品。你可以买到除了易腐食品之外的各种有机食品，从鹰嘴豆罐头到野生稻、无麸质燕麦片和面粉、健康食用油、各种非转基因坚果和种子。你还可以在网上购买金枪鱼、凤尾鱼、沙丁鱼，甚至婴儿食品。此外，查看一下自己喜欢的公司的网站，你或许会找到一些优惠券和特别促销活动。这些网上商店通常会提供易于获取的折扣，给买家更多优惠。在一些连锁店（如Marshalls、Home Goods 和 T. J. Maxx）的食品专区，我们有时也能以折扣价买到高品质的有机食品。在有折扣时，可以多买一些保质期长而且安全的有机食品，来替换家中食品柜里的低品质食品，同时还能省钱。如果身边有很多健康的有机食品，你就不会习惯性地重走老路了。

至于新鲜农产品，就品质而言，我的第一条建议是，远离常规方法种植的、转基因（GMO 或 GE）农产品。那么要如何区分一个打过蜡的转基因水果和真正的水果？一个简单的方法是，检查一下水果（和许多蔬菜上）贴着的标签。通过阅读标签上的数字代码，你就能分辨出水果属于这三个类别中的哪一个：GMO；常规种植，使用了化肥、杀菌剂或除草剂；有机种植。还有一些基本信息是你应该查看的。如果一个苹果的标签上只有 4 位数字（例如 4131），那就意味着它是常规种植的，使用了上述化学品。如果标签上有 5 位数字，并且第一个数字是 8，那就是转基因产品的代码（例如 84131）。如果标签上有 5 位数字，并且第一个数字是 9（例如 94131），则表示该产品是有机种植的，可以安全食用。顺便说一句，有机水果在外观上并不总是完美无缺的，但它味道更好，有更高的营养价值。

最肮脏的 12 种蔬果和最干净的 15 种蔬果

不幸的是，鉴于产地因素，有机新鲜农产品可能很贵。所以我要分享的一个省钱好策略是，看看下面的"最肮脏的 12 种蔬果和最干净的 15 种蔬果名单"（表 9）。最肮脏的 12 种蔬果是指市场上的受农药污染最严重的 12 种水果和蔬菜。就这几种蔬果而言，选购有机产品是很重要的，这样能尽量减少化学毒素的摄入。另一方面，最干净的 15 种蔬果是最安全的，可以食用非有机的，因为它们没有被喷洒大量农药。其他食物介于两者之间，所以只要有可能，就尽量选择有机的。

表 9　最肮脏的 12 种蔬果和最干净的 15 种蔬果。

最肮脏的 12 种蔬果	最干净的 15 种蔬果
苹果、芹菜、番茄、黄瓜、葡萄、油桃、桃子、土豆、菠菜、草莓、蓝莓、甜椒	洋葱、牛油果、甜玉米、菠萝、芒果、豌豆、茄子、花椰菜、芦笋、猕猴桃、卷心菜、西瓜、葡萄柚、番薯、哈密瓜

还想听其他窍门吗？尽量不要买预先洗好的即食水果和蔬菜，因为这会让你多花一倍的钱。多买一些本地产的应季农产品，把它们冷冻起来，以备日后（过了收获季节之后）食用。你也可以通过 **LocalHarvest.org** 或 USDA 网站查询附近的农夫市场。与当地农夫打好关系建立私交，不要羞于讨价还价。另一个好办法是，在农夫市场将近结束，快要收摊时再去。农夫们可能会在快收摊时主动降价，以免把农产品再拖回农场。你也可以购买社区支持农业（CSA）项目的股份。由于你为当地农场的运营提供了资金支持，作为交换，你每周都会收到一盒新鲜水果和蔬菜。

关于大豆的真相

大豆是一种植物性食物，值得特别提及，因为它已成为地球上最具争议的食物之一。你可能会发现，它有时被捧为富含蛋白质的超级食物，有时则被列入致癌食物黑名单。当我们努力控制肉类产品过度消费时，鉴于大豆有可能充任精益蛋白质的替代来源，弄清楚是否可以放心地食用大豆就显得尤为重要了。几十年来，很多人一直把大豆当作肉类替代品。事实上，大豆最初成为受欢迎的食物，就是因为冲绳百岁老人在饮食中偏爱大豆而不是肉类。由于冲绳的健康百岁老人比例比其他地区的都高，我们需要仔细了解一下大豆。

豆制品如豆腐、大豆发酵食品和豆浆，是可接受的吗？

就像我们已发现的许多食物的情况一样，大豆是否为可接受的食物，取决于你吃的大豆的**类型**以及分量。大豆基本上有两种，一种是日本的食用大豆，另一种是西方世界大部分地区的食用大豆。如今，美国的大豆产品中，有 90% 转基因大豆，并含有大量的农药和防腐剂。因此，它们可能导致过敏、不耐受，甚至全身炎症反应。此外，大豆含有一种叫作**异黄酮**的分子，会影响我们的雌激素水平。吃太多大豆确实会影响人体的雌激素水平，可能会造成体内激素失衡。有些人对此特别敏感，不得不完全避免食用大豆产品。

因此，尽管大豆行业试图让你相信，食用大豆产品是有益健康的，但市售的豆腐、豆奶产品和大豆发酵食品都是含有转基因成分的、高度加工的大豆，它们远非健康食品，而更接近于一种健康危害品。然而，让你生病的不是偶尔的味噌汤，而是你不知不觉中从许多其他食物中摄取的大豆成分。在美国，大豆被添加到多达 1.2 万种食品中，从普通的谷物早餐和能量棒，到休闲食品和意式面食，这些食品中都含有大豆成分。如果平时没注意看食品标签，此刻你可能会惊讶地发现，超市货架上的**大多数**食品都含有大豆成分，主要是含有大豆油。此外，大豆分离蛋白被广泛用作乳化剂，以增进产品质地和保持水分，也经常被添加到拿铁和希腊冰咖啡（frappé）等饮品中，使其拥有奶油般的细腻口感。

那么哪种大豆对你有好处呢？日本的食用大豆。它们几乎都是有机的。此外，在日本，人们通常食用**发酵**豆制品，例如味噌（日本味噌汤）、豆豉和纳豆（一种由发酵大豆制成的传统日本食品）。这是一种值得考虑的健康食品，也是唯一真正值得食用的大豆。有机、新鲜的大豆和毛豆含有所有必需氨基酸以及大脑所需的多不饱和脂肪酸。它们还含有铁、膳食纤维和矿物质，如镁、钾、铜和锰。新鲜豆腐也是大脑必需营养素的极好来源。有一次去京都，在一家传统餐馆里，我很幸运地吃到了像蛋奶冻一般丝滑软嫩的豆腐——传统大豆制成的正宗豆腐令我折服。那里的豆浆也同样健康美味。虽然这种豆腐和豆浆的价格相当昂贵，但你可以在全食超市等健康食品店找到它们。请注意，日本人一餐不会吃太多豆腐。一份豆腐的体积，约相当于一个高尔夫球的大小。不幸的是，在美国，大多数豆制品（如豆豉），都掺杂了其他成分，而且是经过高度加工的，我们绝对应避免食用此类食品。

鱼、肉、蛋和乳制品

无论在品质还是方便性上，动物产品的选择都是一个挑战。特别是富含大脑必需营养素的鱼，选择起来可能会很棘手，因为你想吃到优质的鱼，但又不想花太多钱。就品质而言，我个人的建议是，尽可能选择野生鱼，而不是养殖鱼。你当然期望吃到野生或新鲜捕获的鱼，以避免摄入任何污染物、农药和抗生素（养殖鱼体内可能含有这些物质）。第一次听到这些时，许多人会摇摇头，心里想：我买不起。

　　在搬到纽约，靠微薄的奖学金过活时，我也面临着同样的挑战，我在当地的超市里找不到质优价廉的鱼。后来，我设计出了一些有效的策略。虽然高品质的鲑鱼确实比传统养殖的不健康鲑鱼更贵一些，但只需两三盎司（约57至85克）的鲑鱼，就可满足我每日所需的ω-3脂肪酸。这大约相当于两片生鱼片。如果你觉得自己需要更大的分量，可以选择新鲜的鲭鱼、鳕鱼和大比目鱼，这些鱼不仅价格便宜，而且富含大脑所需的DHA。另一种选择是，购买冷冻鱼。无论在营养质量还是安全性方面，冷冻的野生鱼都比新鲜的养殖鱼更好一些。信不信由你，通过网购，你只需花12美元就可以买到1磅（约453克）阿拉斯加野生鲑鱼（洗净切好的），然后在吃之前解冻就可以了。在网上购买野生凤尾鱼和沙丁鱼罐头也很方便，而且价格便宜，每罐不到2美元。鲑鱼子并不便宜，但是你可以在任何俄罗斯熟食店或网上以更低的价格按磅购买。需要说明的是，1/4磅（约113克）的鲑鱼子，至少足够你吃一个星期。请记住，对你的大脑来说，两汤匙的鲑鱼子在营养价值上抵得上30块鸡肉！

　　现在，我们讨论一下肉类食物。无论如何，都不要在这方面吝啬。在购买肉类时，一些消费者知道要选购有特定认证标识（例如有机、散养、草饲、牧场养殖、无激素和非笼养）的。虽然你可能认为这些标识是可互换的或不重要的，但实际上并非如此。例如，你知道吗？散养的鸡不一定能够在牧场中自由活动，可蛋鸡场被允许将其产品标识为"散养"，无论母鸡在户外的实际时间有多长，户外空间的范围有多大，认证机构都不会以任何方式检查或监管。这个标识也不能保证，母鸡可以在牧场自由觅食。真正的散养母鸡和草饲牛是能够在健康的牧场上自由活动和觅食的，以种子、野生植物、草、香草和昆虫等天然食物为食。如今人们逐渐将此类动物标识为"牧场养殖"（pasture-raised）动物，以避免像之前那样混淆。

此外，由于农药、抗生素、转基因饲料和生长激素暴露的综合风险，购买牧场养殖并且有机认证的肉类也非常重要。你肯定也不希望牧场养殖的鸡是吃加工食品长大的！

说到最好的肉类，你想购买的当然是牧场养殖的、吃有机食物长大的草饲牛和散养鸡。它们还有一个好处——与常规养殖（被喂食了大量激素、通常不健康的）动物的肉相比，这种牧场养殖（可以自由活动的）动物的肉中饱和脂肪含量较低，ω-3 脂肪酸含量较高。显然，这种牧场养殖动物所产的蛋和奶也更安全。你可能见过或吃过农场的新鲜鸡蛋，它们颜色鲜亮、呈深橙色，你或许想知道，为什么它们看起来与典型的超市鸡蛋如此不同？那是因为产蛋的鸡很健康！牛奶也一样。

由此我们也可以联想到奶酪。买奶酪时，一定要看标签。不要买再制奶酪。如果你需要一个再也不吃切片奶酪的好理由，我也可以给你一个——要知道，这些"奶酪"中有很多根本就不是严格意义上的奶酪。看看标签，你会发现它们实际上是**"再制奶酪类食品"**（processed cheese food）。"翻译"一下就是再制奶酪的配料有一半根本就不是奶酪或食物，而是有害的化学混合物。它有一半是由乳化剂、精炼植物油、反式脂肪和各种添加剂（如淀粉和胶体）构成的，另一半则是劣质、受污染的乳制品。更糟糕的是，如果标签上注明**"再制奶酪类产品"**（processed cheese product），则意味着它含有的奶酪成分更少，含有的化学粉末和混合固体更多。

直到我第一次搬到纽约，我才尝到再制奶酪。作为一个意大利人，我很惊讶地发现，它在我的比萨上，没错！朋友带我去了当地的比萨店，点了一个大的奶酪比萨。端上来的时候，那上面覆盖着一层白色的粉状物质，有人告诉我这是"马苏里拉奶酪"。作为一个熟悉马苏里拉奶酪的人，我对美国的这种冒牌再制奶酪感到震惊。虽然不是所有比萨店都使用再制奶酪，但这是我第一次尝到它，这给了我一个启示。

我宁愿吃有机全脂奶酪，也不愿选择任何其他的"奶酪"——包括低脂奶酪。惊讶吗？

在这本书中，我一再强调，品质比量重要。有一些低脂奶酪是由天然低脂奶制成的，还有一些低脂奶酪是从全脂奶酪中去除一部分脂肪（经过脱脂的生产工艺）而制成的。这些低脂或脱脂奶酪也会有许多问题，有些问题与再制奶酪的相同。由于低脂牛奶的风味或营养成分很少，制造商会添加糖、淀粉和添加剂，试图恢复脱脂奶酪失去的质地和味道，使其尝起来更接近天然全脂奶酪。酸奶也是如此。大多数的市售酸奶都含有大量的人工色素、调味剂、添加剂和高果糖玉米糖浆，它们不仅不能给健康带来任何益处，反而会滋养肠道中的致病细菌、酵母菌和真菌。由于你的肠道只能容纳有限数量的细菌，吃这些食物会把有益菌赶出去，同时让有害菌进来。它们还会使你生病——可能是一吃这些食物就会生病，也可能是日积月累才会生病。

　　我刚才那样说是在建议你吃全脂奶酪和酸奶吗？答案是肯定的。如果你喜欢，每天都可以享用一杯有机、原味、全脂酸奶。最好是自制酸奶，或者至少是直接从农场购买的新鲜酸奶。或者，如果要购买市售酸奶，我喜欢的酸奶品牌包括 Maple Hill Creamery（100% 草饲牛乳制品）、Stonyfield、Ronnybrook、Liberté 和 Redwood Hill Farm。你可以在许多超市找到它们，在网上也可以买到。

　　相比于高脂乳制品和市售的低脂乳制品，一个更好的选择是，天然的低脂奶和奶酪。与牛奶相比，山羊奶和绵羊奶的脂肪含量更低，蛋白质和营养成分含量更高，带来的饱腹感持续时间更长。佩科里诺奶酪和菲达奶酪就是很好的例子。下一次，当你准备吃一大块橡胶般的、再制的马苏里拉奶酪时，不妨换换口味，尝试吃一小块新鲜的、质地细腻的山羊奶酪（goat cheese）或浓味的罗马诺干酪（Romano）。它们只是无数更好的选择中的小小代表。

恢复促炎和抗炎食物的平衡

　　除了增加抗炎食物摄入量之外，我们还需要注意哪些食物会引起炎症。典型的西方饮食富含促炎食物，这些食物实际上会加速大脑老化。我们可能吃到的最易加速衰老的食物，往往是那些高酸性的食物——但其形式可能不是你想象的那样。实际上，正是那些富含精制糖、精制谷物、人造黄油和涂抹酱等高度加工产品，甚至酒类的饮食，才会造成最强的酸性冲击。

　　虽然加工食品食用方便，但是加工食品中通常含有大量的隐藏反式脂肪、钠和毫无营养价值的添加糖，这些是你能通过饮食摄入的最危险的成分。甚至像"强化"谷物和面包这样看似无害的食品，实际上也是披着无害外衣的过度加工和批量生产的食品。虽然这些食品确实被添加了维生素和矿物质，但它们大部分是人工合成的，难以被吸收，或者根本不会被吸收。此外，这些食品还含有过量的隐藏化学物质和填充剂——包括防腐剂和乳化剂，它们会损害心脏、大脑和肠道健康。

肉类和高脂乳制品等动物产品（特别是用不健康的食用油煎炸过的），实际上也具有促炎性。尽管如此，如果你选择来源安全的动物产品，注意适量食用，并且只是偶尔吃吃，也是可以的。因为这些动物产品比任何加工食品都更有益健康。

基因与你都能获益

许多营养素对我们的基因有很强的作用。有些营养素会使我们更强壮，还有一些营养素则恰恰相反。新鲜的有机产品、全谷物、野生鱼、少量的肉类和蛋类（牧场养殖生产的），以及天然甜味剂（水果、蜂蜜和枫糖浆等），所有这些成分都会使我们古老的基因自然做出积极反应。这些食物（尤其是植物性食物），已被证实不仅与大脑的年轻化有关，而且与炎症减少、代谢平衡改善、胰岛素敏感性提高和免疫系统增强有关。然而，促炎食品、加工食品和精制食品则恰恰相反，甚至在我们的基因水平上，它们也会带来多重副作用。

这些食物也会影响你的肠道菌群。经常吃含有益生元和益生菌的食物，会使你的肠道菌群更健康，而经常吃加工食品和高脂肪的肉类食物，则会适得其反。大部分人膳食纤维摄入量都不足，他们也没有考虑通过饮食补充益生元和益生菌。鉴于此，我们现在来了解一下有哪些可选择的东西。当你下次去杂货店购物时，特别是如果你有腹痛、腹胀、便秘或腹泻等消化系统症状，请带上表 10 中的清单，做一些健康的选择。洋葱、芦笋、洋蓟和大蒜都是富含益生元的食物。此外，富含膳食纤维的碳水化合物（如麦麸和燕麦）、十字花科蔬菜（如西蓝花和花椰菜）、浆果和各种绿叶蔬菜也是很好的选择。

表 10　含有益生元和益生菌的食物。

富含益生元和膳食纤维的食物	选择或成分
蔬菜	西蓝花、花椰菜、卷心菜、根茎类蔬菜、洋蓟、菊苣、大蒜、洋葱、韭葱、芦笋、甜菜根、球茎茴香、青豆、豌豆
豆类	鹰嘴豆、小扁豆、红芸豆、黑豆、大豆
水果	香蕉、浆果、苹果、油桃、白桃、柿子、葡萄柚、石榴、干果（如枣、无花果）
面包 / 谷物 / 点心	大麦、黑麦、全麦、蒸粗麦粉、麦麸、燕麦
坚果和种子	腰果、杏仁、开心果、奇亚籽、亚麻籽、洋车前子壳
含益生菌的食物	选择或成分
发酵的有机奶	酸奶、开菲尔、白脱牛奶（buttermilk）
腌菜	有很多品类可选，包括德国酸菜，以及腌制的卷心菜、芜菁、茄子、黄瓜、甜菜、洋葱和胡萝卜。请记住，活的益生菌只存在于用盐水腌制（而不是用醋泡）的未经巴氏杀菌的腌菜中
泡菜	一种传统的韩国菜肴，由发酵的卷心菜、萝卜、葱、黄瓜和几种香料制成
纳豆	一种传统的日本食品，由发酵的大豆制成
红茶菌	由红茶或绿茶、糖与有益的细菌和酵母菌制成的一种发酵饮料

　　与含益生元的食物相比，含益生菌的食物虽然在种类上更少一些，但我们也还有选择的余地，而且它们的价格实际上也很便宜。这些食物含有"活菌"或益生菌，到达肠道后，会起到补充肠道菌群和恢复肠道健康的作用。一般来说，在维护肠道内的有益菌群方面，苦味和酸味食物可以起到很好的作用。

　　你如果不爱吃上述含有益生菌的食物，或者只会偶尔食用它们，那就需要服用益生菌补剂。益生菌补剂有胶囊和液体制剂，还有纯素款的（供纯素食者服用的益生菌补剂）。不过，你需要注意一些有误导性的信息。许多零售商会让你相信，益生菌补剂的质量取决于它的活菌数量，也就是有多少亿个细菌，但实际上，真正的区别在于细菌的**多样性**，而不是细菌的数量。由于不同菌种的功能略有不同，并且倾向于在胃肠道的不同部位定植，所以含有多个菌种的益生菌补剂通常更有效。注意阅读益生菌产品的标签，你的补剂应包含以下几个菌种中的至少三种：**嗜酸乳杆菌**（Lactobacillum acidophilus）、**瑞士乳杆菌**（Lactobacillum helveticus）、**鼠李糖乳杆菌**（Lactobacillum rhamnosus）、**长双歧杆菌**（Bifidobacterium longum）、**两歧双歧杆菌**（Bifidobacterium bifidum）、**嗜热链球菌**（Streptococcus thermophilus）。

　　幸运的是，只要改变不良饮食习惯，哪怕只是很短的时间，你的肠道菌群就能改变。此外，坚持也是十分重要的，因为如果你放弃了好的饮食习惯，这些积极的变化也会很快消失。

把你的食物变成营养宝库

　　要想获得所吃食物中的营养成分，我们就要遵循健康的饮食方式，多吃完整的或最低限度加工的食物。就是这么简单。你可能还记得，世界上的百岁老人们都从不吃加工食品或包装食品。他们吃的食物都是新鲜的，新鲜这个词甚至算是个保守的说法——因为那些食物往往是刚从菜园或果园采摘的，这种新鲜度确保了食物的营养成分得到最大限度的保留。

另外，食品加工是我们社会的一个主要问题。小麦的碾磨、大米的抛光、玉米粉的过滤、蔗糖的精炼……这些加工方法都会使食物中维生素、矿物质和膳食纤维的含量明显减少，因为这些营养成分主要存在于被剥去的表层和外壳中。B 族维生素尤其受到这一过程的影响，其损失高达 50%。其他加工方法，如冷冻和罐装，也会造成营养成分的损失。

说到食物的品质，现代农业是另一个大问题。土壤的营养元素含量，决定了生长在其上的蔬菜和水果等食物的最终营养成分。研究人员开发出新的作物品种，以满足人们日益增长的产量需求，并提高作物对害虫和气候变化的抵抗力。虽然这些新的作物品种能够更快生长、结出更大的果实，但在这个过程中，它们吸收营养素的能力却有所降低。

在一项具有里程碑意义的研究中，研究人员分析了美国农业部从 1950 年到 1999 年记录的 40 多种不同蔬菜水果的营养数据，发现这些蔬果的维生素（尤其是维生素 B 和 C）和矿物质（如铁）含量均有显著下降。这些发现引发了激烈的争论，随后科学家们又发表了一些对比鲜明的研究报告。虽然一些研究表明，现在的胡萝卜的营养素含量甚至不及我们祖父母以前吃的胡萝卜的一半，但也有一些研究表明，这些蔬菜的维生素含量不比以前的低。那么真相是什么呢？在我看来，即使后一项研究检测到相似的维生素含量，他们也忽略了一点真正需要检查的东西——那些蔬果所含的维生素的**质量**。现在的蔬果中的某种维生素含量虽然与以前的相同，但并不意味着所含维生素的质量是一样的，也不能证明蔬果中的各种植物营养素也和以前的一样。再加上不受限制地使用农药和化肥，现在的蔬果都是生长迅速、抗虫害，但华而不实的产品。这些蔬果含有防腐保鲜剂，外观异常完美，可能很吸引人，但不幸的是，它们的营养价值并不高。

不管人们再怎么争论，血液检测结果都表明，很多美国人存在营养素缺乏的问题。我看过很多此类血液检测报告，这确实是事实。如果想要照顾好自己和家人，并希望尽可能把最有营养的农产品摆上餐桌，就有必要经常从本地的有机农场主或健康食品商店那里购买食材。

食用方法也会对效果产生影响。在大多数情况下，就蔬菜、水果、坚果和种子而言，生食的效果最好。生食时，这些农产品的酶、维生素、矿物质和植物化学物质仍然完好无损，其营养价值是最好的。所以请购买你能找到的最新鲜的农产品，如果是本地产的和应季的，那就更好了，然后也要记得及时吃掉！人们很担心烹饪会造成营养流失，但是蔬菜在保鲜盒中长期存放导致的营养流失，并不亚于烹饪。

尽管如此，有些蔬菜还是更适合熟吃。烹饪有时可以增加食物（尤其是一些蔬菜）的营养含量——通过破坏植物的细胞壁，释放那些原本被锁在里面的营养物质。β-胡萝卜素（一种抗氧化剂，与胡萝卜的亮橙色有关）和番茄红素（与番茄的红宝石色有关）就属于被细胞壁锁住的营养物质。食用胡萝卜和番茄之前，你可以（用少量的水）把它们蒸一下，或者稍微烤一下，使其中的抗氧化剂更容易被人体消化吸收，从而为神经元提供更多的抗衰老保护。只要不把蔬菜煮得过久（软烂成糊状）就没问题。烹煮至弹牙口感，可最大限度保留蔬菜内的营养成分。

就全谷物和豆类而言，虽然不经过烹饪是不能食用的，但我们可以通过一个窍门将这些食物转化为营养宝库：**使其发芽**。发芽是个简单的过程，可以使种子、豆类和谷物中大量的有益酶释放出来。这使得它们更容易被消化，并且显著缩短了所需的烹饪时间，我们也因此得以更有效地吸收它们所含的蛋白质、维生素和矿物质。这是一种双赢。

如果你不知道怎么令它们发芽，可以参考下面的方法。从谷物说起。我们选用的必须是带壳的完整谷物。全颗粒小麦、苋米、大麦、荞麦、卡姆小麦（kamut）、小米、大米、黑麦谷粒、高粱和斯佩耳特小麦——这些谷物都很适合发芽。斯佩耳特小麦是我家的最爱。它们含有麸皮、胚芽和胚乳（完整谷粒成分），满载营养。为了使其发芽，第一步要将它们浸泡在水中。这会增加它们的水分含量，同时也能中和**植酸**，植酸是一种会导致腹胀的物质。然后，把谷物沥干，将其放在一个梅森罐（一种储存食物的密封容器）中，让其保持湿润，静置1至5天。用一块网眼布或纱布盖住罐子，以便于沥干水分，同时透气，以防发霉。很快，你就会看到它们发芽了。发芽谷物可以生吃或略煮熟食用，甚至可以制成健康面包。豆类（如小扁豆和绿豆）和各种种子（从葵花籽到藜麦）的发芽方法与谷物的相同。

我们现在来讨论一下动物产品。除了极高品质的产品（如寿司生鱼片），其他的动物产品是不能生吃的——必须煮熟才能杀死细菌和其他病原体。鱼和蛋最好是蒸熟或煮熟，再配上少许调味料和新鲜香草，这样吃最有营养。肉类也一样，烹饪可以使其更容易被人体消化，更具有生物可利用性。就肉类而言，放锅里炒、烧或铁扒都是很好的烹饪方法，而炙烤（broiling）和油炸则会增加糖基化终产物的生成，可能导致炎症反应。

无论你平时用哪种烹调方法，一定要注意只选择健康的食用油。大多数植物油都有两种，精炼的和未经精炼（初榨）的。就像精制谷物和精制糖一样，精炼植物油是从种子和坚果中精炼出来的，经过了高度精密的机械和化学处理过程。这一处理不仅去除了营养物质（尤其是矿物质），还会产生容易发生氧化的终产物。在氧化的作用下，精炼植物油更有可能在你体内产生自由基，从而使你变老。坏消息不止这些，许多精炼植物油也是经过氢化的。我们之前讨论过，氢化过程会将这些油转化为反式脂肪，使它们在室温下变稠，以便制成人造黄油和起酥油出售。这些油可能确实更便宜，但非常不利于你的健康。

而未经精炼的植物油保持了其原生的天然品质。它们味道浓郁、营养丰富。例如，特级初榨橄榄油含有多酚类抗氧化物质和对人体有益的不饱和脂肪酸，而精炼过程会毁掉它们。无论选购橄榄油还是椰子油，一定要选择未经精炼的。还要记住，对富含不饱和脂肪酸的食用油（如橄榄油和亚麻籽油）来说，最佳食用方法是**生食**（不加热），这样可最大限度地保留其营养成分。如果使用这些油烹饪，一定不要让油过热或燃烧（发出咝咝声并变成褐色）。例如，加热至200摄氏度，橄榄油就会燃烧。

烹饪时，请选择冒烟点高的食用油。冒烟点表示食用油的最高使用温度，冒烟点越高越好。用于烹饪的未经精炼的食用油中，最好的是牛油果油，它的冒烟点最高（270 摄氏度）；其次是芥花籽油（菜籽油）和椰子油。如果你喜欢用动物油烹饪，最好的选择是酥油（印度澄清黄油），它的冒烟点为 251 摄氏度。

吃食物，而不是营养素

最近的研究（包括我自己的研究工作）都表明，摄入营养补剂并不等同于从天然完整食物中获取营养。换句话说，补剂应该作为"补充"。这将我们引入到了一个敏感的话题上——就获取宝贵的大脑营养物质而言，我们应该通过饮食还是补剂。由于膳食结构不合理，许多人不能从食物中获得足够的维生素和矿物质。然而，他们更愿意走捷径，通过服用膳食补剂，而不是改善饮食，来满足全面的营养需求。

正如我们在前几章中所看到的，越来越多的科学证据表明，单靠补剂是行不通的。身体对食物的反应，是一个复杂而高度协调的系统，很明显，身体从补剂药片中获得的益处并不等同于从真正的食物中获得的益处。让我们把营养物质看成团队中的一员，只有与其他队友具有同等程度的沟通和协调水平，单个队员的技能（不管其专长是什么）才有意义。同样的原则也适用于食物。食物中的营养物质比补剂更好，因为它们能在人体内发生协同作用，这显然是补剂无法做到的。这一弱点使得补剂成为实现营养目标的次要选项。

我不支持服用许多补剂，因为我认为，我们所需的大部分营养，都可以而且应该来自我们所吃的天然食物。然而，如果你没有摄入足够丰富的营养食物，服用补剂可以帮你避免潜在的营养缺乏。此外，重要的是，你要和医生讨论是否需要服用补剂。如果你的饮食中缺乏几种（甚至是所有）大脑必需营养素（我们在本书中已讨论过这些营养素），服用以下补剂可能有用：

· ω-3 DHA：每天补充 300 至 500 毫克的 ω-3 DHA 是个好办法，对 60 岁以上的人来说尤其如此。如果你不吃鱼，每天补充至少500 至 1000 毫克的 DHA 是有必要的。[注意：ω-3 脂肪酸对血液有稀释效果，可以增强血液稀释药物（如华法林和阿司匹林）的作用。摄入太多 ω-3 脂肪酸，也会导致出血和瘀伤。服用 ω-3 脂肪酸补剂之前，请务必咨询医疗保健专业人员。]

· 胆碱：大多数美国人没有摄入足量富含胆碱的食物（尤其是鱼类）。在不能吃鱼、蛋或其他富含胆碱的天然食物的日子里，你可以考虑服用补剂，每天服用 300 至 600 毫克的 Alpha-GPC（甘油磷酰胆碱，比其他形式的胆碱更具有生物可利用性），或者每天服用 420 毫克的**磷脂酰胆碱**（胆碱和 ω-3 脂肪酸的良好来源），以增强记忆力。

· B 族维生素：你服用的维生素 B 复合物补剂应包括所有必需的 B 族维生素，这是很重要的。B 族维生素是众所周知的神经营养素，有助于缓解压力和疲劳，并在神经递质的生成中起重要作用。如果你年过半百，或患有胃炎、胃酸减少、克罗恩病（Crohn's）、乳糜泻，又或者在服用二甲双胍（治疗糖尿病）和酸阻滞剂等药物，就需要咨询医生，请医生给你检查一下血液中维生素 B 的水平。特别是随着年龄变老，我们的新陈代谢会自然减慢，对一些维生素如维生素 B_{12} 的吸收也可能因此而减少。你服用的补剂应含有至少 50 微克的维生素 B_{12}（钴胺素或甲基钴胺素，按照医生的指导）。

· 矿物质：每个人都需要注意自己体内的矿物质（特别是铜、铁、锌）水平。如果体内的矿物质太少，会让大脑运转速度减缓；如果体内的矿物质太多，可能会让你的脑细胞"生锈"。大多数美国人都能从日常饮食和其他来源获取足量的此类矿物质。如果你在服用复合维生素，请记得检查一下标签，看看它的铜、铁、锌含量。尽可能选择不含这些矿物质的复合维生素。如果不能，也请检查复合维生素的标签，确保其中的矿物质含量占每日推荐摄入量的百分比（％ DV）不超过 50%。由于这个每日推荐摄入量取决于你的年龄和性别，请参阅美国国家医学院的新版膳食指南上的具体数值（http://www.nationalacademies.org/hmd/Activities/Nutrition/SummaryDRIs/DRITables.aspx），并咨询医生。

· 益生菌：一定要每天吃含有益生菌的食物（如酸奶，德国酸菜）。如果你喜欢服用补剂，或者在某些日子里吃不到这些食物，请记住选择前文提过的高品质的益生菌补剂（其中至少包含 3 个菌种）。就我个人而言，在吃不上含有益生菌的食物时，我会服用那种冷藏保存的液体益生菌补剂，因为它们对胃肠道的作用比较温和。

· 抗氧化剂：如果你平时不怎么吃新鲜蔬菜、水果、坚果和种子，你的大脑可能会缺乏抗氧化剂。为了补充抗氧化剂储备，你可以考虑每天服用 100 至 200 毫克的辅酶 Q10［CoQ10 或泛醌，注意：CoQ10 可能会对血液稀释药物（如华法林和阿司匹林）

有干扰作用。请咨询医生。]如果你已年过六旬，补充辅酶 Q10 就尤其重要。CoQ10 是一种强大的抗氧化剂，会参与脑细胞内的关键代谢反应和能量生成。

· 草药：如果你经常久坐不动，服用银杏叶制剂（世界上最著名的健脑补脑剂之一）可能有助于增强头脑清晰度和敏锐度，因为它可以改善脑供氧。推荐剂量为，每天服用 240 毫克银杏叶提取物。高丽参也有助于增强记忆力，特别是在你有高血糖 / 高胆固醇的迹象时。高丽参具抗衰老功效，有研究表明，它可以降低血糖和血中胆固醇水平。推荐剂量为，每天服用 4 克红参粉（red Panax ginseng powder）。还有一种口服液，是红参粉与蜂蜜和蜂王浆混合的制剂。

调整你的炊具

如前所述，一些矿物质（如铜、铝），可以通过水管或锅碗瓢盆进入人体。因此，我根本不用铝制炊具。在烹饪器皿的选择上，我也不建议使用塑料容器（例如，微波塑料容器）或带有特氟龙等合成不粘涂层的不粘锅，它含有一种有毒化合物**聚四氟乙烯**（PTFE）。我的厨房用具都是不锈钢、玻璃、铸铁和传统陶瓷制成的。一次性盘子和纸杯当然应该完全淘汰，最多在不得已的情况下临时用用。

第 13 章
健脑周计划

最佳认知健康饮食指南

准备好灵活运用这些信息了吗？

我们来看看图 2 中的健脑饮食金字塔。这个图表简要说明了，为了让大脑保持最理想的健康状态，我们应该经常吃哪些食物及该吃多少。除了健脑食物的核心种类，它还包含有益健康的饮料、脂肪和天然甜味剂，根据它们对神经营养均衡饮食的贡献程度进行排列。

每周你都应该吃够塔底的食物。边缘的数字代表了每周食用的次数。首先，每天至少喝 8 杯纯净水 / 泉水 / 花草茶。与此同时，每天至少要吃一份绿叶蔬菜或十字花科蔬菜，越多越好。此外，每天还应再吃一份别的蔬菜，如胡萝卜或洋葱，并记得经常吃天然的高脂肪水果（如牛油果和橄榄），标准的分量是，1/4 个牛油果和 4 至 5 个橄榄。

每天吃一份升糖指数低的水果（如浆果、樱桃、橙子、葡萄柚、苹果和梨）。如果你喜欢吃中等升糖指数的水果（比如李子和桃子），那也不错，但是要注意分量，一份升糖指数低的水果与半份中等升糖指数水果相当。（请参阅第 6 章的完整列表。）

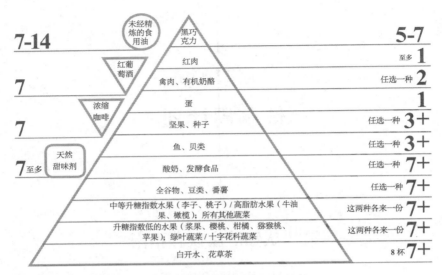

图 2 健脑饮食金字塔：推荐的食物和每周食用的份数

全谷物和豆类，每天至少吃一次，目标是吃够两份。别忘了吃番薯。我们也可以直观地了解食物的分量，一份就是一杯煮熟的谷物或豆类，或者一片全麦面包，又或者半个小番薯（你的拳头大小）。现在你能理解吃两份全谷物或豆类有多容易了吧？

有机原味酸奶、发酵蔬菜（如德国酸菜或用盐水腌制的泡菜），也应该每天食用，就食用量而言，任选一种，每天半杯（或更多）。

野生（或至少是无抗生素的）鱼类，是大脑必需的食物。争取每周吃三次，每次吃一份（约 57 至 85 克）多脂鱼（如鲑鱼、鲭鱼、鳟鱼、鲱鱼、蓝鳍金枪鱼、沙丁鱼、凤尾鱼和银花鲈鱼）。鱼子（一汤匙）和贝类（约 85 克，不包括贝壳）也是不错的选择。

说到给大脑补充健康脂肪和宝贵的维生素与矿物质，吃未加盐未加糖的生坚果和种子是很重要的。每周吃不少于三份，主要吃杏仁、核桃、奇亚籽、亚麻籽和葵花籽。一份的量为 2 汤匙。

现在来说动物产品。适量吃鸡蛋（每周 1 至 2 个鸡蛋）是很好的，其次是食用有机牧场饲养的鸡（每周约 85 克鸡肉）和有机奶酪——最好是佩科里诺奶酪那样的干酪如或菲达奶酪那样的新鲜山羊奶酪（每周 28 至 57 克）。红肉（牛肉）不在我们的推荐食物中，食用次数应不超过每月一次或仅在特殊场合食用。

少用盐，多用香草和香料调味，并与健康、有机、未经精炼的植物油搭配食用。特级初榨橄榄油是不可或缺的。亚麻籽油、火麻籽油、牛油果油和椰子油也是很好的选择。建议用量为 1 汤匙，每天两次。为了进一步增加食物的味道，你还可以搭配使用健康调味品，如苹果酒、米醋或香醋；溜酱油（tamari），一种天然的无麸质酱油；椰子氨基（coconut aminos）；啤酒酵母或营养酵母；味噌。这些调味品都是对健康有益的，做饭时可以多放一些。

想喝杯酒的话，应首选红葡萄酒，最好是有机的。对于女性来说，每天喝一杯葡萄酒就足够了。对于男性来说，每天最多可以喝两杯。

咖啡有益于一些人的脑部健康。我个人的偏好是，每天喝一杯浓缩咖啡，它可以实现脑内咖啡因与抗氧化剂的最佳平衡，但是普通的有机咖啡也可以。黑咖啡，或者只加少许（有机）牛奶，也是很好的选择。如果想加糖，我建议每杯咖啡的加糖量不超过 1 茶匙，可以是椰子糖或其他有机甜味剂（如甜菊糖）。虽然喝茶与降低患痴呆症的风险之间没有明确的关联，但绿茶中的抗氧化剂几乎和咖啡中的一样多，而且不会造成神经紧张——请放心地每天喝两杯茶吧。

最后，我强烈建议，每天吃一小块黑巧克力（大约 28 克）。黑巧克力富含抗氧化物质类黄酮、镁、钾和可可碱，可可碱是一种能促进血液循环，使人快乐的物质。请记住，要选择高品质的黑巧克力——可可含量 65% 以上，几乎没有添加糖。

在多吃健脑食物的同时，你还应努力克制，最好不吃对大脑和身体无益甚至有害的食物。这些食物包括：

· 所有快餐食品。

· 白糖、人造甜味剂和精制食盐。

· 肉类：红肉（牛肉）、培根、熟肉制品、冷切肉、腌肉、博洛尼亚香肠、萨拉米（欧洲腌制肉肠）、烟熏牛肉，和其他任何加工肉制品。

· 再制奶酪 / 乳制品，比如罐装奶酪、美式奶酪、蓝纹奶酪（除非是有机的）、加糖酸奶、市售的冰激凌和奶黄（custard）、奶酪条、涂抹酱、人造黄油、加糖或经调味的含乳饮料，和其他任何再制奶酪 / 乳制品。

· 精制谷物，如白米饭、白面包、玉米面包、玉米片、谷物早餐、市售的甜甜圈、曲奇、饼干、玛芬蛋糕、馅饼、蛋糕，和其他任何加工谷物制品。

· 加工过的坚果，包括盐渍、糖渍或蜂蜜烤的坚果。

· 调味品，如番茄酱、蛋黄酱、辣酱油（Worcestershire sauce）、烧烤酱、沙拉酱、市售的涂抹酱、酱油、所有精炼植物油（特别是红花籽油、芝麻油、葵花籽油）。

· 碳酸饮料、能量饮料、果汁（如果是鲜榨的，每天最多可以喝一杯）。

·啤酒、蒸馏酒等烈酒。将饮酒量限制在每次不超过 1 罐啤酒或 1
　指白酒（将手指平放在玻璃杯旁边，往杯里斟酒，酒在酒杯中
　的深度，约相当于一指宽），每月不超过两次。

　　如果你觉得这说起来容易做起来难，表 11 还提供了更详细的每周
食谱。

　　例如，周一的早餐可以是一碗丰盛的燕麦粥，上面洒一些切碎
的核桃仁、新鲜蓝莓和枫糖浆；午餐是我最爱吃的阿育吠陀绿豆汤；
下午茶点是一杯酸奶和一把杏仁；晚餐是一块美味的蒸阿拉斯加鲑
鱼，配上自制的西蓝花泥。周二的早餐是有机的山羊酸奶，外加新
鲜的黑莓（如果你喜欢，还可以加一点蜂蜜）；午餐是美味的糙米菌
菇意式烩饭，它融合了野生菌菇的独特香气和营养酵母的奶酪味道，
而且富含维生素；下午茶点是脆米饼，上面洒一点鲑鱼子，既美味
又富含 ω-3 脂肪酸；晚餐是烤番薯配新鲜菠菜沙拉，既能满足你对
甜食的渴望，又能让你整晚都有饱腹感。这听起来像是在节食吗？
我不这么认为。

　　此外，你还可以参照本书第 16 章中或我的网站上列出的各种食
谱，按照喜好随意组合，并把食谱中的建议食物替换为另一种你感兴
趣或喜爱的食物——只要遵循同类互换的原则就可以，比如以鱼换
鱼，以蛋换蛋，以便在一周内保持营养平衡——不过，想将肉类和
家禽替换为鱼类时可不用顾虑那么多。更具体的建议在本书最后一部
分——"第三步：朝着最佳健脑饮食前进"。

表 11　每周食谱示例。在第 16 章中和我的网站上，可以找到所有食谱。

	早餐	午餐	下午茶点	晚餐
周一	一杯咖啡或花草茶 谷物和水果（燕麦片加枫糖浆、核桃和蓝莓）	豆类和蔬菜（阿育吠陀绿豆汤）	酸奶／坚果（溜酱油烤杏仁）	鱼和蔬菜（蒸阿拉斯加鲑鱼，配西蓝花泥）
周二	一杯咖啡或花草茶 酸奶和新鲜水果（山羊酸奶和黑莓）	谷物和蔬菜（糙米菌菇意式烩饭）	脆米饼，上面洒一点鲑鱼子	番薯和蔬菜（烤番薯配新鲜菠菜沙拉）
周三	一杯咖啡或花草茶 谷物和水果（荞麦粥配干果和杏仁奶）	豆类和蔬菜（印度香米鹰嘴豆配马萨拉酱）	酸奶和新鲜水果（意大利李子）	鱼和蔬菜（海鲈鱼鱼片味噌汤和蒲公英嫩叶）
周四	一杯咖啡或花草茶 酸奶和新鲜水果（山羊酸奶和覆盆子）	谷物和蔬菜（有芒小麦配香蒜酱和西葫芦）	斯佩耳特小麦脆皮面包配牛油果	家禽和蔬菜（爸爸的柠檬烤鸡、烤抱子甘蓝）
周五	一杯咖啡或花草茶 谷物和水果（隔夜燕麦配葡萄干、亚麻籽和蜂蜜）	豆类和蔬菜（小扁豆汉堡和生菜沙拉）	酸奶／坚果（巴西坚果）	奶酪和蔬菜（地中海碎丁沙拉配菲达奶酪）
周六	一杯咖啡或花草茶 鸡蛋（西西里美式炒蛋）	谷物和蔬菜（彩虹佛碗配枫芝麻酱）	苹果和坚果酱（有机杏仁酱）	鱼和蔬菜（新鲜金枪鱼沙拉）
周日	一杯咖啡或花草茶 谷物和水果（牛油果吐司）	谷物和蔬菜（全麦面食配意大利蔬菜汤）	周日零食（芒果奇亚籽布丁）	鸡蛋和蔬菜（蔬菜蛋饼和西洋菜沙拉）

不要不吃早餐，不要少吃一顿饭，
而是要少吃零食

在计划每周的食谱时，你要考虑一些实际的事情。让我们从早餐开始。

对于百岁老人来说，这是一个无须思考的问题，早餐当然是一天中最重要的一餐。但是在我们的社会中，很多人都不太清楚早餐是否是重要的一餐。百岁老人有充裕的时间来享受丰盛的早餐，而我们大多数人则不同，每天早晨的时间都很紧张，我们睡眼惺忪，靠着咖啡因来打起精神，准备出门面对新的一天。除此以外，很多人早上出门前根本来不及吃任何东西。

我在美国遇到了一些有趣的早餐趋势。有些人完全不吃早餐，而是喝一杯咖啡。通常，他们喝的是一种"咖啡饮料"，里面含有大量添加的甜味剂、人造香料和奶油替代品。另一些人则喜欢在早上大吃精制白面包、谷类食品或糕点，配上含糖量很高的市售橙汁。不用说，我也不建议这么吃早餐。

在"饿了"一夜之后，你的大脑需要一顿丰盛的早餐，来"打破禁食"["break(its)fast"]，这是早餐一词的字面意思。所谓的"丰盛的早餐"，指的不是一顿油腻的大餐。早晨我们的大脑最需要的是易消化、能稳定释放能量的食物。它们最好富含葡萄糖，具备均衡的膳食纤维、维生素和矿物质，充足的蛋白质和脂肪，当然还要有能补充水分的纯净水或茶。

早餐想吃谷类食品和橙汁？那也没关系。美国已有几代人将其视为最常吃的早餐食物，你成为其中一员也再正常不过。然而，我们应该把重点放在食品品质上。橙汁最好是用一两个橙子鲜榨的，掌握好方法，制作起来也能很快。谷类食品应由全谷物制成。注意阅读食品标签，一份谷类食品如果含有超过 5 克的糖，对你就没有好处了。最好选择不加糖的谷类食品，如果实在想吃甜的，你可以自己加一些蜂蜜、枫糖浆或椰子糖。

有些人喜欢吃甜味早餐，还有一些人喜欢吃咸味早餐。我会在下一章为你提供几种有益脑部健康的早餐食物方案。你可以自主选择最适合自己的早餐食物，同时也尝试一些新东西吧！它们可能比你习惯吃的那些食物更好，让你感觉头脑更敏锐、专注力更强。

我发现，除了不吃早餐，很多人还会忘记吃午餐或晚餐，特别是忽略吃午餐（这让我很疑惑——他们是怎么设法完成一天的工作的？）。部分原因可能在于，他们的日常饮食不够美味可口，或者不能使人精力充沛。根据最近的调查，美国人在工作日的午餐通常是一个三明治，两片面包之间夹一些馅料。面包通常用的是白面包，大多数馅料是熟肉制品（如火腿和烤牛肉）、奶酪和金枪鱼沙拉，浇上那种市售蛋黄酱或经典的花生酱、果酱。除了三明治，午餐盒中通常还配有薯片和碳酸饮料。其他常见的午餐方式是，去自助餐厅用餐或吃快餐。除了夹在三明治里的那一片番茄，你还能看到任何健脑食物吗？如果你喜欢吃三明治，请记住，市售三明治（白面包夹加工火腿、瑞士奶酪和蛋黄酱）与自制三明治（全麦面包夹烤茄子、菠菜和鹰嘴豆泥）有很大的不同。不用说，我推荐后者。

美国人的晚餐通常更有营养，但大多数情况下以肉类为主菜，配上少许米饭、土豆或意式面食，也许还有一份蔬菜或沙拉。外卖的中式快餐、比萨和速冻的微波炉加热即食快餐都是非常受美国人欢迎的晚餐选择。很多美国人在晚餐时也喝果汁、碳酸饮料或啤酒，有时还喝葡萄酒，尽管葡萄酒在美国人的餐桌上不像在地中海地区居民的餐桌上那么常见。

或许因为每餐饭的营养价值都很低，美国人往往整天吃零食。总的来说，那些零食都是加工食品，如糖果、曲奇、巧克力、饼干、薯片和椒盐卷饼。别忘了，还有在狂欢时段供应的含糖鸡尾酒。

总体而言，典型的西方饮食是不利于脑部健康的。是时候行动起来，彻底解决这个问题了。

对外卖说"不"

美国正在迅速成为一个外卖大国。从星巴克到唐恩都乐（Dunkin' Donuts），提供送餐服务的快餐巨头不胜枚举，专做外卖的餐馆也是越来越多，这凸显出了一个越来越明显的事实——在饮食方面，美国人注重的是便利。因为工作忙碌而无暇做饭的美国人已达前所未有的规模。如果你也是其中一员，那就要小心了。叫外卖看似是一种快速简单的解决方法，但如果习以为常，它会令你的体重迅速增加，并且伤害你的大脑。总的来说，外卖食品对你的大脑（以及你的身体）弊大于利。除了主打"只使用高品质有机食材"的餐馆之外，大多数外卖食品都是用最廉价的农产品、工业化养殖生产的肉类和鱼类制成的。这使得你摄入的激素、抗生素和农药比真正的食物及其营养成分还多。坏消息还有，外卖食品通常也含有精炼植物油、精制糖、反式脂肪，量大到远超你想象的盐和钠。即使是沙拉吧的外卖食品，也可能充满了空热量①、含防腐剂和人造调料的不新鲜食材。这还没算上附加的市售饮料，经加工的面包、薯条和调味品，或者免费赠送的幸运饼干和以转基因大豆为原料的酱油。

总而言之，不要养成吃外卖的习惯，这对你的脑部健康伤害极大。

我自己当然很少叫外卖。即便叫外卖，我也会选择提供高品质食物的健康餐厅，而且我愿意为难得吃一次的外卖多付一些钱。直到今天，我和我的家人都很少吃外卖，只是偶尔会从附近的一家餐厅（在Yelp网站上评级为五星）订寿司。

尽管如此，购买健康的预制食品，对很多人来说仍然并不容易。当我离开曼哈顿，搬到布鲁克林居住之后，我也有同感——可选的健康食品真的很少。我的新家在布鲁克林，距离曼哈顿只有几站地铁之遥，虽然在许多方面感觉相似，但健康预制食品购买起来却很不方便，因为我的必经之路上再也没有那种包含健康预制食品选购区的超市了。由于家附近没有更高质量的超市，我尝试了无数次从网店购买预制食品，结果也不太令人满意。就连居住在纽约地区的我都很难购买到健康的预制食品，美国其他地区居民面临的难度简直难以想象。

到头来，（如果还有别的方法作为陪衬）最好的方法就是，自己动手做饭。在家做饭，你就可以确保自己和家人能吃到新鲜、安全、有益健康的饭菜。你会看起来更健康，自我感觉更年轻，精力更充沛，能够最大限度地增强脑力，并延年益寿。与很多人的预期恰恰相反，做出健康的饭菜并不需要花费大量时间和精力。我可以为你提供一些

---

① 含有高热量，却只含有少量或几乎不含基本维生素、矿物质和蛋白质。——编者注

实用的技巧：

· 提前计划一周食谱，按照食谱列出一周所需的所有食材。

· 夏天时，可以在食谱中多安排一些沙拉和其他只需简单准备的生食。牛油果吐司、鹰嘴豆泥配蔬菜沙拉、番茄沙拉配新鲜罗勒、冷甜菜汤或烟熏鲑鱼（和鱼子酱）法式三明治都是不错的选择。一旦熟练了，做一道烤蔬菜也是很快的，只需把一些新鲜的蔬菜和鱼放在烤架上，很快就能烤好。夏季水果可以烤着吃，在烤制过程中，随着焦糖化反应发生，颜色也会变得很漂亮。桃子、菠萝、李子，甚至西瓜都是可以烤的，烤着吃更美味。

· 做饭时，可以一次多做点，做熟后分装成小份，冷冻保存，在没有时间或精力做饭的日子里，只需把它们解冻和加热一下就可以吃了。

· 你可以在早上把蔬菜、谷物、豆类、鱼或鸡肉放在慢炖锅里，晚上回家就能享用热腾腾的晚餐——其间只需要很少量的准备或清理工作。

· 烹饪一次，吃饱一周！每周一次，烹饪出足量的蔬菜、谷物和高蛋白食物，分装保存，在工作日里就可以简单快速地将它们变成一餐饭。

就我个人而言，一般来说，周日早上是我"在厨房闭关"的时间。我已经掌握了烹饪技巧，在几个小时内，就能做好一锅糙米饭，蒸一大块鱼，烤几千克蔬菜，并做好一个汤。你可能好奇要怎么做？

其实是这样的：头天晚上，我就把米（或任何其他谷物）用水浸泡上，这不仅能使其营养更易被吸收，还能让谷物变软，将烹饪时间减半。在煮饭的同时，我把烤箱打开，然后开始切蔬菜。我和家人最爱吃的蔬菜是抱子甘蓝。你只需把它们洗净、切好、拌上牛油果油，放入预热至约 180 摄氏度的烤箱中烤 20 分钟。我有时会把抱子甘蓝与番薯一起烤，用椰子油来调味。在等待饭煮好和蔬菜烤熟时，我开始做汤。我可能会用胡萝卜、欧防风、芜菁甘蓝和奶油南瓜，做一个根茎类蔬菜汤。这汤只需 5 个步骤：（1）洗净、去皮、切块（或购买事先切好的蔬菜，这可能是个好办法，因为可以节省很多时间），加上一个洋葱和两三瓣大蒜；（2）用 2 汤匙椰子油煎炒；（3）加适量蔬菜清汤，没过蔬菜即可；（4）用中火煮约 20 分钟；（5）用手持式搅拌机（immersion blender），直接在锅里打浓汤。只需很短的时间，就能做好这道美味的蔬菜浓汤，端上桌之前，我会在汤里加少许牛油果油和烤南瓜子，或者加少许椰奶油（coconut cream）和香菜（我的博客上有完整的菜谱）。这时，饭煮好了，蔬菜也烤好了，汤在锅里煨着。蒸上几块鲑鱼，只需 5 至 10 分钟就能出锅。再花上 1 分钟，你就可将美味的溜酱油–红葱酱（tamari-scallion sauce）调好，用作鲑鱼的蘸料。最后，开饭吧！

当我丈夫和两岁的女儿早上散步回来时，我已经烹饪好了足够多的饭菜，足够吃 5 顿的。这不是普通的食物，而是高品质的、新鲜、有生机、营养丰富的食物，完全不含添加剂、人造甜味剂、不健康脂肪和钠。

在接下来的章节中，我会提供更多的例子，来说明从营养角度看，一个常规的健脑周可以 / 应该是什么样的。好消息是，本书提供的食谱都很简单，照着做，你很快就能收获一餐好饭。事实上，健脑饮食的关键之一是，确保你的食物尽可能接近其自然状态，这可归结为更少的烹饪时间、优化的营养质量和更多的风味。

让你的肠胃休息一下

新的研究表明，减少膳食中的总热量，可提高认知能力，减少细胞衰老，并促进长寿。由于大多数美国人本来就倾向于吃得太多，所以应该多控制食物分量和无意识的零食摄入，这样可没坏处。减少热量摄入并保持营养质量的最佳方法之一，当然是多吃升糖指数低的水果、富含维生素的蔬菜和精益蛋白质，同时少吃高糖和增肥食物。

正如我们在第 9 章所讨论的，间歇性禁食有很多健康方面的益处，能促进新陈代谢，甚至帮助你的身体更有效地燃烧脂肪。可别被"禁食"这个词吓到——它比听起来容易多了。在众多间歇性禁食计划中，夜间禁食是我个人最喜欢的。你只需禁食 10 至 12 个小时，从晚餐结束后到次日早餐前，不要进食或吃零食。按理说，在此期间，你应该睡觉，或至少是在休息。有研究表明，这种简单的做法（夜间禁食）可以减少体内脂肪，提高胰岛素敏感性，防止肥胖和糖尿病（这两者是认知老化和痴呆症的已知危险因素）。

尽管如此，这种做法可能并不适用于所有人。你可以做一下本书第 14 章中的测试，看看自己目前是否适合进行间歇性禁食。对于测试得分处于中级或高级水平的人，我通常会建议他们尝试特定形式的间歇性禁食，但是我不建议测试得分处于初级水平的人尝试这种做法（当然也可以试一试，如果意愿很强烈）。无论哪种情况，在尝试间歇性禁食之前，你一定要咨询医生。

当你吃完了……

离开沙发

经常锻炼身体，对保持脑部健康至关重要。此外，一些研究表明，与久坐不动的人相比，经常参加体育活动的人肠道菌群更健康、体内炎症更轻、大脑保护激素水平更高。

迄今为止的大量研究表明，就加强锻炼，促进其对神经的保护作用而言，我们主要有两种选择。第一种选择是，每周至少进行一个小时的剧烈运动。当你的心跳加快，以至于正常说话变得困难时，你做的就是剧烈运动了。如果有人要你在剧烈运动时唱歌，你可能会唱得一塌糊涂。剧烈运动可以是慢跑、打网球、手球运动、游泳、登山、有氧健身舞，甚至举重（只要与更多的运动结合在一起）……让你出汗并且气喘吁吁的一切运动，都算是剧烈运动。

不喜欢剧烈运动？没问题。中等强度的运动也会有效——只要你运动的时间长一点，次数多一点。中等强度意味着，在运动中，你的心跳比平常快一些。在心跳略有加快的状态下，你可以与人交谈（尽管听起来有点气喘吁吁），但可能连一个调子都唱不准。中等强度运动包括健步走、骑自行车、慢速游泳，甚至做家务和园艺，只要这种运动能让你的心跳加快。争取每周 5 次，每次进行 30 至 45 分钟的中等强度运动，或者每周累计进行 2 至 3 个小时的中等强度运动。

选择适合你的运动，并将之纳入你的日常生活吧！在接下来的章节中，我将给出更多的具体建议。

让你的大脑保持活跃

以简单的方式锻炼大脑也是很有用的，这可以加强脑细胞之间的联系，并抵消大脑萎缩，否则随着年龄的增长，大脑萎缩会自然发生。锻炼大脑的方法有很多，从阅读这本书到去剧院看戏，都是很好的方法。

我个人的建议是，尝试一下棋牌游戏。正如我们在第 10 章所讨论的，玩棋牌游戏是一种很好的与家人和朋友共度时光的方式，同时也能让你在智力上得到锻炼。在意大利时，我从小就经常与祖父母和朋友们一起玩汤博拉（Tombola，也叫宾果游戏），我们在游戏中度过了一个个有趣的、温馨的周日下午或难忘的圣诞前夜。现如今，我有时会和我的侄女们以及她们的祖父母一起玩汤博拉，等我女儿再长大一些，就可以和我们一起玩游戏了。无论你选择哪种娱乐方式，玩哪种游戏，都要开动脑筋，努力玩。

还要记得抽出时间，经常与朋友和家人聚一聚。一起做什么？去看一场电影或戏剧。去一家新的素食餐馆，一起享受美食。与家人一起依偎在沙发上，翻看家庭老照片，或者只是聊聊你的日常生活。即使见面不方便，也要和家人或朋友保持电话联系。你有没有许久没见过面的亲朋？打个电话，问候一下，聊聊最近的生活。与亲朋好友经常联系，多和支持你的人在一起，这对于建立终身记忆和让你（和你的大脑）维持良好状态，是至关重要的。

睡好（别不好意思睡午觉）

确保自己睡得好，特别是在前半夜（这是一个相对概念，视你具体的睡眠时间而定）的深度睡眠阶段。在深度睡眠阶段，大脑可以清除有害毒素，包括阿尔茨海默病特有的淀粉样斑块。

如果睡眠不足，你可考虑在白天小睡一会儿，休息一下。多年来，打盹一直被认为是懒惰的表现。在美国，人们"被抓到"打盹或"被发现在上班时睡着了"是很不光彩的。在许多文化中，尤其是在地中海沿岸和热带地区的文化中，午睡习惯是很普遍的，实际上已成为日常生活的一部分。我记得在我小时候，我祖父总是会在午饭后小睡一会儿。在许多国家，午睡是件重要的事。虽然这些国家并没有正式规定午睡时间，但许多政府办公室和商店在中午通常会打烊一两个小时，让人们休息和放松一下，特别是在炎热的夏季，这种情况并不少见。尽管午间休息对生产效率的影响并不明确，但是由于有科学证据表明，打盹有益于心智锐度和整体健康，午睡最近在美国也受到了重视。你可以试一试，看看自己是否适合睡午觉。

学会享受生活

最后，如果你对自己的生活感到不满意或不开心，你的健康就可能会受到影响，对此你吃多少西蓝花都无济于事。重要的是，你必须采取一切必要的措施来减轻压力，尽情享受你在这个世界上的旅程。

休息一下，享受与家人和爱人在一起的时光，并尽量以让自己最舒服的方式进行社交。寻找适合自己的社会团体（就是那种让你感到被需要、被欣赏和富有成效的社会团体）。只有找到自己的快乐所在，才能保持脑部健康和整体健康。

朝着最佳健脑饮食前进

第 14 章
你的饮食到底有多滋养大脑

健脑饮食的三个水平

每个大脑都是独特的，需要不同程度的养护。要确定你的大脑需要怎样的照料才能实现最营养和健康的状态，最好的方法就是，进行一些全面的检查，其中最重要的是大脑扫描。然而，没有多少人有条件通过大脑扫描来窥视自己大脑内部的情况。这促使我开发了一个测试，以便在不进行大脑扫描的情况下，帮助你预测大脑状态。

这个测试基于我多年来的研究经验，我检查过的大脑扫描片子已有成百上千张。这种经验使我能够注意到，大脑扫描结果与各种临床表现和生活方式（尤其是饮食和营养质量）之间存在一定的相关性。

虽然这个测试并不能向你展示大脑的扫描片子，但它有助于确定大脑的内部感受。例如，有些大脑迫切需要缓解炎症，因为它们长期以来只能接触到促炎食物。还有一些大脑，由于接受的 ω-3 脂肪酸太少，自身神经元无法正常工作。还有一些大脑则迫切需要氧气——由于久坐不动的生活方式，大脑长期得不到充足的氧气供应。

现在回想一下第 1 章，你可能会记得那两个人（一个人遵循健脑饮食模式，另一个人则没有）的大脑扫描片子之间的差异。你可能还记得，前者的大脑看起来很棒，后者的则显示出衰老和退化的迹象。一个简单的事实是，如果你遵循健脑饮食模式，给大脑提供高质量的营养物质，你的大脑就会由高质量的组织组成。这有助于你保持认知健康，使你更有能力抵御衰老和疾病。

本章测试将促使你仔细审视自己每天做出的各种选择，以便更清楚地了解自己的哪些做法有益于脑部健康，哪些恰恰相反。正如我已经在本书中阐明的，确定怎么吃对大脑有益，这并不容易，因为健康不像合身的牛仔裤或更结实的腹肌那样显而易见。所以，做这个测试，能很便捷地了解自己的日常饮食与健脑饮食有多大距离。

因此，通过这个测试，你可以看到自己处于哪个水平：初级、中级或高级。

你目前的水平反映出你在日常饮食、营养和整体健康方面已经做出和将继续做出的所有选择。这些信息将反过来帮助你区分，在保护脑部健康方面，你的哪些选择需要改进，哪些选择已经指向了正确的方向，这样你便能够获得一个具体而详细的专属健康计划。

就获得健康而言，不存在一个放之四海而皆准的方案。你需要尽可能多地了解自己的脑部健康状况，这些信息是非常有帮助的，将引导你采取有力的步骤来获得平衡和实现健康目标。

因此，除了"第二步：健康饮食法改善认知能力"概述的一般性建议之外，我还提供了这个测试，帮助你找准自己所处的水平，在下一章中，你将会找到针对你目前所处水平的特定建议。这些建议旨在提供可以在家和日常生活中遵循的自然生活方式指南。除了建议之外，我还提供了健脑食谱和示例食谱计划，这将进一步帮助你掌控自己的脑部健康。这最后一步，发现并遵循适合自己的健脑饮食计划，将为你提供所有必要的信息，以实现最大限度地增强脑力这一目标。

测试指引

　　这个测试是以饮食为主的，但它也涉及一些关于行为的信息——从你小时候的习惯开始，一直到你成年后建立的基本模式。在回答这个测试中的问题时，你应该基于自己长期以来的行为特征，而不是新近的改变。如果你在童年或成年时患上了一种疾病，想想你在患病之前或之后的情况，把重点放在更能反映你总体习惯的方面。对于相当客观的问题，比如关乎身体特征的，明确作答是很容易的。而行为往往更主观，面对关乎行为的问题时，要根据自己一生中大部分时间或过去几年中的主要行为方式来回答。

　　对每个问题，圈出最适合描述你的答案或选项（A、B、C 或 D）。

　　在回答某些问题时，你可能会发现，那些问题后面给出的选项都不是最适合的。遇到这种情况，也不用担心，只需选择最接近于你的总体倾向的答案。请记住，做这个测试时，我们寻找的是常见的行为模式和习惯，所以没有必要纠结于每个问题或答案的具体细节及具体措辞。

　　对于任何一个给定的问题，如果你觉得适合你的答案不止一个，请圈出其中最适合的。在选择一个答案时，不必要求那个答案中的每个词都适合。例如这个问题：“如果时间充裕，你早餐最可能吃什么？”其中一个答案是：“鸡蛋、培根、香肠、煎薄饼、黄油吐司、薯饼之类的食物。”这个答案中列出几种食物，只要有一种或多种是你在早餐时常吃的，就请选择它。

　　还有一些问题，你可能很难作答。例如，如果你对花生过敏，有一道题让你选择最喜欢的花生酱类型，你就没法回答。在这种情况下，请试着想象一下，假如不过敏，你**可能会**选择什么。你会购买著名品牌的花生酱，还是经过认证的有机花生酱？你会一次就吃一小勺，当零食解解馋，还是愉快地把一整罐都吃光？

　　同样，纯素食者或素食者可能很难回答与吃肉有关的一些问题。在这种情况下，试着想象一下，**假如**你吃肉，你**会**怎么选。例如，你若是那种经常选择吃有机农产品的人，就算吃肉，你很可能也会选择有机草饲牛肉。

　　此外，在回答每一道题时，一定要立足**实际**，而不是基于你**想**怎么做或你认为自己**应该**怎么做。试着尽可能缜密思考，记住这和"对与错""好与坏"无关，它们都是你的私人答案，所以回答这些问题的唯一"正确"方式就是诚实作答。不会有人给你打分或训斥你。通过这个测试，你可以确定自己当下的常规生活方式和选择，然后改善你所能改善的，以便在未来过得更健康。

　　你可能会惊讶地发现，自己未必能立即回答出所有问题。例如，你可能不知道你会对特定类型的食物或食物组合有什么反应。在这种情况下，你应该做的就是，把测试放在一边，找出题目中涉及的食物，试吃一下，看看自己有什么反应。虽然我不希望这个测试耗费你太多精力，但准确性很重要，所以请花点时间，不要急着做完。

　　请注意，你可以随时重做这个测试。事实上，你可能会希望每隔一段时间就重做一次，看看自己的习惯是否已经改变了，如果你会为了更好地适应大脑的需求而不断改进自己的选择，这种改变就会发生。

做测试

		A	B	C	D
1	你多久吃一次鱼？	很少或从不。我不喜欢吃鱼。	每月吃几次。	每周至少吃一次。	我喜欢吃鱼，我平均每周吃鱼不少于两次。
2	你多久吃一次鲑鱼、沙丁鱼、鲭鱼或新鲜金枪鱼？	从来不吃或几乎从来不吃。	我每月吃几次鲑鱼。	经常，比如每周吃一次或两次。	每周吃两次以上。
3	当你吃鱼的时候，通常是怎么烹饪的？	金枪鱼罐头或金枪鱼沙拉三明治都可以。	加入酸甜酱汁或照烧汁来做鱼。	我经常吃寿司之类的食物。	烤、蒸、生腌料理，随便哪种都可以！
4	你多久吃一次鱼子酱或鱼子？	从不。	难得有一次。	每月吃几次。	大约每周吃一次，或者尽可能频繁吃。
5	你服用鱼油或 ω-3 脂肪酸补剂吗？	不，我没有。	有时（或遵医嘱服用）。	经常，比如每周服用两三次（或者只要不吃鱼，我就会服用它们）。	是的，每天服用（或者只要不吃鱼，我就会服用它们）。

本页合计

A =	B =	C =	D =

（续表）

		A	B	C	D
6	你最喜欢吃的蔬菜是什么？	土豆！番茄也很好，尤其是在比萨酱或意面酱中的。	任何蔬菜都可以，只要与足够美味的调味汁混合在一起就行。	西蓝花、青豆、抱子甘蓝。	新鲜、有生机的夏日沙拉，加入各种蔬菜。
7	你多久吃一次橙色蔬菜（比如胡萝卜和番薯）？	不常吃。我有时会点一份炸番薯条，代替普通薯条。	有时吃一次，主要是放在汤里。	大约每周吃一次，做沙拉或制成配菜。	每周吃几次。烤、蒸或捣成泥，橙色蔬菜是很好的配菜。
8	你多久吃一次绿叶蔬菜（羽衣甘蓝、菠菜等）/十字花科蔬菜（西蓝花、花椰菜、卷心菜）？	不常吃。我很少吃绿色蔬菜，但我有时会吃经典的冰山生菜沙拉。	我会偶尔吃一次，但我更喜欢吃其他蔬菜。	经常，比如每周吃两三次。	每天或几乎每天都吃。
9	你多久吃一次升糖指数低的水果如浆果（蓝莓、覆盆子）/柑橘类水果（橙子、葡萄柚）？	很少或从不。	偶尔吃一次，不常吃。	每周吃一两次。	每周至少吃两次。
10	你喜欢什么样的水果？	香蕉、无花果、葡萄干/蔓越莓干。	热带水果，如芒果和菠萝。	苹果、梨、油桃、哈密瓜/西瓜。	浆果/柑橘类水果，如橙子。

本页合计

A =	B =	C =	D =

（续表）

		A	B	C	D
11	去买蔬菜水果时，你最可能买什么？	我通常会买冷冻水果和蔬菜。	我通常会买生菜、番茄或其他沙拉食材。	绿叶蔬菜（如羽衣甘蓝）/十字花科蔬菜（如西蓝花）。	各种不同类型的五颜六色的蔬菜——把它们变成盘子里的彩虹！
12	你多久吃一次冷冻蔬果？	常吃，比如每周吃两三次。	经常，比如每周吃一次。	偶尔，比如每月吃一两次。	很少或从不。
13	你每天都会力争吃到新鲜的有机农产品？	并不是。	我不太关心有机食品，但如果有条件，我就会吃。	是的，只要我能买得起。	当然！
14	你多久吃一次高脂肪水果（比如牛油果、橄榄）？	很少或从不。	有时，比如每月吃几次。	经常，比如每周吃一次左右。	每周至少吃一次。
15	你多久吃一次全谷物（例如糙米、藜麦、麦麸、小麦）？	很少吃。我喜欢吃普通的白面粉制成的食物。	偶尔吃一次。	经常，比如每周吃三四次。	几乎每天都吃。
16	你多久吃一次白面粉做成的面包、意式面食或比萨？	每天或几乎每天都吃。	大约每周吃三四次。	我喜欢意式面食，但一切都要适量。	很少或从不。

本页合计

A =	B =	C =	D =

（续表）

		A	B	C	D
17	你多久吃一次豆类（比如小扁豆、豆子或鹰嘴豆）?	很少或从不。	每月吃几次。	大约每周吃一次。	每周至少吃两次。
18	你平时常吃坚果（尤其是杏仁和核桃）吗?	并不是——除非你算上花生。（那样的话，是！）	算是吧。我喜欢吃烤坚果。	我经常在奶昔中加一些坚果。	我几乎每天都吃坚果——作为零食，或把它们放在汤或沙拉里。
19	你平时常吃种子（尤其是亚麻籽、奇亚籽、芝麻或火麻籽）吗?	其中有几样我几乎认不出。	我偶尔会吃。	我经常把它们放在奶昔／沙拉里。	是的，我的饭里常有它们的身影。
20	你多久吃一次不加糖的原味酸奶?	噫，难吃。	我不喜欢原味酸奶，但会和新鲜水果或其他配料混在一起吃。	经常吃，原味酸奶对健康有益。	每周吃几次。
21	你多久吃一次发酵食品（例如酸奶、德国酸菜、泡菜）?	除了热狗上的德国酸菜之外，我很少吃发酵食品。	偶尔，但不会经常吃。	每周吃几次。	经常吃，我知道它有助于消化。

本页合计

A =	B =	C =	D =

（续表）

		A	B	C	D
22	你注意饮食中的膳食纤维含量吗？	不，不太注意。	我会吃一些蔬菜，但不是经常吃。	是的，我会吃足够的蔬菜和谷物。	是的，我吃很多绿叶蔬菜、全谷物 / 豆类。
23	你多久吃一次精益蛋白质（如鱼肉、禽肉、牛肉、鸡蛋或豆腐等豆制品）？	我每天吃肉 / 禽肉，还吃几个鸡蛋。	我不怎么吃鱼 / 豆腐，但是会吃很多鸡肉、牛肉和鸡蛋。	经常吃。	我很少吃鸡肉或牛肉，但经常吃鱼 / 豆腐。
24	比起红肉和猪肉，你更喜欢吃鱼和鸡肉吗？	不，老实说，我更喜欢吃牛肉或猪肉（培根、排骨、熟肉制品），而不是吃鸡肉或鱼。	我主要吃禽肉，偶尔吃红肉或猪肉。	我吃红肉和猪肉的次数比吃鱼和鸡肉的次数少得多。	我更喜欢吃鱼或鸡肉，而不是吃红肉和猪肉。
25	你多久吃一次红肉、猪肉或高脂乳制品？	我每天都吃这些食物，会吃一种或多种。	每周吃几次。	每月吃几次。	每周少于一次。
26	你多久吃一次工业化养殖生产的鸡肉、牛肉 / 猪肉？（如果是纯素食者或素食者，请回答"假如我吃肉，我会选择……"）	总是吃这种工业化养殖生产的肉类。有机肉类太贵了，我不确定它是否真的有不同。	经常吃，我对此并不挑剔。	偶尔，如果没有有机肉类可选。	很少或从不。我更喜欢有机牧场养殖生产的肉类。

本页合计

A =	B =	C =	D =

（续表）

		A	B	C	D
27	你通常一周吃几个鸡蛋?（算上烘焙食品、奶黄、乳蛋饼等食物中所含的鸡蛋。如果是纯素食者或素食者，请回答:"假如我吃鸡蛋，我会选择……"）	我每天至少吃两个鸡蛋。	我每周吃三四次，每次吃两个（大约每周吃六至八个鸡蛋）。	我每周吃一两次，每次吃两个（大约每周吃两至四个鸡蛋）。	我通常每周吃一两个鸡蛋，最好是散养鸡产的蛋。
28	你最常吃哪种奶酪?	罐装或切片和块状的再制奶酪。	包装奶酪，特别是切达奶酪或美式奶酪。	新鲜的奶油奶酪，如布里奶酪（Brie）或卡蒙贝尔奶酪(Camembert)。	干的、熟成奶酪，比如帕玛森奶酪（Parmesan）或菲达奶酪一类的山羊奶酪。
29	你的饮食中是否包括未经精炼的特级初榨植物油（如橄榄油、亚麻籽油或椰子油）?	很少。我更喜欢黄油或人造黄油。	当然是橄榄油。其他的食用油，吃得不多。	我经常食用这几种油。	我总是用未经精炼的植物油。

本页合计

A =   B =   C =   D =

（续表）

		A	B	C	D
30	你是否担心反式脂肪（你是否检查食品标签，以避免买到含反式脂肪的食品）？	并不是。	不太担心，但我会留意标签。	我尽可能避免食用含反式脂肪的食品。	我坚持食用有机食品，不吃任何含反式脂肪的食品。
31	你烹饪时用香草（例如迷迭香、鼠尾草、大蒜）代替盐吗？	不，我烹饪/烘焙时用盐。	这取决于食谱；我通常两者都用。	我经常用香草代替盐。	是的，在烹饪时，我总是用香草代替盐。
32	你多久吃一次大蒜和洋葱（无论生吃或熟吃）？	很少或从不。	偶尔，比如每月吃几次。	经常，比如每周吃一次左右。	每周至少吃一次。
33	你是否会在饭菜中加入香料姜黄或咖喱？	那是什么？	有时会，我怎么都行。	我喜欢咖喱！我每隔一周左右就会吃一顿加了咖喱的饭菜。	我喜欢姜黄，经常把它加入汤、炖菜和咖喱中。
34	你通常会在食物中加盐吗？	我在几乎所有的食物中都加盐；不加盐的食物味道淡。	我每天会在饭菜中加一点盐。	我通常不会在烹饪后加盐。	我很少用盐，就算加，也主要是在烹饪时加入食物中的。

本页合计

A =	B =	C =	D =

（续表）

		A	B	C	D
35	你是否经常每天至少喝8杯白开水?	我不太喜欢喝水,我更喜欢喝果汁、碳酸饮料或其他更美味的饮品。	我偶尔会每天喝8杯水,我知道我应该多喝水。	基本上如此。	总是如此。
36	当你感到口渴时,你最有可能做什么?	喝一杯冰镇的碳酸饮料或其他饮料	喝一杯冰茶或果汁就可以了。	喝冷水或其他饮料。	我通常会选择喝白开水(最好是接近室温的)!
37	你多久喝一次果汁/碳酸饮料?	每天都喝。我可能早上喝橙汁,白天喝碳酸饮料。	经常喝。我不太喜欢喝白开水。	有时喝,最好是健怡可乐。	很少或从不。
38	你每天早晨喝一杯花草茶的可能性有多大?	不太可能。	我不是特别爱喝,但我觉得偶尔喝一次也不错。	我经常喝茶。	可能性很大。
39	你多久喝一次红葡萄酒?	几乎从不。我更喜欢啤酒。	偶尔,在餐馆用餐时可能会喝一点。	每周喝几次。	我通常每天喝一两杯红葡萄酒。
40	你多久喝一次鸡尾酒或烈酒?	等不及星期五的狂欢时段了!	基本上每天晚上都会喝。	偶尔,主要是社交场合。	只有在特殊场合,才会喝一点。
41	你多久喝一次牛奶?	几乎每天都喝。	经常喝,比如每周喝两三次。	偶尔喝一次,作为对自己的特殊奖励。	很少或从不。

本页合计

A =	B =	C =	D =

（续表）

	A	B	C	D
42	你每天喝几杯咖啡或含咖啡因的饮料?	很多杯。	两三杯。	我每天早晨喝一杯（中杯）咖啡或含咖啡因的其他饮料，白天可能会再喝一杯。	我每天最多喝一杯咖啡或含咖啡因的饮料。
43	你喝何种咖啡?	香草风味咖啡、焦糖玛奇朵、市售的冰咖啡（例如，星冰乐）、拿铁——任何一种都可以。	加奶油和糖或者甜味剂，比如善品糖（Splenda）和糖精（Sweet'N Low）。	加糖或甜味剂，比如善品糖或糖精。	黑咖啡，不加糖，但我可能会加少许牛奶或牛奶替代品。
44	你用蜂蜜、枫糖浆或甜菊糖来代替糖或其他甜味剂吗?	不，我宁愿用白糖。	我通常是用善品糖和糖精之类的甜味剂。	是的，我尽可能用蜂蜜、枫糖浆或甜菊糖来代替糖或其他甜味剂。	是的，一直都是。
45	你最喜欢的甜点是什么?	香浓醇厚的甜点，比如芝士蛋糕或巧克力布朗尼。	蛋糕或冰激凌，视情况而定。	我喜欢多样化——但一切都要适量!	小巧而味浓的，比如一块黑巧克力。
46	你多久吃一次甜点（比如馅饼、曲奇或冰激凌）?	几乎每天，我爱吃甜食!	经常，比如每周吃三四次。	大约每周吃一次。	很少——一切都要适量。

本页合计

A =	B =	C =	D =

（续表）

		A	B	C	D
47	你经常吃从外面买的馅饼、甜甜圈、煎薄饼、糕点/玛芬蛋糕吗？	几乎每天都吃。	经常吃，比如每周吃两三次。	偶尔，比如每月吃一两次。	很少或从不。如果吃甜点，我只吃以有机、天然完整食物为原料的新鲜甜点。
48	你是否从小就喜欢吃那种预包装的巧克力、糕点和糖果（例如好时牛奶巧克力，多乐滋扭扭糖，糖霜果塔饼干）？	当然，我至今仍然喜欢吃这类东西！	是的，我偶尔还会吃这类东西。	我可能吃过，但从来没有喜欢吃这类东西。	我从小就很少吃糖果。
49	新鲜蔬菜和水果、坚果、豆类、全谷物以及少量的鱼和蛋。你平时主要吃这些东西吗？	完全不是。	我偶尔这样吃，但不以此为主。	我不遵循这个安排，但我经常这样吃。	是的，我每天的饮食基本都是这样安排的。
50	你的饮食主要包括肉类、白面包或意式面食、土豆、奶酪/油炸食品吗？	它们恰巧是我的最爱。	经常，我是个爱吃肉和土豆的人。	我不会吃太多的面包或意式面食，但我确实喜欢吃肉，偶尔吃些油炸食品。	我的饭不以此为主。

本页合计

A =	B =	C =	D =

（续表）

		A	B	C	D
51	如果时间充裕，你早餐最可能吃什么？	鸡蛋、培根、香肠、煎薄饼、黄油吐司、薯饼之类的食物。	新鲜的玛芬蛋糕、司康饼、鸡蛋。	我比较灵活——可能会吃美式炒蛋，但也可能会吃燕麦片和水果。	一些清淡的食物，比如燕麦片或全麦吐司（我也可能吃水果和蔬菜果昔）。
52	你的午餐是不是通常包括一个三明治（例如，包装好的夹有火腿、瑞士奶酪和蛋黄酱的三明治），也许还有薯片？	是的。	经常，可能每周吃两三次。	偶尔，如果没有其他食物可选。	很少或从不，我更喜欢汤和沙拉。
53	在烧烤时，你最有可能在烤架上放什么食物？	汉堡、排骨、热狗、芝士汉堡。	主要是肉类，但也可能放一些玉米。	一块好鸡肉。	西葫芦、茄子和番茄等蔬菜。也会烤一些虾和鱼。
54	你每天吃几餐？	一天至少三餐，还要吃两至五次零食。	一天三餐，吃两次零食，每次都吃很多。	一天三餐，再加上少量零食。	一天三餐，偶尔吃点零食。

本页合计

A =　　　　B =　　　　C =　　　　D =

（续表）

		A	B	C	D
55	你吃的食物通常是小份的（例如，一份与你的手掌大小相当的肉或鱼；一份与你的小指长度相当的奶酪；一份与一个小苹果的大小相当的水果）的吗？	我吃的食物通常是更大份的。	有时，当我不饿的时候。	经常——尽管就某些种类的食物而言，我可以吃更大份的。	我几乎总是吃小份食物。
56	你多久吃一次较大分量的动物性食物（例如，超过85克的肉或禽肉，超过58克的乳制品，2个以上的鸡蛋）？	每天或几乎每天，我喜欢吃大份的。	经常。	偶尔，在吃禽肉和鸡蛋的时候，可能会一次多吃一些。	很少或从不。
57	你是否经常在饭后意识到自己吃得太多了？	经常！有时我不得不服用抗酸药。	在周末经常如此，在节假日绝对如此。	在节假日，我可能会吃太多，但在平时，我通常可以很好地控制自己的饮食。	很少或从不。

本页合计

A =　　　　B =　　　　C =　　　　D =

（续表）

		A	B	C	D
58	如果医生让你在吃到五分饱的时候就停止进食，你会这样做吗？	我怎么知道自己已经吃到五分饱了呢？	这很难，但我会试一试。	是的，但可能不是每顿饭都如此。	没问题，我从不胡吃海塞。
59	从吃完晚餐到次日早餐前，你是否至少有12个小时不吃任何食物（例如，晚上8点吃晚餐，次日早上8点吃早餐，其间不吃零食）？	很少有这种情况，在深夜或睡前，我通常会吃甜点或零食。	有时，但更可能是禁食6至8个小时，而不是12个小时。	大多数情况下是这样，但我对此并不严格。	是的，很容易。我晚餐通常吃得比较早，晚餐后就不吃任何东西了，直到第二天早上才进食。
60	你是否经常少吃一顿饭？	有时，从早餐后直到下午的狂欢时段，这段时间不吃任何东西。	我经常不吃早餐。	有时，如果我太忙或忙得没时间吃饭。	很少或从不。
61	你是否经常在餐后觉得需要一点提神的东西（很可能是一些含糖的东西或一杯咖啡）？	我总是在午饭后喝一杯咖啡或吃一颗糖果。	在午后不久我的血糖经常会下降，我需要一点提神的东西。	有时我会喝杯咖啡或吃点糖果。	很少或从不，我在餐后通常感到精力充沛。

本页合计

A =	B =	C =	D =

（续表）

		A	B	C	D
62	你是自己做饭还是吃别人做的饭菜？	我很少做饭。或者如果我有时间，我可能会做晚饭。	偶尔做饭，我喜欢吃外卖/预制食品。	我经常做饭，但我也喜欢在外面吃饭。	我吃的饭菜基本上都是自己亲手烹制的或自家做的。
63	你多久吃一次加工食品（例如汤类罐头、冷冻或预制食品、市售的糕点/蛋糕、饼干等）？	常吃，每周可能吃三四次或更多次。	经常，比如每周吃一次。	偶尔，比如每月吃一两次。	很少或从不。
64	如果你下班回家晚了并且很累，你把预制晚餐放入微波炉中加热一下就吃（或者吃任何其他形式的预制食品或包装食品）的可能性有多大？	很有可能。	有可能，但不是每次都如此。	不太可能，除非我家里没有别的东西可吃。	非常不可能。
65	你多久吃一次快餐和油炸食品？	我喜欢炸薯条和快餐，我每周吃三次以上。	经常——也许每周吃三次。	偶尔，比如每周吃一次。	从不，或难得有一次。

本页合计

A =	B =	C =	D =

（续表）

		A	B	C	D
66	你多久吃一次低脂或脱脂食品？	几乎每天。	经常，比如每周吃两三次。	偶尔，如果我周围碰巧没有其他食物。	很少或从不。
67	你多久吃一次谷物早餐食品〔例如，香脆麦米片（Special K），家乐氏卜卜米（Rice rispies），玉米球麦片（Corn Pops），巧克力玉米球（Cocoa Puffs），葡萄干早餐脆片（Raisin Bran）〕？	我每天的早餐都如此。	经常，比如每周吃两三次。	偶尔，比如每月吃一两次。	很少或从不。
68	你是否经常发现自己在工作或做其他事情（如开车、阅读、跑腿等）时会伸手去拿零食？	总是这样。	经常如此，我是个嘴馋的人。	偶尔，尤其是在做无聊的事情时。	很少或从不。

本页合计

A =	B =	C =	D =

（续表）

		A	B	C	D
69	你最常吃的零食是什么？	薯片、椒盐卷饼、糖果或奶酪。	糖果或甜食。	坚果或坚果酱。	一块水果、一些杏仁/酸奶。
70	你在晚餐后或晚上/夜间是否吃零食？	是的，我喜欢边看电视边吃爆米花或薯片。	在饭后尤其是晚餐后，我经常想吃点甜点。	偶尔，我怎么都行。	很少或从不。
71	当你去看电影时，你边看边喝碳酸饮料吃爆米花的可能性有多大？	这就是看电影的乐趣所在。	爆米花，很有可能。	偶尔会吃爆米花	我不喜欢这样。
72	你最喜欢哪种花生酱（或其他坚果酱）？	著名品牌产品，例如四季宝（skip-py）、小飞侠（Peter Pan）、积富（Jif）。	我通常买调味花生酱（例如，加盐、蜂蜜、巧克力的）。	我尽可能经常买有机花生酱。	有机的和不加盐的。我有时甚至自己做。
73	你的消化系统怎么样？你是否经常便秘或腹泻？	我的消化系统不太好。我经常便秘或腹泻。	我有时会便秘或腹泻。	我排便通常很有规律，虽然偶尔会便秘或腹泻。	我排便很有规律，我通常不会便秘或腹泻。
74	你是否经常在饭后感到腹胀、胀气或不舒服？	我几乎每次吃完饭后都会有这些消化问题。	经常，我的胃很敏感（有时反胃或反酸）。	偶尔会这样，主要是对特定食物的反应。	很少或从不。

本页合计

A =	B =	C =	D =

（续表）

		A	B	C	D
75	你是否需要减掉腰部和臀部的赘肉？	唉，我需要。	是的，有些。我的赘肉倾向于长在腰部和臀部。	也许有点。	不需要，我身材很好。
76	你的体重是否很容易增加或减轻？	我一直在努力减肥。	我的体重增加几千克很容易，但很难减掉。	我试过几次"溜溜球节食"（yo-yo dieting），但除此之外，我的体重相当稳定。	我多年来一直保持现有体重，体重波动不会超过几千克。
77	如果你咽喉痛或者感觉快要感冒/发烧了，你有多大可能采取多喝水多休息的方法，而不是服用抗生素？	我宁愿让医生给我开抗生素，以便尽快好起来。	很有可能，这取决于我感觉有多严重。	我可能还是会让医生给我开点抗生素，如果症状变严重，我就会服用抗生素。	我能够通过良好的自我护理来治愈自身的大多数不适。服用抗生素是最后的选择。
78	从儿时到现在，你大概多久服用一次抗生素？	一年不止一次。	大约一年一次。	一年不到一次。	很少或从不。
79	你的血压高吗？（你在服用降压药吗？）	是的，我有高血压/我在服用降压药。	我的血压处于临界状态/我正在考虑服用降压药。	有可能，如果我不锻炼并且不注重健康饮食。	我的血压正常，我不服用降压药。

本页合计

A =	B =	C =	D =

（续表）

80	你的胆固醇水平高吗？（如果使用药物，你是否在服用降胆固醇药物？）	是的，我有高胆固醇血症／我在服用降胆固醇药物。	我的胆固醇水平处于临界高值，或者我正在考虑服用降胆固醇药物。	我需要检测一下我的胆固醇水平，但总的来说，它在正常范围内。	我的胆固醇水平正常，我不服用降胆固醇药物。

本页合计

A =   B =   C =   D =

给你的测试打分

恭喜你完成了测试！

你现在需要做的就是，计算一下自己的得分。这很简单，只需遵循以下4个简单的步骤。

1. 在测试的每一页上，将你圈出选项A、B、C和D的次数相加，并将每个小计写在该页底部的"本页合计"框中。

2. 将每页的小计相加，并在下列计分框中的"答案数"一行中填写每一列（A、B、C和D）的合计。

	选答案 A 的总 次数	选答案 B 的总 次数	选答案 C 的总 次数	选答案 D 的总 次数	总数
答案数					
每个 答案的 分数	0	1	2	3	
总计	+	+	+	=	

3. 使用这个评分系统给你的答案打分：

· 每个答案 A 给 0 分（所以无论你选答案 A 的总次数为多少，总计将始终为 0 分）

· 每个答案 B 给 1 分（所以如果你选答案 B 的总次数为 10 次，则总计为 10×1 = 10 分）

· 每个答案 C 给 2 分（所以如果你选答案 C 的总次数为 10 次，则总计为 10×2 = 20 分）

· 每个答案 D 给 3 分（所以如果你选答案 D 的总次数为 10 次，则总计为 10×3 = 30 分）

将每列的总计加在一起。你将得到一个总分。

例如，我的朋友劳伦做了这个测试，她的测试结果如下：她选答案 A 的总次数为 5 次（= 0 分），选答案 B 的总次数为 10 次（10×1 = 10 分），选答案 C 的总次数为 25 次（25×2 = 50 分），选答案 D 的总次数为 40 次（40×3 = 120 分）。正如你在下一页的表格中看到的，她的总分为 180 分。

	选答案A的总次数	选答案B的总次数	选答案C的总次数	选答案D的总次数	总数
答案数	5	10	25	40	80
每个答案的分数	0	1	2	3	
总计	0 +	10 +	50 +	120 =	180

4. 接下来，你依照自己的总分，并使用以下标准，选定自己所属的类型：

· 如果你的总分低于 80 分，你就处于初级水平。

· 如果你的总分为 80 至 160 分，你就处于中级水平。

· 如果你的总分高于 160 分，你就处于高级水平。

你所属的类型，反映了你大脑整体上的主要特征。例如，劳伦就是恰好处于高级水平。

然而，根据你的得分与分界值的接近程度（得分在 80 分左右，或者在 160 分左右），你的类型可能介于两个水平之间。例如，劳伦的得分为 180 分，这一分数比较接近中级水平。因此，劳伦处于高级水平，但具有中级水平的一些特征。其他人可能介于初级水平和中级水平之间。如果你也是介于某两个水平之间，那么你应该把与两个水平相关的建议都阅读一下。

下一步

当你确定了自己处于哪个水平（初级、中级或高级），就可以接着读下一章，了解这些水平背后的含义，找到与相应水平匹配的有针对性的建议了。这样做可以打下基础，以便你灵活运用本书中的信息。在下一章中我还介绍了一些改变或完善饮食的实用技巧，你可以在此基础上制订适合自己的饮食计划。

试着实施你的专属饮食计划，至少坚持三四周，看看自己感觉如何。在此过程中，你将进一步吸收"第二步：健康饮食法改善认知能力"中概述的更具普遍性的饮食建议，使之更适合自己的需求，从而最大限度获益。事实上，通过这最后一步，创建和执行适合自己的饮食计划，你将整合所有必要的信息，最终制订一个对你有益的最佳脑部健康计划。

按照这个计划来安排自己的日常饮食和体育锻炼，起初可能有难度。头两周通常是最具挑战性的，所以如果你能坚持下来，真的很棒！就算不能，也不用担心。旧习惯很难改，每个人偶尔都会懈怠，重要的是，及时重拾计划，继续坚持下去。慢慢地，你就能够完全遵循这个计划了。

等到你能很容易地完整执行这个计划时，可以再做一次上面的测试。那时你很可能会发现，自己的饮食习惯有所改善，测试得分和水平都提高了。水平提高后，就可以尝试与新水平相关的饮食建议了。水平的每一次提高，都代表着你向最佳的健脑饮食迈进了一步。我们使用这个分级系统，是为了确保坚持健脑饮食渐渐变成你生活方式中不可或缺的一部分，同时也让过渡变得尽可能容易。

　　请记住，这种方法不是"灵丹妙药"，不能提供立竿见影（或很快失效）的解决方案。你在践行健脑饮食时发现的知识，能为你开启一段终生旅程。所以我们的目标是，帮助你开发出健康状态最理想的大脑，并为你提供一张保健路线图，让你的大脑在未来的岁月里保持健康。与减掉几千克体重就能实现的目标相比，这个目标要远大得多。因此，就你而言，你需要愿意挑战自己，超越日常习惯，并坚持自己独特的健康通道。这本书的最终目标是，帮助你从其他水平步入高级水平，然后在测试中取得最高分，直到你成为终极百岁老人那样的人。就像生活在我们中间的真正的百岁老人一样，你的任务是，改善你的生活方式，尽可能地享有最长寿、最健康和经历最丰富的生活。

　　那么……你处于哪个水平？

第 15 章
健脑饮食的三个水平

初级水平

总的来说，初级水平者根本不爱健脑饮食。

在这三种水平中，初级水平者所吃的不健康食物往往是最多的，那些食物中含有大量的潜在促炎营养素、反式脂肪、精制糖和有害化学物质。与此同时，他们很少吃大脑必需的、营养丰富的食物，如新鲜蔬菜、水果、豆类、全谷物——更不用说鱼或贝类了。

我们针对你所处的水平提出的建议，是为了让你挑战自己，离开自己的舒适区，改变自己的饮食习惯，对自己的大脑好一点。本章中概述的计划探讨了上述问题，并提供了一些实用的解决方案，以帮助你实现健康和长寿的目标。虽然没有人能够在弹指之间就变得富有营养学素养或获得身体健康，但你能做的是，尽可能多地采纳这些建议，并将它们一点一点地引入你的日常生活中。例如，吃一些蔬菜就比不吃蔬菜好。喝一杯白开水就比喝一瓶碳酸饮料好。吃一份浆果就比吃一根香蕉好，但如果你想吃一根香蕉，那就吃，总比吃一个甜甜圈好。

我们的第一个目标是，通过增加新鲜蔬菜、水果、豆类和全谷物的摄入量和多样性，来扭转各种维生素、矿物质和膳食纤维的缺乏。除了"第二步：健康饮食法改善认知能力"概述的一般性建议之外，针对你的计划，我还提供了一些具体建议，比如你应该注意多吃哪些食物，并将其纳入每日食谱。

水果、蔬菜、坚果和种子

首先，努力做到每天都吃蔬菜和水果。请记住，百岁老人饮食的一大特点是，他们食用未经加工的食品，而不是加工食品。由于长寿岛上的百岁老人食用的是自家菜园和田地里的农产品，他们的食物含有更少的农药和更多的营养素，尤其是天然抗氧化剂。根据这一原则，在蔬菜的选择上，我们可以尽量用本地的新鲜绿叶蔬菜和清脆的有机西蓝花或花椰菜，来取代平淡无味的、没什么营养的冰山生菜。世界上的番茄品种非常多，你知道人们种植的祖传番茄（heirloom tomato）有 3000 多种吗？ 所以当你下次准备买那种通常看起来颜色很淡的牛番茄（beef tomato）时，不妨尝试一下，买其他品种（比如红色、黄色、绿色，甚至紫色）的番茄。番茄的颜色越鲜艳，对你的健康就越有益。

当你开始这一阶段时，应将重点放在每天至少吃一份绿叶蔬菜（宽叶羽衣甘蓝、瑞士甜菜、羽衣甘蓝或菠菜）/十字花科蔬菜（西蓝花、花椰菜、抱子甘蓝或卷心菜）上。这是关键，一定要重视它。你还需注意多吃其他蔬菜，例如豌豆（富含 ω-3 脂肪酸）和橙色蔬菜（如胡萝卜、冬南瓜和奶油南瓜），它们富含抗氧化剂和天然糖。最后，你的日常饮食中还应包括洋葱、大蒜和新鲜的香草（如鼠尾草和迷迭香）。

请记住，与新鲜的有机农产品相比，冷冻、罐装和经过其他加工的农产品中所含的大脑必需营养素要少得多。如果你买不到新鲜的农产品，那就买冷冻的有机农产品，它们仍然比大多数超市货架上摆放的（商业化种植的）转基因农产品要好。你的任务是，确保自己在午餐和晚餐时都要至少吃 1 份蔬菜。

我们现在来说水果。新鲜浆果（如蓝莓、覆盆子、黑莓和草莓），以及柑橘类水果（如橙子、柠檬和葡萄柚）是最有营养价值的，你每周都应该多吃。这些水果不仅富含维生素和抗氧化剂，升糖指数低，并且含有大量的膳食纤维。对于初级水平者来说，每天吃一份这样的水果，是一个很好的开始。你应该也发现了，这个清单里没有香蕉，但如果你想吃香蕉，可以每周破例吃一次，因为香蕉含有对大脑有益的葡萄糖。如果你很爱吃香蕉，你可以试着做出改变，逐渐用浆果和柑橘代替香蕉。苹果是另一种很好的选择，它也是低升糖指数的水果，那句俗话我就不重复讲了，反正你也知道。虽然各种苹果都富含维生素、抗氧化剂和膳食纤维，但是在所有的苹果品种中，红蛇果（Red Delicious）和嘎啦苹果（Gala apple）的抗氧化剂含量是最高的，对你的大脑也更有益。

坚果和种子也很重要，应该进入每日菜谱。其诀窍在于，只吃生的坚果和种子，不要吃加盐的、经过烘烤的、加香料的、加蜂蜜烘烤的、过度加工的、带有糖霜的坚果和种子。起初，你可以把杏仁和核桃（尽可能带皮吃）当作日常零食。至于种子的日常食用方法，你可以尝试一下在汤和沙拉或酸奶和谷类食品中，加入一茶匙亚麻籽或一小撮葵花籽。亚麻籽富含 ω-3 脂肪酸，而葵花籽富含锌，能增强免疫力。

如果你很爱吃花生酱，那也没关系，但是不要买那种商业品牌（比如四季宝或积富）的花生酱，而是要选择有机花生酱。有机花生酱不会贵太多，而且更有益健康。接下来，逐渐少吃花生酱，转为吃杏仁酱，这种风味会为你打开新世界的大门。

谷物和豆类

说到复杂碳水化合物，番薯是首选。番薯富含抗氧化剂 β- 胡萝卜素和维生素 C，是维生素 B₆、矿物质和膳食纤维的极好来源。番薯会让你有饱腹感，同时减少对甜食的渴望。确保每周吃两三次番薯，以代替通常的黄色或白色红薯。

全谷物是另一种重要的缓释型碳水化合物。确保每天吃两次，每次吃一份全谷物，如燕麦、全麦和糙米。例如，早餐吃一片杂粮面包或一碗燕麦粥，午餐吃一杯糙米。此外，你可以尝试一下，在每周的食谱中纳入不少于两份的豆类（如鹰嘴豆或小扁豆）。别忘了试试我最爱的食谱——佛碗！在本章结尾的示例食谱计划中，你可以找到一些入门建议。

鱼

你即使不爱吃鱼，也无论如何要为大脑提供足够的 ω-3 脂肪酸，以改善认知健康并抵御疾病（比如阿尔茨海默病）。或许，你可以在全麦贝果（whole-wheat bagel）上面加点烟熏鲑鱼（Lox）？你觉得炸鱼薯条怎么样？

　　炸鱼薯条是一个很好的例子，可以拿来示范如何将相当不健康的一道菜，变成营养丰富、美味可口的饭菜。我的食谱是使用松脆的（有机、全麦）椒盐卷饼代替加工食品面包糠，用的鱼是肉质紧实的罗非鱼片，而不是常规的淡而无味的白鱼（whitefish）。此外，我使用气味芬芳的椰子油来炸鱼，而不是所有快餐连锁店使用的可导致心脏病发作的部分氢化油。这道炸罗非鱼片滚椒盐卷饼面包糠（Pretzel-Encrusted Tilapia Fillet），会让你和家人都赞不绝口。相关食谱见第16 章和我的网站。

　　如果你吃的鱼主要是金枪鱼罐头，这在开始阶段也可以通融。但是说到金枪鱼，记得选择野生或用竿钓捕捞的金枪鱼。接下来，一定要购买水浸金枪鱼罐头（你可以自己加一点特级初榨橄榄油）。你知道鲑鱼也可以被制成罐头吗？你在美国的任何超市里都可以买到阿拉斯加野生鲑鱼罐头。买一罐 425 克的小黄蜂优质野生鲑鱼罐头（Bumble Bee Premium Wild Salmon），只需 2.75 美元。你猜怎么着？在超市里也可以买到凤尾鱼罐头和沙丁鱼罐头，更不用说鲭鱼罐头了。去一趟超市，你就可以买到 5 种不同的鱼罐头，而不是只有一种可供选择。如果你愿意接受这个饮食计划，那么你的任务就是，从每周吃两份鱼开始，然后逐渐增加到每周吃三份鱼。

肉类、甜食和加工食品

　　当你转而吃更多的有益健康的谷物、豆类和鱼类，就会逐渐减少加工食品、油炸食品、甜食、肉类和奶制品的摄入。特别要注意少吃含有大量反式脂肪的食品，比如市售的甜甜圈、曲奇、饼干、玛芬蛋糕、馅饼、蛋糕、已打发的鲜奶油、涂抹酱、再制奶酪和糖果。不用说，这些食品都对健康有害，反式脂肪酸对人体的危害很大。方便食品如即食快餐、速冻的微波炉加热即食快餐、速冻晚餐和比萨，也在我们的黑名单上。重要的是，你应逐渐减少吃这些食品的次数，直到——嗯，永远不吃。伊森·亨特①（Ethan Hunt）能练就从大厦顶部跳下的功夫，你不会真的认为靠的就是吃炸薯条和纸杯蛋糕吧？

　　同样重要的是，要注意肉类的质量，尽量少吃那种工业化养殖的和经过加工的肉类食品，而牧场养殖生产的散养鸡肉、草饲牛肉，当然还有野生鱼，则可以多吃一些。这将进一步减少你饮食中反式脂肪、饱和脂肪和胆固醇的含量，同时保护你的胃免受农药、污染物和其他有害毒素的侵害，那些肉类食品中通常会含有这些有害物质。请记住，那些肉类是混杂着化学物质的各类耐药细菌的温床，它们都与健康的身体沾不上边儿——不仅会使得你每个器官（包括大脑）的炎症和氧化应激增加，还会在这个过程中破坏你的肠道菌群，损害肠道健康。如果你真的爱吃培根，最好选择用有机的、不含抗生素的猪肉制成的。要想买到用干净、安全的猪肉制成的培根，是很难的，所以必须仔细挑选。

　　如果你爱吃肉和奶制品，还需要记住一些相关窍门。第一个窍门是，对食用次数和分量进行限制。在初级水平，你将逐渐用更健康、更有营养的肉类和奶制品，取代以前常吃的低品质的肉类和奶制品，

---

① 影片《碟中谍3》（*Mission: Impossible III*）中的超级特工。——译者注

以改善和提升脑部健康。重点是，尽量少吃红肉（牛肉），而牧场生产的散养的童子鸡、母鸡、鸭子和火鸡以及它们的蛋，则可以多吃一些。一般说来，你可以把目标定为，每周吃两次熟肉（共 85 克），每周吃一次鸡蛋（共 2 个）。如果你觉得需要吃得更多一些，可以把摄入量限制在，每周吃约 113 克的禽肉，每周吃 3 个鸡蛋，同时有意识地逐渐减少摄入量。

换句话说，你在常规的一周当中，应该有三天是既不吃肉也不吃蛋的。

如果你体内缺铁或者很想吃牛排，草饲牛肉是最好的选择——但每周至多吃一次。确保遵循这些简单规则：（1）不超过推荐的分量（85 克，熟的）；（2）选择一块精瘦的牛肉；（3）烤熟！不要用油煎或炙烤。说到在室内烧烤，我有一个烤炉，烤盘表面有很深的沟槽，可以收集并去除多余的油脂。烤牛肉的同时，你还可以在烤盘上放一些蔬菜：西葫芦、茄子、波特菇（portobello mushroom）、青椒、黄椒、红椒，甚至在沸水中略微煮过的番薯……它们都是很好的烧烤食材，在室外和室内烧烤都很方便。此外，如果你习惯在烤肉上涂酱汁，可以加少许（有机、全脂）黄油，淋上柠檬汁，但不要放其他酱料、调味汁或肉汁。

我们现在来说奶酪。佩科里诺奶酪、帕玛森奶酪、陈年切达奶酪（aged Cheddar）、乡村奶酪（cottage cheese）、菲达奶酪和山羊奶酪都是不错的选择，但是你最好把它们当作一种特殊的零食，而不是日常的零食。设想一下你在飞机上，午餐托盘到了。还记得咖啡杯里通常和饼干放在一起的一小块奶酪吗？那就是完美的一份的量（约 28 至 57 克）。每周吃一份这样大小的奶酪就可以了。如果你很爱吃奶酪，在开始阶段，每周吃两份奶酪也是可以的。

我们应该经常食用的乳制品只有酸奶和开菲尔，而且必须是原味、不加糖的。考虑到它们是大脑必需营养素和益生菌的极好来源，你可以每天喝一杯。经常喝酸奶对保持最佳胃肠道功能至关重要，这反过来又有助于脑部健康。你的目标是，只喝原味酸奶（全脂和有机的），不要喝那种加糖或人工增甜、调味的酸奶。

最后，一定要少吃富含 ω-6 脂肪酸的促炎食物。尽量减少食用某些植物油（如玉米油、大豆油、红花籽油和葵花籽油），不失为一种简单的方法。这些油也经常被用在即食快餐和速冻晚餐之类的预制食品中，所以要注意阅读食品标签。未经精炼（特级初榨或至少保证初榨）的植物油是更好的替代品，比如以橄榄、亚麻籽、椰子或牛油果为原料的冷榨油。避免食用精炼植物油是至关重要的，对初级水平者来说尤其如此。请记住，（通过冷榨获得的）特级初榨油比任何（通过溶剂萃取获得的）精炼植物油都富含抗氧化剂，而精炼植物油几乎不含这些宝贵的能够抗衰老的化合物。

与此同时，请尽量食用更清淡更健康的食品，取代高糖高盐食品。有机的、新鲜烘焙的贝果面包完全可以作为周日零食，高品质的黑巧克力也是如此。如果你以前没吃过黑巧克力，习惯吃甜的白巧克力或牛奶巧克力，那么你的味蕾可能会不适应。不妨选用可可含量约为 65% 的微苦巧克力，过渡一下。

下一次，当你想吃甜甜圈、曲奇或糖果棒时，不妨换个花样：吃一块黑巧克力和一把杏仁。然后，如果你还想吃甜食，请看一下第 16 章或我的网站，里面有一些健康的甜食食谱，可以帮助你更轻松地过渡，其中包括我拿手的香蕉杏仁饼（banana almond pancake），拉斐尔椰子酱酥球（Raffaello coconut butter Ball），自制的巧克力蓝莓冰激凌（chocolate blueberry ice cream）。按照食谱，只需要 10 分钟就能搞定任何一种甜食。

水和饮料

在改善食物选择的同时，还要确保体内有充足的水分。你需要喝水。具体来说，就是喝白开水。坚持每天喝 8 杯水，能让你的认知能力（注意力和大脑反应速度）提升 30%。你喝的水越多，你就越能意识到它的健康效应，感觉也越好（无论是精神上还是身体上）。

如果你觉得喝白开水淡而无味，不妨试试水果泡水。柠檬水是一个很好的开始。你需要做的就是，把一大杯水与半个柠檬的汁混合在一起。你还可以根据自己的喜好在这杯水中加一些蜂蜜或枫糖浆。早晨起床后是喝这杯水的最佳时间——可以促进新陈代谢，刺激胃肠的蠕动，同时补充大量的维生素 C，让你在新的一天开始时感到精力充沛和"更清爽"。关于其他几种水果泡水的制作方法，请参考我的网站。

此外，我准备了适合你的果昔配方——舒缓的生可可果昔（soothing cacao smoothie）。这款果昔有巧克力味和奶油的质感，配料中有具抗氧化能力的生可可、奇亚籽和枸杞莓（goji berry），配以增强记忆力的人参，和提神的椰子水。总的来说，它算是一种奶昔，而且恰好对你有益。这个配方旨在帮助你抑制对甜食的渴望，戒掉快餐式的奶昔和碳酸饮料。许多初级水平者都会喜欢上这款果昔，将其当作含乳饮料、希腊冰咖啡和冰激凌的完美替代品。尝试饮用这款果昔

（同时遵循相应的健康饮食计划），坚持几周之后，你就会发现自己的精力状态和思维清晰度都有显著改善。

注意食盐摄入量也是非常重要的，因为摄入过多的钠，不仅会加剧脱水，还会导致血压升高，而血压升高是心脏病的一个已知危险因素。在烹饪的时候，请使用天然香草、香料和健康的食用油来给食物调味，这样就不需要额外加入食盐。即使你觉得饭菜太淡，忍不住想拿起餐桌上的盐罐，也应该把每天添加的盐量限制在不超过轻捏盐罐两次倒出来的量。

注意咖啡因、酒精和糖等兴奋性物质，它们也会使人体脱水，并削弱身体和大脑。如第 11 章所述，作为咖啡的替代品，可可茶和耶巴马黛茶都是很好的选择。有兴趣的话，你可以尝试一下这些新的替代品，同时也要限制每天的咖啡饮用量，不要超过 1 杯浓缩咖啡或 2 杯美式咖啡。顺便说一句，喝咖啡的最好方式是，喝现煮的黑咖啡。如果你习惯喝有甜味的咖啡，那也没问题，只是现在是时候和白糖说拜拜了。

我特别建议初级水平者用生蜂蜜替代白糖。生蜂蜜是一种真正的超级食品，也是我最喜欢的天然甜味剂之一。生蜂蜜富含酶、抗氧化剂和大脑必需的维生素 B_6，以及几种重要的矿物质。这些营养物质有助于对抗可导致衰老的自由基，同时促进有益健康的肠道细菌生长。普通超市销售的大多数蜂蜜都是经过巴氏杀菌的，这意味着它们不是生蜂蜜。巴氏杀菌过程把生蜂蜜的大部分营养成分都破坏掉了，使其成为与精制白糖一样糟糕的东西！若要购买生蜂蜜，最好是去本地的农夫市场，或者直接从本地的养蜂户那里购买。生蜂蜜的颜色越深，味道越浓郁，对健康的益处就越大。一汤匙的生蜂蜜只含有 60 大卡热量，其中大部分是给大脑提供能量的葡萄糖。此外，生蜂蜜对血糖水平的影响比香蕉小。

如果你习惯使用人造甜味剂，比如善品糖和糖精，并且习惯了使用小包[①]的，你可以尝试一下，用甜菊糖取而代之。甜菊糖是从甜叶菊中提取出来的天然甜味剂，甜叶菊是原产于南美洲的一种植物，长期以来一直在传统医学中有广泛应用，被用来维持健康的血糖水平和促进体重减轻。如今，甜菊糖被制成不同形式的商品，比如甜菊糖滴液、小包粉末、可溶性片剂和烘焙混合物。在购买时，请注意查看标签，确保其中不含有添加糖和不必要的加工成分。甜菊糖本身是零卡路里的，也没有副作用。请记住，它的甜度是糖的两倍，所以只要加一点点就够了。

运动和体力活动

除了改善饮食选择，你还有必要改变日常安排，每周（最好是每天）都进行一定量的体力活动。如果你刚开始进行体育锻炼，我建议你采用第 10 章中描述的健步走方案。从每天步行 20 分钟开始，步行速度比平常速度要快一点，就像是匆忙赶路时的速度。然后逐渐加快步行速度，并延长步行时间。当你习惯了持续健步走 20 分钟，就可以把时间延长至 25 分钟。当你习惯了持续 25 分钟，就可以把时间延长至 30 分钟。逐渐延长步行时间，直至你能够每周三次、不间断快走 40 分钟。临床试验表明，这个简单的健步走运动是一种有效的抗

---

① 每小包是 1 克。——译者注

衰老策略，不仅可以阻止大脑萎缩，甚至可以**逆转**它。

示例食谱

　　这里面提到的所有食谱，在第 16 章中都有介绍。若要了解更多的健脑食谱及其营养价值，请访问我的网站。

醒来后

　　一杯温水加柠檬汁

早　餐

　　一杯加了生蜂蜜的绿茶

　　一个有机干李子

　　希腊酸奶芭菲（Greek yogurt parfait）配杏仁、石榴籽粒和生蜂蜜

或西西里美式炒蛋（Sicilian scrambled eggs）

上午茶

　　舒缓的生可可果昔（半杯）

　　益生菌补剂

午　餐

　　小扁豆菠菜汤

　　半个烤番薯配一茶匙的未经精炼的椰子油或番薯鹰嘴豆佛碗

　　一杯咖啡、可可茶或蒲公英茶

下午茶

　　舒缓的生可可果昔（另外半杯）

　　健脑的混合坚果果干

晚　餐

基本蔬菜汤

爸爸的柠檬烤鸡或炸罗非鱼片滚椒盐卷饼面包糠

绿色蔬菜沙拉配油醋汁

一杯红葡萄酒

睡　前

花草茶或水果泡水

中级水平

在中级水平，你的饮食并不一定不健康，但没有针对脑部健康进行优化。总的来说，你的饮食结构有以下特点：适量的水果、蔬菜和谷物，以及大量的蛋白质和脂肪。你有时甚至会特意选购有机食物，比如野生鱼、散养的鸡（以及散养动物的蛋和奶）和草饲牛肉，而不是常规养殖生产的肉类。然而，你并没有经常食用有机食物。此外，你有时也会吃加工食品、油炸食品、快餐，以及工业化养殖生产的红肉和奶制品，虽然你并不是经常吃这些食物。

本章的这一部分包括一些建议，能帮助你调整饮食，侧重大脑的长期营养。

尽管你第一时间想到的可能不是养成新的健脑饮食习惯，但每天花点时间把这些新行为与相关原因联系起来是很关键的，这将使你能够更充分地掌握保护脑部健康所必需的知识和技能。

虽然其中一些饮食建议看起来很容易遵循，但其他建议可能并非如此。首先，质比量更重要。例如，吃蔬菜总比不吃蔬菜好——但是与随便吃一切蔬菜相比，吃有机蔬菜更好。同样，蛋白质对大脑的许多功能都很重要，但是与其他蛋白质来源相比，某些蛋白质来源对人体更好。在这方面，你应该把重点放在，用植物来源（如藜麦和豆类）和传统来源（如鱼和鸡肉）的蛋白质取代红肉和奶制品。尽管你可能已经习惯了选择红肉和奶制品，但我还是建议你多做一些有益脑部健康的选择，尽量选购牧场养殖生产的禽肉和蛋，以及野生鱼（而不是养殖鱼）。

其次，我建议你挑战自己，在食物选择上，多一点冒险精神。你的饮食计划应注重增加特殊的抗衰老食品，尽管它们可能不在你目前计划的食谱中。这包括野生鱼，如野生的鲑鱼、沙丁鱼和鲭鱼，以及我最喜欢的健脑食物——鱼子酱。此外，巴西坚果是已知的硒含量最高的天然食物，也是一种超级食物。枸杞莓富含维生素 C，奇亚籽和亚麻籽是 ω-3 脂肪酸的极好来源，这些都是你应该首选的食物。

除了"第二步：健康饮食法改善认知能力"概述的一般性建议之外，针对你的计划，我还提供了一些具体建议，比如你应该注意多吃哪些食物，并将其纳入每日食谱。目标是，在遵循这个饮食计划几周或几个月后，当你重做上述测试，就会发现自己的健康饮食习惯有所增多——从"经常""常常"增加到"总是""几乎总是"。

最后，我建议你每个星期进行几次夜间禁食（从晚餐结束到次日早餐前，连续 10 至 12 个小时不要进食）。最近的研究表明，这种简单的禁食方法会使身体和大脑更强健、更有复原力。

我们来更详细地分析一下这些建议。

水果、蔬菜、坚果和种子

无论在哪个水平，吃新鲜的农产品都是至关重要的，但是在中级水平，选择有机食品是最为重要的方面。

你的第一个目标是，在日常饮食中加入更多的有机绿色蔬菜，比如我祖母最爱的蒲公英嫩叶。这些绿色蔬菜含有丰富的维生素和矿物质，脑细胞的正常工作离不开这些维生素和矿物质。此外，有些研究发现，野生绿色蔬菜的抗氧化剂含量是红葡萄酒的 10 倍。记住这一点：与不常吃绿叶蔬菜的人相比，每天吃一两份绿叶蔬菜的人的认知能力年轻了 11 岁。

你的第二个目标是，每天的午餐和晚餐都要有新鲜、有机的蔬菜。由于你已经处于中级水平，你的饮食中可能已经有一些基本的蔬菜了。所以除了菠菜、羽衣甘蓝和西蓝花，你还可以换换花样，吃一些其他蔬菜：胡萝卜、抱子甘蓝、嫩羽衣甘蓝（baby kale）、嫩叶菠菜（baby spinach）、卷心菜、花椰菜、洋葱、甜菜、甜菜根、茴香、菊苣、西葫芦、茄子、番茄、牛油果、橄榄、大蒜、生姜和番薯。

你很可能也习惯吃升糖指数低的食物，如浆果、柑橘类水果和苹果。除此之外，你还可以增加选择，吃一些比较罕见的浆果，比如波森莓（boysenberry）、鹅莓（gooseberry）和枸杞莓，它们都含有大量的抗氧化剂和膳食纤维。一般来说，每天吃一份水果就很好。我们可以每天吃两次浆果，因为浆果富含膳食纤维和大脑必需的营养物质，所含糖分则较少。比较甜的、升糖指数中等的水果，如桃子和油桃，以及富含葡萄糖的无花果，也是不错的选择，可以偶尔吃一次。

你可能也会经常吃坚果和种子。你的目标是，每天都吃一点，最好是吃生的坚果和种子，不要购买经过加工调味的坚果和种子。杏仁、黑核桃、英国核桃、巴西坚果和开心果等坚果，以及南瓜子、芝麻、葵花籽、奇亚籽和亚麻籽等种子，都是很好的选择，对你的大脑有益。如果你喜欢吃烤坚果，可以自己在家烤。不要购买现成的烤坚果，因为商家在烤制坚果的过程中必然会加入各种不健康的油和调味品。在家烤坚果，只需一个平底锅，几分钟就可以烤好，同时还能让烤坚果的香气充满你的厨房。在燕麦早餐中加一些坚果和种子，会更有营养，在汤和沙拉中加一些坚果和种子，而不是加酥脆面包丁（crouton），会更好吃更酥脆爽口。

如果你爱吃花生酱，要记得选择有机品牌的、不加盐或糖的花生酱（你可以自己加一点海盐，花生本来就有一种天然的甜味）。另一个健康窍门是，吃三明治时，不要总是涂花生酱，你可以换换口味，有时用花生酱，有时用杏仁酱。葵花籽酱和开心果酱也是很好的选择，风味独特而且富含大脑必需的营养物质。请记住，每份不要超过1汤匙。尽管坚果和种子可能很小，但它们营养丰富，富含热量，坚果酱的热量密度尤其高。

谷物和豆类

少吃精制谷物（它们常被用来制作面食）也很重要，你可以逐渐用更健康、营养密度更高的谷物来取代精制谷物，以改善和支持脑部健康。

说到复杂碳水化合物，你应该把原始谷物列到购物清单上。你可以尝试购买一些苋米、荞麦、小米、斯佩耳特小麦、卡姆小麦和藜麦，以及用这些谷物制成的面粉、面包和面食。这并不是说，你应该用它们代替燕麦、糙米或全麦。选择这些鲜为人知的原始谷物，可以给你的日常饮食增添多样性和风味。与豆子、鹰嘴豆和小扁豆放在一起食用，这些食物就是完全蛋白质的极好来源，甚至可以与最好的原切肉相媲美。例如，一杯多的小扁豆，就相当于 85 克鸡肉。此外，这些植物性食物富含有益健康的碳水化合物、膳食纤维、维生素和矿物质，它们将为你的大脑提供能量，同时对血糖水平的影响较小。如果你担心会摄入麸质，可以选择原始谷物，如苋米、荞麦和小米，它们都是天然无麸质的。野生稻也是天然无麸质的。

在饮食计划中，确保每天吃两次（每次吃一份）全谷物，每周吃不少于两份的豆类。起初，你可以试试白腰豆和原始谷物汤（cannellini beans and ancient grains soup），还有我长期以来最喜欢的鹰嘴豆配马萨拉酱（chickpeas tikka masala）。因为加入了舒缓的香草和香料，这些食物有很好的滋养和抗炎特性。希望你会像我一样喜欢它们。如果想了解更多的食谱，请参阅我的网站。

鱼、肉和奶制品

由于你的饮食中包括适量的动物产品，关注食用动物产品的种类和质量也是非常重要的。请记住，养殖鱼和市售的肉类食品，包括各种分割肉、冷切肉、任何种类的包装肉制品，都可能是危险的耐药细菌的滋生地，还可能残留有农药、污染物和其他有害毒素。

每周至少吃三次鱼，无论你是否特别喜欢吃鱼，这都是非常重要的——这样可以确保你的大脑能够获得足够的 ω-3 脂肪酸，以保持最理想的认知健康状态，抵御阿尔茨海默病之类的疾病。这里说的吃鱼，并不包括金枪鱼沙拉或偶尔的鸡尾冷虾（shrimp cocktail）。你需要确保自己能吃到足够多的新鲜鱼，比如鲑鱼和黄鳍金枪鱼，以及美味的鲑鱼子。关于吃鱼，还有其他几种选择，详见第 16 章。

　　精益蛋白质的良好来源还包括牧场养殖生产的有机肉类，散养的鸡、鸭和火鸡，康尼希雏鸡（Cornish hen），野鸡（pheasant），鹌鹑，以及这些禽类的蛋。来自草饲奶牛的奶和奶制品也更安全。关键是不能多吃，要限制摄入量，每周只吃几次，同时也要注意食物的分量。要想了解与这些食物的摄入量和食用次数有关的信息，请参阅第 13 章。

　　如果你很想吃牛排或者觉得有点缺铁，吃鸭肉或许是一个更有趣的选择。最近我丈夫发现，我们当地的农夫市场可以买到熏鸭肉。（未经盐腌制的）熏鸭肉脂肪含量只有猪肉培根的一半，但是与用火鸡或蘑菇制作的"另类"培根相比，熏鸭肉的精益蛋白质含量更高、味道更浓、口感更鲜美。放在铸铁煎锅里烤一下，就可以把熏鸭肉烤得香脆可口，这很快成了我们家的一道红肉主菜（我们每月只吃一两次，进食红肉最好不要超过这个摄入量和食用次数）。你的食谱中不应包括腌肉、冷切肉、火腿或培根。这些动物产品中往往有很多化学物质、毒素和细菌，应该彻底清除。

　　至于奶酪，我的建议是，食用以山羊奶或绵羊奶为原料制成的奶酪，因为它们比用牛奶制成的奶酪更富含钙和多不饱和脂肪酸。这包括所有山羊奶酪、佩科里诺奶酪和菲达奶酪，以及里科塔奶酪（ricotta）和许多农场的新鲜奶酪。再次强调，一切都要适量：每周吃一两盎司（约 28 至 57 克）的奶酪就足够了。事实上，在青春期之后，人就不再需要吃奶制品或喝牛奶了。然而，如果你习惯偶尔喝杯奶，那不妨试试羊奶。就我个人而言，羊奶是我喝的唯一一种奶。我会在我的路易波士和玫瑰花草茶（rooibos and rose herbal tea）中加入一些羊奶，但羊奶与咖啡或红茶搭配也同样好喝。

尽管如此，然而就奶制品而言，原味和不加糖的酸奶是个例外。因为它是大脑必需营养素和益生菌的极好来源，你每天最多可以喝一杯。经常喝酸奶，对促进消化系统健康至关重要，而这又可以支持大脑的健康。所以，我当然会推荐山羊酸奶。山羊酸奶比普通酸奶（用牛奶做的）更容易消化，所含的过敏原更少，引起的炎症也更少。从营养角度看，山羊酸奶的钙和脂肪酸含量更高，这使其成为强健骨骼、减少炎症和提高其他营养物质吸收的理想选择。新鲜的山羊奶和山羊酸奶拥有绝对温和的味道。而过一段时间，它们的味道变得更浓烈，或者说有"膻味"，这取决于人们如何处理它们。我在本地的农夫市场购买山羊奶产品，它们的味道总是温和可口的。

如果你缺钙，请咨询医生，看看如何最好地解决这个问题，同时请记住，一些非乳制品食品也是钙的极好来源。例如，1 份熟的羽衣甘蓝中的钙含量几乎与 1 杯奶中的一样多，约 85 克的沙丁鱼也是如此。

糖、盐和加工食品

虽然中级水平者通常不会吃太多加工食品，但重要的是，你要努力从你的饮食中完全去除这些食品。虽然你很可能不会去吃速冻晚餐（除非绝对不可避免），但其他不太明显的垃圾食品也可能对健康构成威胁。注意避免糖果，以及市售的曲奇、甜甜圈、玛芬蛋糕或馅饼——甚至饼干。除非是有机、新鲜烘焙的，否则这些食物不值得吃。此外还有其他一些食品，我们通常意识不到它们是"加工过"的，包括即食燕麦片、果汁（所有非鲜榨果汁都是加工食品），以及所有低脂乳制品（例如低脂的酸奶、奶油奶酪和涂抹酱）。

你也要确保减少其他促炎食物（特别是富含 ω-6 脂肪酸的食用油）的摄入。这包括某些植物油，如玉米油、大豆油、红花籽油和葵花籽油。这些植物油经常被用在市售的预制食品中，比如即食快餐、外卖食品和速冻晚餐，这也给了你另一个减少预制食品消费的好理由。最好的调味品是特级初榨橄榄油和未经精炼的椰子油、牛油果油和亚麻籽油。此外，苹果醋或香醋、溜酱油、啤酒酵母和味噌都是很好的调味品，你可以在烹饪时多加一些。这也有助于你控制食盐摄入量。如果摄入过多的钠盐，你患高血压的风险就会增加，然后患心脏病的风险也会增加。你制订的饮食计划和第 16 章中包括的所有食谱，都是使用天然的香草、香料和香气纯正的食用油给食物调味的。因此，这些食物不需要加额外的食盐。你如果需要在食物中额外加点盐，请注意限制添加的盐量——每天不应超过一茶匙的尖端。

我们还要尽量用更清淡、更健康的食物取代添加糖的食物。事实上，不管你处在什么水平，都应该彻底告别白糖了。更健康的替代品包括蜂蜜、枫糖浆（颜色越深越好）和甜菊糖。我个人推荐椰子糖。大多数人都听说过椰子水和椰奶的健康之处，但是椰子糖值得特别关注，因为它具有较低的升糖负荷和丰富的营养成分。它不仅富含多酚类抗氧化物质，而且富含铁、锌、钙和钾。选择天然甜味剂时，一定要首先选择椰子糖。

如果你有点爱吃甜食，请访问我的网站，了解几种有益健康的零食和甜点食谱，它们能让过渡变得更容易。例如，自制的香蕉杏仁饼、拉斐尔椰子酱酥球和奶油巧克力布丁，都是不错的周末零食选择。你也可以不选择这些食谱，而是改为做一个新鲜的水果盘，或者吃一块有机黑巧克力，如果你愿意。

选择巧克力时，要考虑它的可可含量。习惯吃黑巧克力的人都知道，可可含量为 75% 的巧克力比可可含量为 65% 的更有益健康。一旦适应了黑巧克力的苦味，你会发现，自己其实更喜欢可可的味道，而不是糖的味道。除了赋予巧克力浓郁的风味之外，可可粉还具有与黄酮醇相关的健康益处。所以，可可含量越高越好。如果你喜欢可可味更浓更苦的巧克力，可以选择可可含量在 75% 以上、可可脂和糖含量适中或较低的巧克力。如果你觉得它有点太苦，可以选择可可含量相同，但可可脂和糖含量稍高一些的巧克力。我的建议是，每天吃一小块重量为 28 克的黑巧克力（可可含量 75%），既可以补充体内的抗氧化物质储备，又有提神效果。

水和饮料

记得每天至少喝 8 杯水（比如白开水、水果泡水或花草茶）。研究表明，喝白开水的益处比喝碳酸饮料的多得多。例如，参加测试前喝杯水，会提高大脑的反应速度，让你思考得更快，表现得更好。

很多中级水平者报告说，他们有时会喝能量饮料或碳酸饮料来补充能量。如果你也如此，下次可以试试这个健康窍门：苹果醋饮料（apple cider vinegar）。其做法很简单：只需在一杯水中加入 1 汤匙的苹果醋，挤一点柠檬汁，混匀即可。如果嫌酸，你可以加一些枫糖浆，使之变甜。苹果醋饮料有很多健康益处，例如治疗打嗝，缓解感冒症状，甚至是减肥。此外，苹果醋饮料有助于提升能量水平，能够起到抗疲劳的作用。下一次，当你感觉太累，做不动深蹲练习时，只要喝一杯苹果醋饮料，就能够恢复体力了。你喝的运动饮料和碳酸饮料越少，对你的身体和大脑就越好。

另外，我向你推荐辣味浆果果昔（spicy berry smoothie）。这款美味的果昔不仅富含来自甜苹果和柠檬汁的维生素 C，还结合了巴西莓（acai）、枸杞莓和蓝莓的抗氧化能力。它会让你马上忘记糖果。这款果昔还含有少量的红椒、生姜和姜黄，能进一步促进你的新陈代谢，确保你活跃起来。考虑到它为你饥饿的大脑提供丰富的必需营养素和天然糖，这款果昔堪称你增强认知力旅程中的完美伴侣。

此外，记得限制每天的咖啡饮用量，不超过建议饮用量——1 杯浓缩咖啡或 2 杯美式咖啡。不要在咖啡热饮中加任何调味品或配料，包括发泡稀奶油、各种糖浆、巧克力碎片、焦糖、乳脂糖（fudge）或其他酱料。你可以在咖啡中加一些牛奶，或者更好的是，加一些杏仁奶。如果你喜欢咖啡令人愉悦的味道，但又想戒掉咖啡，可以选择可可茶和蒲公英茶，它们都是很好的咖啡替代品。

最后，别忘了，你还可以每天喝一小杯红葡萄酒。

控制每餐食物量和间歇性禁食

鉴于我们在讨论你的整体饮食，我还有一个秘密武器给你。等你准备好了时，我想让你试着吸收一些我们从百岁老人那里学到的长寿经验——注意食物分量大小，每餐的进食量要有所不同（午餐要吃饱，晚餐要吃少），并尝试间歇性禁食。

首先，试着逐渐减少一日三餐的分量。早餐要吃得丰盛，午餐要吃饱，晚餐要吃少（分量较小）。吃一顿丰盛的早餐，会使你的新陈代谢活跃起来，并且可以更好地控制一整天的食欲。这样，到上午 10 点钟，你就不会饿，也就不太可能无意识地吃零食了。

一旦掌握了这个过程，你就可以尝试每周进行几次间歇性禁食。你也可以尝试这个启动计划：下午 6 点左右吃晚餐，然后就不要再吃任何东西了，直到次日早上 7 点或 8 点。这是一个简单的方法，可以实现 12 小时禁食，而且没有太多麻烦。你随时可以喝水和花草茶，想喝多少都可以。若要更容易，你可以先进行 10 小时禁食，然后逐渐延长时间，达到 12 小时禁食。一旦你习惯了提早吃晚餐，夜间禁食这个习惯就很容易养成了。几年前，我开始练习夜间禁食，现如今，只要在次日早晨能吃上一顿丰盛的早餐，我就能够连续 14 个小时禁食，早上醒来时，我发现自己更清醒、思维更清晰。只是，每个人对禁食的反应都不一样，所以请咨询医生，聪明点，慢慢来。

运动和体力活动

在努力优化你的饮食的同时，让我们同样仔细地审视你的体力活动水平。归根结底，只有双管齐下，将饮食和运动结合起来，才能促进和实现最佳的脑部健康和认知健康。

我们的目标是，经常进行中等强度的运动。如第 13 章所述，中等强度意味着，在运动中，你的心跳比平常快一些。在心跳略有加快的状态下，你可以与人交谈，但可能无法正常唱歌。

　　散步和骑自行车是人们研究得最多的两种健脑运动。但是游泳也同样有效，对关节的影响则比其他运动要小得多，我经常推荐它。游泳很简单，对于任何年龄的人都容易上手。对于那些受过伤或有其他身体状况（不适合进行跑步或慢跑等高冲击性运动）的人来说，游泳尤其有益。游泳这项运动能有效增加肌肉量，增强肌力和柔韧性，同时还能有效改善肺功能、降低高血压和减轻关节炎疼痛。

　　我父亲曾经患有高血压和关节炎，我亲眼见证了游泳给他带来的健康益处。父亲从几年前开始进行游泳锻炼。75 岁时，他能够用平均仅 35 分钟的时间游完 20 圈，并且每个星期能游 3 次！更喜人的是，他的血压已经恢复正常，并且连续几年成功避免了髋关节手术。

　　无论你喜欢什么运动（去健身房健身、游泳或跳舞），都需要找到最适合自己的日常运动，并确保它成为你生活中不可或缺的一部分。争取每周至少运动 3 次，每次持续 45 分钟。研究表明，这种方法可以有效地改善脑部健康和心血管健康，从而减缓衰老过程。

　　最后，请记住，这不仅仅关乎饮食和运动。参与智力活动和社交活动，对养成身心全面健康的生活方式也至关重要，同时能确保最理想的脑部健康状况和认知表现。

示例食谱

　　这里面提到的所有食谱，在第 16 章中都有介绍。若要了解更多的健脑食谱及其营养价值，请访问我的网站。

醒来后

一杯温水，加柠檬和苹果醋

早　餐

一杯姜茶，加入生椰子糖（如有需要）

黑莓香蕉玛芬蛋糕或北欧的什锦果麦（Scandinavian bircher muesli）

上午茶

辣味浆果果昔（半杯）

益生菌补剂

午　餐

绿色蔬菜沙拉

白腰豆和原始谷物汤或彩虹佛碗配枫芝麻酱

一杯咖啡、可可茶或蒲公英茶

下午茶

辣味浆果果昔（另外半杯）

花生酱能量球

晚　餐

简制阿拉斯加野生鲑鱼或鹰嘴豆配马萨拉酱

蒸青豆

番薯泥

一杯红葡萄酒

睡　前

花草茶或水果泡水

高级水平

恭喜！你是已经拥有"滋养大脑"饮食的少数人之一。由于你的饮食习惯，在保持和实现认知健康最大化方面，你已经处于领先的位置。你是否已准备好为了更上一层楼而尝试更多的方法？针对高级水平者的饮食计划建议，是我能提供的最具挑战性的建议。

对于高级水平者来说，关键是优化生活方式，以获得最理想的脑部健康状态。鉴于你的水平，你会更加关注世界各地百岁老人的长寿经验细节，因为你已经把他们的建议放在心上了。如果回顾第 9 章，你会记得，长寿区的百岁老人们通常都享有非常干净的空气和水源，他们食谱中的脂肪、动物蛋白、盐和糖的含量明显低于标准的美国饮食。一些专家认为，百岁老人长寿的部分原因是，他们经常食用富含必需的 ω-3 脂肪酸和抗氧化维生素的食物。

正如我们所了解到的，有些食物对大脑更有益。你的目标是，多吃能为你充满活力的大脑提供最丰富营养来源的食物。另一个重点是，尝试一些禁食法。凭借你的决心、好奇心和新获得的神经营养学知识，最理想化的脑部健康状态于你而言就如探囊取物。

除了"第二步：健康饮食法改善认知能力"概述的一般性建议之外，针对你的计划，我还提供了一些具体建议，比如你应该注意多吃哪些食物，并将其纳入每日食谱（如果你还没有这样做）。虽然你在第 14 章的测试中得了高分，但你的目标是，每隔几周就重做一次这个测试，看看如何调整饮食才能进一步提高得分。

很多高级水平者不愿意服用补剂。原则上，你只要给身体和大脑提供合适的食物和营养，就完全不需要服用补剂。虽然在大多数情况下，这可能是正确的，但有时，我们可能有必要考虑是否需要偶尔服用补剂，特别是在我们年老或压力较大时。有关补剂的完整列表，请参阅第 12 章。重要的是，你要直接和你的医生讨论这个问题。

水果、蔬菜、坚果和种子

从现在开始，你的健脑饮食箴言将是有机、新鲜、多样化的。

虽然对各个水平的人来说，吃新鲜的有机农产品都是很重要的，但你已经开始行动了。因为你知道，与新鲜的有机农产品相比，冷冻、罐装和经过其他加工的农产品所含的大脑必需营养素要少得多，你可能已经尽力避免食用它们了。鉴于你已经处于高级水平，我建议你深入挖掘一下，如何在日常饮食中加入更多的野生有机绿色蔬菜，例如我祖母最爱的蒲公英嫩叶，还可以试试瑞士甜菜和西洋菜。吃惯这些之后，你可以试试其他绿色蔬菜，比如小叶芥菜、红甜菜、甜菜叶、嫩羽衣甘蓝、水菜、芝麻菜、苦苣、红菊苣和一切生菜（从红罗马生菜到红橡叶生菜，花叶生菜到散叶生菜）。对你来说，蔬菜越是野生的越好。这些绿色蔬菜含有大量的维生素和矿物质，正是我们的脑细胞所需要的。有些研究发现，现摘的新鲜野生绿色蔬菜所含的天然抗氧化剂的种类，是红酒和绿茶加起来的 10 倍。

此外，菠菜的抗氧化能力最高，其次是辣椒和芦笋，然后是宽叶羽衣甘蓝、彩虹甜菜、甜菜根、茴香、萝卜、菊苣——你可以考虑选择这几种蔬菜。你的任务是，把精心挑选的多种蔬菜纳入每日菜谱中，每天的午餐和晚餐都要有蔬菜。

你可能已经养成经常吃升糖指数低的水果的习惯了，所以现在你已经准备好换换口味，而不是只吃普通的蓝莓了。你可以选择一些更奇特、风味更佳的水果，比如黑莓、红醋栗、覆盆子、波森莓、鹅莓、枸杞莓、桑葚、阿米拉果（印度醋栗）、酸樱桃和黑樱桃。这些水果不仅富含膳食纤维，而且含有丰富的抗氧化维生素和黄酮醇（是其他水果无法比拟的），含糖量却很低。我特别建议你选择有机黑莓，最好是新鲜采摘的野生黑莓。夏天快结束时，在本地的农夫市场或健康食品商店，你或许就能买到新鲜采摘的野生黑莓。与大众看法相反，黑莓的抗氧化物含量比蓝莓的高，这使其有资格成为你抗衰老饮食计划的重要组成部分。

除此之外，柑橘类水果（如橙子、柠檬和葡萄柚）也是不错的选择，一年四季皆可吃到，特别是在缺少新鲜浆果的冬季。在较甜的水果当中，富含葡萄糖的李子也是不错的选择。当然，我特别推荐意大利李子（Italian plum）。这种小而多肉的蛋形水果，有时被称为"皇后李子"（Empress plum），它果皮呈蓝色或紫色，果肉呈黄色，含有丰富的抗氧化物，酸甜可口，吃起来特别令人满足。干李子（prune）通常就是由这种李子制成的。只要是新鲜的李子，无论生吃、烤着吃或制成果酱，都很好吃，李子是在夏末时节成熟的，最好应季吃。

一般来说，每天吃一次水果就可以了（浆果除外，可以每天吃两次）。

此外，请记住，要尽可能多吃抗衰老的植物性食物。巴西坚果就是一个很好的选择，它是含硒量最高的天然食物。生可可富含抗氧化剂，也是不错的选择。牧豆粉（mesquite）是相对小众的天然甜味剂，有焦糖的风味，可以起到有效调节血压的作用。它或许会成为你最爱的天然甜味剂。富含维生素 C 的"忍者"（ninja）枸杞莓，富含 ω-3

脂肪酸的植物性食物如杏仁、奇亚籽和亚麻籽，也应该是你日常饮食的一部分。

　　生坚果和种子很可能已经是你最喜欢的零食了。那么现磨的坚果酱呢？只需一个高速搅拌机，你就可以自制坚果酱了。我个人最喜欢的是巧克力榛子酱。榛子是一种弹珠大小的超级食物，不仅美味可口，而且具有强大的营养价值。自制榛子酱，去皮时需要一个诀窍——把烤好的榛子用毛巾包裹，反复摇晃，使它们互相摩擦，就可以轻松去皮了。做好这一步，后面的步骤就容易多了。将坚果换到食物料理机或搅拌机中，搅打大约 4 至 5 分钟，直至其变成柔软光滑的糊状物。然后，我会加入黑巧克力碎片（可可含量 65% 以上），再搅打几秒钟。你也可以加一小撮海盐，来增加这种坚果酱的天然甜味。

　　这种坚果酱能增加饱腹感，榛子富含蛋白质、膳食纤维、不饱和脂肪酸以及许多必需的维生素和矿物质，如镁、B 族维生素和具有抗氧化作用的维生素 E，但是一次不能吃太多。你可以把目标定为，吃一把榛子或两汤匙榛子酱，每周大约吃三次。

谷物、豆类和番薯

　　我已经把冲绳紫番薯列为你食谱中的一种主食。这种紫色的番薯，在日本百岁老人更健康长寿的生活中发挥着关键作用。冲绳紫番薯也被称为**红芋**（beni imo），甚至比西方同类番薯更甜，因为它的葡萄糖含量更高。此外，一个中等大小的番薯，能满足人体每日对维生素 A 需求量的 500%，它还含有大量的维生素 C、锰和膳食纤维。

　　作为必需的复杂碳水化合物，全谷物和豆类也是日常饮食中不可缺少的一部分。请务必选择有机的、未经加工的、非精制的全谷物和豆类。在未经加工的状态下，这些植物性食物富含葡萄糖和膳食纤维，是维生素和矿物质的极好来源。它们将为你的大脑提供能量，并且不会在这个过程中引发令人不快的血糖崩溃（sugar crash）。

在践行饮食计划中，确保每天吃两次全谷物，每次至少吃一份，每周吃至少两份豆类。有些人可能很少吃全谷物和豆类，所以我也提供了一份或许能帮上忙的食谱，比如冬季佛碗（winter Buddha bowl），配上令人垂涎的柠檬葵花籽酱（lemon sunflower sauce），以及牛油果吐司……外加一点小花样。我们将使用以西结面包（Ezekiel bread）代替普通面包。以西结面包是由几种不同类型的发芽谷物和豆类制成的，通常包括小麦、小米、大麦、斯佩耳特小麦、大豆和小扁豆，这使得它在营养成分和风味方面都非常独特。我还准备了许多其他食谱，请参阅第16章和我的网站。

鱼、肉和奶制品

至于其他蛋白质，我建议你按这个顺序选择：野生鱼（作为动物性蛋白质的主要来源）、牧场散养母鸡产的蛋、有机奶制品（来自草饲奶牛）、纯瘦的净禽肉。

你也应该常吃富含 ω-3 脂肪酸的多脂鱼，如鲑鱼、沙丁鱼、凤尾鱼和鲭鱼。我特别推荐野生的阿拉斯加红大马哈鱼（Alaskan sockeye）。或称"红鲑鱼"（red salmon），这种鱼被许多厨师和美食家所珍视，因其富含 ω-3 脂肪酸、味道特别鲜美浓郁，即使在烹饪后肉质颜色仍保持鲜亮的玫瑰色。此外，考虑到你已经处于高级水平，你应该会乐于尝试我心目中的终极健脑食物——黑鱼子酱。黑鱼子酱是指经过盐渍的鲟鱼子，通常被认为是一种奢侈的美食。除了富含对脑部健康有益的脂肪酸之外，黑鱼子酱还富含抗氧化维生素和矿物质，以及大量的 B 族维生素和必需氨基酸。仅仅 2 至 3 茶匙的鱼子酱中所含的有益脑部健康的 **DHA** 和**胆碱**，就可以达到推荐的每日摄入量。你可以取一些鱼子酱，把它抹在脆米饼上，制成快速而美味的零食，或者把它抹在涂有希腊酸奶的全麦吐司上，当作开胃小吃。花 20 美元就可以买到一小罐子鱼子酱，你不妨买来尝尝，看看是否适合你。我喜欢在萨哈迪斯（Sahadi's，布鲁克林的一个中东市场）购买鱼子酱，但是你可以在任何俄罗斯熟食店买到它，或通过网购来买鱼子酱。

多吃鱼和贝类，少吃禽肉和蛋（比如散养的鸡、火鸡、鹌鹑，以及它们产的蛋）。

我们一直强调奶制品不能吃太多，但原味和不加糖的酸奶则是个例外。你可以每天喝一杯酸奶，因为它是大脑必需营养素和益生菌的极好来源。酸羊奶是由山羊奶或绵羊奶制成的酸奶，你可以试试喝酸羊奶。与由牛奶制成的酸奶相比，酸羊奶有更丰富的营养和更独特的味道，同时也更容易消化。经常喝酸奶，对促进消化系统健康至关重要，而这又可以支持大脑的健康。每周吃一小块奶酪（有机的全脂奶酪，尤其是山羊奶酪或干酪，比如佩科里诺奶酪），对你的健康也有好处。

在保护大脑和肠道健康方面，另一个重要步骤是，从你的饮食中完全剔除工业化养殖生产的肉类食品。腌肉、火腿、培根等猪肉制品，冷切肉和包装肉制品，都掺杂有大量的化学物质、毒素，甚至细菌，它们可不该进入你健康的身体中。

另外，请回顾一下应该如何选择健康的食用油。你可能经常选择未经精炼的特级初榨橄榄油，以及冷榨的亚麻籽油、椰子油和牛油果油。那你知道澳洲坚果油（Macadamia oil）吗？榛子油呢？是时候探索一下所有可供选择的健康食用油了。对于高级水平者我特别推荐火麻油（hemp oil）。火麻油在巴马瑶族百岁老人的日常饮食中占重要地位。火麻油富含必需脂肪酸和具有抗氧化作用的维生素 E。它的 ω-6 与 ω-3 脂肪酸比例约为 3∶1。这种优秀的比例具有抗炎的益处，可能有助于补救 ω-6 脂肪酸普遍摄入过多（在西方饮食中是典型的）这一问题。

　　请注意这些食用油的冒烟点，以及什么时候生吃，什么时候用它们烹饪，这也很重要（见第 12 章）。

糖、盐和加工食品

　　虽然你通常会避免食用加工食品和含有大量反式脂肪的食品，但重要的是，要有意识地从饮食中完全去除这些食品。虽然你在家里可能很少吃预制食品，但还有些不太明显的垃圾食品，有时可能会潜入你的饮食，对健康构成威胁。警惕市售的糖果、曲奇、甜甜圈、玛芬蛋糕、馅饼、涂抹酱，甚至饼干，它们并没有看上去那么无害。除非是有机的且新鲜烘焙的，否则这些食物不值得吃。对于高级水平者来说，通过仔细的计划，这个问题最终是可以解决的。

　　相反，黑巧克力总是值得一吃。正如你可能已经注意到的，吃巧克力能使你开心。这不是你的心理作用——这是科学事实！不过，关键是，要选择高品质的黑巧克力（可可含量高，几乎不含添加糖）。所以说到巧克力，越黑的巧克力越好。鉴于你处在高级水平，你可能已经习惯于吃可可含量为 75% 的黑巧克力。你可以挑战自己，试吃可可含量为 85% 或 90% 的黑巧克力，看看是否能感觉到不同。许多研究已经证实，吃可可含量高的巧克力，对大脑、心脏、循环系统和神经系统都有好处。这是因为这种巧克力中的化合物，具有降低胰岛素抵抗、降低血压、增加血管弹性和抗炎的功效。

此外，请访问我的网站，了解几种健康、天然的甜味零食的食谱，比如自制的巧克力冰激凌、拉斐尔椰子酱酥球，以及各种玛芬蛋糕和水果甜点。再强调一次，这些食谱配方中都不包括添加糖。

事实上，如果你还没有彻底告别白糖，现在必须这样做了，也不要再使用任何人造甜味剂，如善品糖、糖精、怡口糖（equal）。有很多更健康的选择，不仅包括生蜂蜜、蜂王浆、枫糖浆、有机蔗糖、椰子糖、糙米糖浆、甜菊糖，还包括果泥（特别是不加糖的苹果泥）和椰枣（medjool date）一类的干果。对于高级水平者，我的建议是，尝试一下更少见但有突出营养价值的天然甜味剂，比如雪莲果糖浆（yacón syrup）。

雪莲果糖浆是一种新兴的超级食品，一定会引起高级水平者的注意。这种糖浆是从雪莲果（原产自南美洲的一种植物）根茎中提取而成。有些人说它的味道像葡萄干，还有一些人说它的味道更像苹果或焦糖。总的来说，它的味道很甜，可以被用来制作各种甜点。但是真正的好处是，雪莲果糖浆这种天然甜味剂的低聚果糖（oligosaccharides）含量非常高，低聚果糖是一种益生元，能够滋养肠道益生菌，从而支持消化系统的健康。

最后，不要让盐击败你。钠摄入过多，会让你感到口渴，同时还会导致血压增高。在烹饪中，多使用天然调味品（如美味的香草、香料和健康的食用油）来给食物调味。这样的话，添加食盐可能就没有什么必要了。如果你需要加一点食盐，请记住，别用精制盐。信不信由你，我们平常吃的食盐，是经过重重加工的。经过精制的食盐，会损失大部分矿物质，只剩下纯度达 99% 的氯化钠。精制盐中也可能加入了有害添加剂（如氢氧化铝，以防止结块）。如前所述，铝之类的金属元素摄入过多，可能是不安全的，因为它们会沉积在我们的大脑中并引起炎症。更纯净的、未经精炼的其他盐类，例如海盐、岩盐或纯正的喜马拉雅粉盐，对你的大脑更有益，因为它们含有较丰富的矿物质，钠含量低于普通食盐，并且不含添加剂。

椰子氨基、百艾格氨基酸酱油（Bragg liquid aminos）、溜酱油、味噌、啤酒酵母、营养酵母，以及各种香草和香料，都是很好的调味品，可以代替盐。

控制每餐食物量和 5∶2 饮食法

高级水平者通常不会吃得过饱，也不会在深夜吃零食。他们通常会提早吃晚餐，在睡前留出足够的时间来消化食物，晚餐后就不再吃任何东西了，直到次日早上才进食。由此，他们已经在日常生活中借鉴了百岁老人的一些饮食习惯。

百岁老人拥有的一个微妙但强大的长寿秘诀是，控制每餐食物量和间歇性禁食。你可能还没有尝试过这些方法，所以让我们一起回顾一下基本要点。首先，试着逐渐减少一日三餐的分量。然后，早餐要吃得丰盛，午餐要吃饱，晚餐要吃少（分量较小）。食物分量大小的快速指南如下：一份肉或鱼，与你的手掌大小相当，重量大约 85 克。一份奶酪，长度与你的小指长度相当。一份水果，与一个小苹果的大小相当。

　　一旦掌握了这个过程，你就可以开始尝试间歇性禁食，并尽可能多地练习。你可以这样开始：提早吃晚餐——在下午 6 点左右吃，然后就不要再吃任何东西了，直到次日早上 7 点或 8 点。你随时可以喝水和花草茶，想喝多少都可以。这种禁食方法是很容易的，因为在这 12 小时的禁食里，你大部分时间都在睡觉。研究表明，夜间禁食是使你的大脑更强健、更有复原力的好方法。

　　当你习惯了夜间禁食，你可以试试 5∶2 饮食法，看看是否适合你。5∶2 饮食法是指，每周 5 天正常饮食，另外 2 天控制热量摄入，每天摄入的热量不超过 600 大卡。本节的示例食谱中会给你提供实际的例子。最近的研究表明，这种饮食法不仅可以有效地减少炎症和胰岛素抵抗，而且可以有效地降低血压、降低血液中的胆固醇及甘油三酯水平。只需坚持短短几个月的时间，就能见到成效。注意：每个人对禁食的反应都是不同的，并不是每个人都适合禁食。开始尝试禁食之前，一定要先咨询医生。

运动和体力活动

　　在你完善饮食，以最大限度地改善脑部健康时，增加运动量也很重要。你的目标是，在繁忙的工作和生活之余，每周进行一两个小时的剧烈运动。

　　即使剧烈运动已经是你每周锻炼的一部分，你仍然可以增加体力活动的多样性和挑战，以不同、新颖的方式锻炼身体。例如，有一种对脑部健康最为有益的剧烈运动：远足。越来越多的研究表明，人类的大脑喜欢户外活动。即使是强度不大的户外运动（比如在公园里进行长距离的走路锻炼），也会对大脑起到舒缓作用，并且能够从实质上改善一个人的心理健康。从进化的角度来看，这甚至可能是显而易见的。毕竟，我们人类祖先起源于野生丛林里。但如今，我们大多数人生活在城市丛林中。我们生活的城市正在对我们造成损害，因为它是由金属、玻璃和水泥构成的，而不是我们人类曾经繁衍生息的绿色自然空间。作为城市居民，我们在户外的时间比我们的祖先少得多，这与压力、焦虑、抑郁和其他精神疾病的增加有关。相反，世界上最长寿、最健康的人群，并非生活在既有环境污染又拥挤的城市里，而是聚居在较小的社区，他们的住所附近有山坡和幽静的河流，沉浸于未受污染的自然环境中。我坚信，这其中一定有原因。既然运动出汗和亲近大自然都是对大脑有益的，那么在亲近自然的同时锻炼身体，也不失为一个好主意。你可以选择这种锻炼方式，步行上山，在最初的 45 分钟到 1 小时内不要停顿，以确保有氧运动。

此外，你可以制订一个计划，与朋友或家人一起去树林里远足，每周至少一次，这是在锻炼的同时改善你所爱之人健康的好方法。这种方法还将支持你的大脑对社交活动的需求，而社交活动对长期认知健康也至关重要。

水和饮料

每天喝 8 杯水（包括白开水、水果泡水或花草茶），是一个正确的选择。另外，我建议你尝试芦荟汁，以进一步补充体内水分。

就我个人而言，我每天早晨都会取一杯水，与 1 液量盎司（约 30 毫升）的芦荟汁以及 1 汤匙的液体叶绿素（liquid chlorophyll）相混合，然后喝下去。我强烈推荐这种芦荟汁饮料。虽然你可能知道芦荟具有良好的抗炎和补水特性，但也可能对液体叶绿素缺乏了解。液体叶绿素不仅具有脱臭作用（消除体臭及口臭），还具有促进伤口愈合、改善贫血（增加体内的血红素及红细胞数量）和提高血氧含量的作用。服用液体叶绿素，可以促进血液循环和消化功能，让你一整天都感到神清气爽和精力充沛。

在践行这个饮食计划时，请记住我最喜欢的另一种补剂：诺丽果汁（noni juice）。每天早上，我都会和两岁的女儿一起喝一小杯诺丽果汁，然后再喝上面提到的芦荟汁饮料。在她 18 个月大时，我就开始让她喝诺丽果汁，起初，她只喝一小口。然后逐渐适应了，可以喝两小口。现在，她每天早上都要喝一小杯。当然，这不是常规的婴幼儿饮食。我在实验室获得的知识，彻底改变了我家的厨房——以及我抚养女儿的方式。

多年前，我在研究抗衰老食品时发现了诺丽。由于人们对它的研究还不算充分，所以你可能直到现在才听说诺丽。在这里，我也很高兴向你介绍。

诺丽（又名檄树，Morinda citrifolia）是一种常绿乔木，从东南亚至澳大利亚，尤其是在波利尼西亚都有分布。诺丽果汁是由诺丽果实制成的，诺丽果外观像一个超大的桑葚，或者说一个小的凹凸不平的土豆。它的味道和它的外观一样令人倒胃口。不用说，大多数诺丽果汁产品都含有其他果汁如蓝莓汁，以使它更可口。

那么，是什么吸引了我对另类的诺丽果的注意呢？

首先，在很多方面，我相信并重视传统。在太平洋诸岛，诺丽果汁的药用历史已有 2000 多年之久。如今，它仍被用于处理各种皮肤问题，以至于超级名模也在将神奇的诺丽果纳入护肤方案中。诺丽果还被用于治疗多种疾病，如关节炎和风湿病等增龄相关疾病，痛经和腹痛，甚至寄生虫感染。诺丽果虽然味道怪，但是人们会不顾其味道而继续喝诺丽果汁，一定有其合理的理由。

我们现在知道，诺丽果的有益效果源于其营养成分。诺丽果富含维生素 C、钾、镁、铁、锌，甚至一些氨基酸。但是，使得诺丽果汁在脑部健康方面真正起效的是，其中含量极高的抗氧化剂。诺丽果汁富含多种抗氧化剂，比如花色素苷、类黄酮、β-胡萝卜素、叶黄素、番茄红素，甚至硒。这些抗衰老营养素协同作用，以防止细胞损伤并减少炎症，尤其是随着年龄的增长，其作用更为重要。

根据美国国立卫生研究院的说法（https://nccih.nih.gov/health/noni），我们对诺丽果的了解还不够多，已有的研究证据不足以将它推荐为我们日常饮食的一部分。换句话说，它可能对你有用，也可能对你没用。对我来说，它效果很好，我一天都离不开它。除了立即提升能量水平和对皮肤的积极作用之外，我发现诺丽果汁还有促进消化、刺激健康排便、增强免疫系统功能的作用。如果你愿意接受挑战，通过网上零售商，你可以找到几种大溪地诺丽果汁产品。我的建议是，购买未稀释和不加糖的纯诺丽果汁，如果你觉得它太苦了，可以自己加一些蜂蜜或浓缩的黑樱桃汁、石榴汁。

此外，我为高级水平者准备了一款果昔配方：营养丰富的绿色果昔（nourishing green smoothie）。这款营养丰富的果昔富含抗氧化成分，因为其配料包括奇亚籽、亚麻籽、巴西莓和枸杞莓。此外，它还含有富含ω-3 脂肪酸的杏仁、有营养的山羊奶和补水效果很好的不加糖的天然椰子水。是的，这款果昔会显现出绿色，是因为它也含有螺旋藻。在地球上的所有食物当中，螺旋藻的蛋白质含量是最高的。它还富含铁、多种 B 族维生素，以及维生素 A、C、D 和 E。螺旋藻粉末是深绿色呈均匀分散的粉末，仅 1 汤匙的螺旋藻粉末所含有的维生素 B_{12} 就能达到你每日所需的 70%，其含有的维生素 A 更是能达到你每日所需的 300%。

最后，高级水平者通常是不喝含咖啡因的碳酸饮料的，也不会过量饮用咖啡。根据经验，我建议，喝咖啡要适量，每天最多喝 1 杯浓缩咖啡或 2 杯美式咖啡。请记住，在所有饮料中，浓缩咖啡的抗衰老能力是最强的。如果喝咖啡会让你神经紧张，喝茶是一个很好的选择。请记住，与红茶相比，绿茶所含的抗氧化剂更多，因此更有益于你的脑部健康。

此外，别忘了每天喝一杯有机红葡萄酒。如果你不喝酒，或者想换换口味，你可以尝试喝石榴汁。如第 11 章所述，石榴汁有独特的营养成分组合，富含单宁、花色素苷和不饱和脂肪酸。这些物质非常强大，某些石榴汁（尤其是浓缩石榴汁）的抗氧化能力，是红酒和绿茶的 3 倍。取一杯浓缩石榴汁，加一点水和一片酸橙，就能制成一杯很好看的混合饮料，可以在派对上喝。

示例食谱

这里面提到的所有食谱，在第 16 章中都有介绍。若要了解更多的健脑食谱，请访问我的网站。

醒来后

一杯水加芦荟汁和薄荷味的液体叶绿素

早　餐

一杯姜茶，加柠檬和生蜂蜜

一份新鲜浆果（蓝莓、草莓、黑莓等）

瑞士隔夜燕麦（Swiss overnight oats）或牛油果吐司

上午茶

营养丰富的绿色果昔（半杯）

益生菌补剂

午　餐

阿育吠陀绿豆汤

蒸西葫芦，加一点特级初榨橄榄油或冬季佛碗

一杯咖啡、可可茶或蒲公英茶

下午茶

营养丰富的绿色果昔（另外半杯）

嘎啦苹果配杏仁酱或脆米饼上加一些黑鱼子酱

晚　餐

烤姜蒜酱汁腌制的鲑鱼

蒸西蓝花

一杯煮熟的野生稻，加一点椰子油和溜酱油或烤番薯配新鲜菠菜沙拉和酸奶芝麻酱

蒲公英嫩叶配柠檬汁和特级初榨橄榄油

一杯红葡萄酒

睡　前

花草茶或水果泡水

第 16 章
健脑食谱

早 餐

牛油果吐司

如果牛油果吐司还不在你的每周饮食计划中，这个食谱将改变这一情况。这个经典的吐司比什么都好。准备一个质地柔滑的牛油果（其中富含有益大脑和心脏健康的脂肪），配上特级初榨橄榄油（或者对心脏和大脑有益的另一种食用油，如亚麻籽油），再加一小撮粉盐和少许干辣椒碎片调味。

我个人的神经营养观点是，用以西结面包代替普通面包。以西结面包采用的是历经了几个世纪考验的传统制作方法（浸泡、发芽和烘烤）。它包含几种不同类型的发芽谷物和豆类（如小麦、小米、大麦、斯佩耳特小麦、大豆和小扁豆）。由于完全不含防腐剂，以西结面包最好冷冻保存。由于它也完全不含任何添加糖，所以可提供大量有益脑部健康的葡萄糖，且升糖负荷较低。

用料（2 人份）

- 2 片以西结面包
- 1 个成熟的牛油果
- 1 汤匙新鲜柠檬汁
- 少许喜马拉雅海盐
- 干辣椒碎片
- 1 茶匙特级初榨橄榄油

做　法

第 1 步：烤面包。

第 2 步：将牛油果切成两半，去掉核，挖出果肉，放入碗中。加入柠檬汁和海盐调味。用叉子把这些食材捣碎，混匀，调成泥状。

第 3 步：将牛油果泥涂抹在每一片吐司上，再洒上少量干辣椒碎片和特级初榨橄榄油。（如果你不喜欢把牛油果捣碎，你可以把它切成片，放在吐司上，再洒上配料。）

什锦果麦

什锦果麦这种食物本来是瑞士医生马克西米利安·比歇尔–布伦纳（Maximilian Bircher-Brenner）在 19 世纪末为他的病人研制的。如今，在瑞士和德国，什锦果麦仍是一种非常受欢迎的早餐。什锦果麦（中文音译为木斯里）主要由未煮的坚果、种子、谷物、干果和香料组成。虽然这些成分可能会让你想起格兰诺拉麦片（granola），但它们的主要区别在于，什锦果麦不含任何添加的油或糖，而且是生吃的。

　　这个什锦果麦通常与坚果奶、酸奶或果汁混合，浸泡过夜。浸泡是为了减少全谷物、坚果和种子中的植酸含量，使其更易于消化。此外，经过浸泡之后，全谷物、坚果和种子中的大脑必需营养素（如锌、铁和钙等矿物质）也更易被人体吸收。

　　基本的什锦果麦食谱可以有无限的变化，我最喜欢的两种食谱如下。它们都是营养丰富的清淡早餐，而且简单易做，可以很快上桌。请提前做好，并把它们储存在冰箱里，这样的话，你每天早上都能吃到现成的健康早餐。分装在密封的容器中的什锦果麦早餐，可冷藏保存长达一周的时间。

北欧的什锦果麦

用料（8 人份）

什锦果麦配料：

- 1 杯有机钢切燕麦
- ⅔ 杯小麦片
- ½ 杯小麦胚芽（烘烤过的）
- 1 汤匙的洋车前子壳
- ¼ 杯亚麻籽，磨碎
- ⅓ 杯杏仁 / 核桃，切碎
- 2 汤匙不加糖的椰子片
- ½ 杯椰枣粒 / 杏干 / 无花果干
- 2 汤匙的本地生蜂蜜
- 1 茶匙的牧豆粉

- 1 小撮肉桂粉

- 3 杯纯净水

- 2 杯有机原味酸奶（我更喜欢由山羊奶制成的酸奶）

做　法

第 1 步：在一个中等大小的碗中，将所有配料（酸奶除外）混合在一起，搅拌至充分混合。把什锦果麦分装到小玻璃罐中，盖上盖子，放置过夜。

第 2 步：早上，食用时直接加入酸奶。

瑞士隔夜燕麦（改良版）

用料（4 人份）

什锦果麦配料：

- 2 杯有机钢切燕麦

- 1¾ 杯有机草饲全脂牛奶

- ¼ 杯有机苹果汁

- 3 汤匙新鲜柠檬汁

- 1 个苹果，去核，带皮切块

- 2 汤匙的本地生蜂蜜

- ¼ 杯葡萄干

- 1 汤匙奇亚籽

- 1 小撮肉桂粉

浇料：

- 1½ 杯有机原味酸奶

- 1 杯蓝莓（其他浆果也可以）

·½ 杯榛子，切碎

做　法

第 1 步：在一个中等大小的碗中，把什锦果麦的所有配料混合在
　　　　一起，搅拌至充分混合。把什锦果麦分装到小玻璃罐
　　　　中，盖上盖子，放置过夜。

第 2 步：早上，食用时直接加入酸奶，再加蓝莓和榛子。

黑莓香蕉玛芬蛋糕

玛芬蛋糕对你的健康有益吗？当然 —— 如果你知道如何正确制作
它们。

这个食谱包含有对脑部健康有益的多种营养物质。配料中的杏仁
和核桃富含维生素 E 和 ω-3 脂肪酸，奇亚籽和蜂蜜富含人体必需的多
种矿物质，燕麦富含可溶性膳食纤维，椰子油富含有益健康的脂肪，
有机鸡蛋富含胆碱（能增强记忆力）和色氨酸（能提高 5-羟色胺水
平），浆果富含维生素 A 和维生素 C 以及大量抗氧化剂。

这种玛芬蛋糕口感很丰富，也有很好的饱腹感，我通常使用 12
连杯玛芬蛋糕烤盘来制作它。一如往常：质比量更重要，一切都要
适量。

玛芬蛋糕加一杯茶（印度奶茶和这个食谱很配），再加一些浆果，
就是一顿有益脑部健康的早餐／小吃，能令人感到满足和舒适。

用料（8 人份）

·1½ 杯有机传统燕麦片

·5½ 汤匙的特级初榨椰子油

- 1 杯有机杏仁
- ½ 杯有机核桃，切碎
- 2 汤匙奇亚籽
- 2 茶匙的泡打粉
- ¼ 茶匙的小苏打
- 2 个有机散养鸡蛋，外加 1 个蛋清
- 1 杯酸羊奶（由山羊奶制成的）
- 2 茶匙肉桂粉
- 半个新鲜柠檬挤出来的汁
- ¼ 杯的本地生蜂蜜
- 2 个中等熟度的香蕉
- 1 杯有机黑莓

做　法

第 1 步：将烤箱预热至约 180 摄氏度。用 1½ 汤匙的椰子油，在 12 连杯玛芬蛋糕烤盘上刷上薄薄一层椰子油。

第 2 步：使用食物料理机或高速搅拌机，把燕麦和杏仁打磨成面粉状。在一个大碗中，加入磨碎的燕麦、杏仁、核桃和奇亚籽，与泡打粉和小苏打混合在一起。

第 3 步：在另一个碗里，轻轻地把鸡蛋打散，打成蛋液。加入酸奶，搅拌，直到混合均匀。

第 4 步：在小平底锅中加入椰子油、肉桂粉、柠檬汁和蜂蜜，用小火加热并搅拌，直至混合物像糖浆一样黏稠。

第 5 步：将鸡蛋混合液加入麦粉混合物中，搅拌，然后加入椰子油混合物。

第 6 步：把香蕉捣碎，加到碗里。加入黑莓，轻轻搅拌。

第 7 步：将混合物倒入每个烤杯中，至 3/4 满即可。烤 25 至 30
分钟，或直到蛋糕表面呈金黄色。让其自然冷却 15 分
钟，然后就可以从烤杯中取出了。

西西里美式炒蛋

美式炒蛋是许多美国人饮食中的常见菜肴，算得上一道丰盛的早
餐，也可视为简单快捷的午餐或晚餐的一部分。除了对饮食中的胆固
醇敏感的人之外，我们大多数人并不需要避免吃鸡蛋，这是因为，适
量食用鸡蛋，不太可能导致血液中的胆固醇水平升高。"适量食用"
是指，吃炒鸡蛋的话，每餐不超过两个鸡蛋，每周不超过两次（即使
吃鸡蛋对你来说没问题）。

鸡蛋不仅富含蛋白质，还含有大脑必需的几种 B 族维生素（如胆
碱、维生素 B_{12} 和维生素 B_6），以及具有抗衰老作用的硒元素，可以说
是你饮食中的健康补充包。加入营养丰富的其他食材（如菠菜、番茄
和橄榄），可以进一步提高其营养价值。这个食谱快速简单，不仅营
养丰富，而且有浓郁的风味（因为其中含有新鲜罗勒、辛辣的大蒜和
特级初榨橄榄油）。

用料（4 人份）

·6 个有机散养鸡蛋

·2 个成熟的李子番茄，切成丁

·¼ 杯的希腊卡拉玛塔橄榄（Kalamata olive），切成丁

·¼ 杯有机草饲全脂牛奶

- ½ 杯菲达奶酪
- 1 汤匙特级初榨橄榄油
- 2 个蒜瓣，切碎
- 2 杯嫩叶菠菜
- ½ 杯新鲜罗勒
- 海盐和黑胡椒

做 法

第 1 步：在一个中等大小的碗中，加入鸡蛋、番茄、橄榄、牛奶和菲达奶酪，将它们搅拌在一起。

第 2 步：在大平底锅中，倒入橄榄油，中火加热。加入蒜末，炒 1 分钟或直至其变成浅棕色。加入菠菜和罗勒，再炒 1 分钟。

第 3 步：将蛋液混合物倒入锅中，用铲子搅拌 2 到 3 分钟。炒到蛋液凝固，达到嫩而不稀的状态。加入盐和胡椒调味。即可食用。

正　餐

阿育吠陀绿豆汤

作为一种食疗方法，这个传统的阿育吠陀食谱在亚洲各地已有数千年的应用历史。这款因滋养和排毒功效而闻名的绿豆汤，是一种美味的食物，具有抗炎作用，对神经系统有补益功效。生姜等其他配料富含膳食纤维并且有舒缓作用，因此这个食谱非常适合有消化问题

（如腹胀、胀气和便秘）的人。

用料（4 人份）

· 2 杯有机开边绿豆

· 1 汤匙特级初榨椰子油

· 1 茶匙姜黄粉

· 1 小撮孜然粉

· 1 个小黄皮洋葱，切厚片

· 3 个蒜瓣，切碎

· 1 块新鲜生姜（约 2.5 厘米长），切碎

· 1 个有机胡萝卜，去皮并切碎

· 2 棵有机芹菜茎，切碎

· ½ 茶匙干迷迭香

· 6 杯有机蔬菜清汤

· 海盐

做　法

第 1 步：把豆子浸泡在大量的水中，浸泡至少 5 小时或过夜（浸泡过的豆子更容易消化，不会引起胀气）。

第 2 步：在一个大而厚重的平底锅中，倒入油，中火加热。加入姜黄和孜然，搅拌 1 分钟。

第 3 步：加入洋葱，翻炒 5 分钟左右，直到洋葱变软呈金黄色。加入大蒜和姜，再炒 2 分钟。

第 4 步：加入胡萝卜、芹菜、浸泡过的绿豆和迷迭香。搅拌混匀。加入汤，煮沸。把火调小。用海盐调味。盖上盖子，慢炖 25 分钟，或者直到豆子煮熟，但不要烂成糊状。

简制阿拉斯加野生鲑鱼

这个食谱是我们家的最爱。我丈夫说，这道做法超级简单的菜是他最喜欢的菜之一。

这个简单的食谱会让你大吃一惊，因为它涉及的烹饪步骤很少。这道菜之所以味道鲜美且营养丰富，就是因为使用了最新鲜、最优质的食材，而且实现了良好的搭配。

这个食谱包含哪些对大脑有益的营养成分？答案是：所有。

首先是鱼。深海鱼类（如鲑鱼）富含 ω-3 多不饱和脂肪酸，尤其是 DHA，它对大脑功能来说至关重要。在大脑的磷脂构成中，DHA 占比为 50%，它在保持脑细胞膜的柔韧性和功能正常运转方面起重要作用，随着年龄的增长，这方面的作用也日益重要。此外，科学研究已证实，ω-3 多不饱和脂肪酸具有抗炎作用。

因为眼见为实，所以我为家人选择最好的 DHA 来源：阿拉斯加野生鲑鱼。与人工养殖的鲑鱼相比，阿拉斯加野生鲑鱼更"干净"、更健康，并且富含 ω-3 多不饱和脂肪酸，仅 85 克的野生鲑鱼，就含有 22 克精益蛋白质（包含所有必需氨基酸）和 7 克脂肪（其中大部分是必需脂肪酸）！调料选用也需要格外留意，因为它与这道菜的食材搭配得很好。

用料（4 人份）

- 约 450 克阿拉斯加野生鲑鱼片，切成 4 块（如果买不到新鲜的，就买冷冻的阿拉斯加野生鲑鱼）
- ¼ 杯纯净水
- 2 汤匙特级初榨椰子油

· 2 汤匙溜酱油

· 半个柠檬挤汁

做 法

第 1 步：将鱼冲洗干净，鱼皮面朝下，摆放在搪瓷盘或玻璃烤盘中。将盘子放在蒸锅中，盖上锅盖，把鱼蒸熟，约需 8 至 10 分钟。

你也可以用煎锅。

用小火加热煎锅。把鱼片放入煎锅中，鱼皮面朝下，加水。盖上盖子，煨 4 至 5 分钟。

第 2 步：在一个小平底锅中，加热椰子油、溜酱油和柠檬汁，搅拌 1 分钟。

第 3 步：把鱼放到盘子里，淋上溜酱油、柠檬汁，即可食用。我通常会配上一小杯糙米饭。

佛　碗

佛碗里装满了各种健康食材，看起来满满当当，像一个圆润的"肚子"（就像佛陀的肚子一样）。佛碗有时被称为荣光或嬉皮碗，是一种丰盛又饱腹的碗装料理，食材搭配包括生的或烤熟的蔬菜、豆类（如豆子和小扁豆）和有益健康的谷物（如藜麦或糙米）。你可以选择不同的佛碗食谱，尝试把色彩缤纷的各种食材搭配起来。有时，佛碗配料中还包括坚果和种子，以及非常美味的酱汁。最棒的是，下面列出的每个佛碗食谱都是简单易做的，营养也丰富，含有各种营养素和维生素，可以滋养和保护你的大脑。

彩虹佛碗配枫芝麻酱

这个食谱很有料，酱汁"犹如锦上添花"——与我在 Life Alive 餐厅（位于马萨诸塞州剑桥市的一个"城市绿洲和有机咖啡馆"）吃到的一种美味的酱汁类似。我丈夫曾经在麻省理工学院（MIT）工作，每当我去那里过周末，我们就会去 Life Alive 就餐，该餐厅有一道特色菜，名为"女神"（The Goddess），它是这个彩虹佛碗食谱的灵感来源。

正如你所看到的，佛碗中的配料需要花一些时间来准备，所以明智的做法是：每次多做一些，把剩余的分装保存，以后还可以再吃一顿！

用料（4 人份）

碗里的食材：

· ½ 杯切碎的嫩羽衣甘蓝（3 片大叶）

· ½ 杯去皮并切碎的胡萝卜

· ½ 杯去皮并切碎的红甜菜

· ½ 杯切碎的西蓝花

· ¼ 杯切成小条的杏仁

· ½ 杯切成方块的老豆腐

· 1 杯煮熟的野生稻

· ½ 杯煮熟的藜麦

酱汁：

· 2 个小蒜瓣

· 1 块新鲜生姜（约 5 厘米长），去皮

・2 汤匙溜酱油或生油酱油（nama shoyu sauce）

・半个柠檬挤汁

・2 汤匙有机芝麻酱

・1 汤匙特级初榨椰子油

做　法

装碗：

第 1 步：将羽衣甘蓝、胡萝卜、甜菜和西蓝花放入蒸锅或大锅中，加 ¼ 杯水。用中火蒸 2 至 4 分钟，直到蔬菜达到理想的口感。

第 2 步：中火加热平底煎锅，倒入杏仁，烤 1 分钟，并不断搅拌。

第 3 步：将蒸蔬菜、烤杏仁、米饭和藜麦与豆腐混合，装入碗中。

酱汁：

将所有酱汁配料放入食物料理机或高速搅拌机中，搅拌到较为细腻的程度。

准备佛碗：

将酱汁与碗里的食材混合在一起，即可食用。

番薯鹰嘴豆佛碗

这个佛碗食谱包括 4 种蔬菜、富含膳食纤维和蛋白质的鹰嘴豆、富含抗氧化剂的番薯、富含 B 族维生素的健康谷物。配上枫糖浆、芝麻酱，这个酱汁如此美味，你会想把它淋在一切食物上。

用料（4 人份）

碗里的食材：

・2 个中等大小的番薯，把番薯切成两半（最好用冲绳紫番薯代

替普通番薯）

· ½ 个红皮洋葱，切成楔形

· 2 汤匙特级初榨椰子油或葡萄籽油

· 2 杯切碎的西兰苔（去掉大茎）

· 1 杯香菇片

· ¼ 茶匙喜马拉雅粉盐或犹太盐

· 1 杯煮熟的糙米

· 2 杯嫩叶菠菜

· 2 杯绿叶生菜

鹰嘴豆配料：

· 1 罐（约 425 克）鹰嘴豆，沥干、冲洗并拍干

· 1 茶匙孜然粉

· ½ 茶匙姜黄粉

· 1 茶匙芥菜籽

· 2 个蒜瓣，切碎

· 1 小撮辣椒粉

· 1 小撮喜马拉雅粉盐

· 1 汤匙椰子油

酱汁：

· ¼ 杯有机芝麻酱

· 2 汤匙有机枫糖浆

· 半个柠檬挤汁

· 1 个蒜瓣

· 1 块新鲜生姜（约 2.5 厘米长）

· 2 至 4 汤匙热水

做　法

蔬菜：

第 1 步：将烤箱预热至 200 摄氏度。把番薯（带皮的一面朝下）和洋葱摆放在烤盘上。淋上 1 汤匙的食用油，确保番薯的切面上有薄薄一层油。

第 2 步：烤 10 分钟，从烤箱中取出烤盘，把番薯翻面，加入西兰苔和蘑菇。在蔬菜上再淋一点油，加盐调味。再烤 8 至 10 分钟，直到番薯变软，然后从烤箱中取出烤盘，放在一边，备用。

鹰嘴豆：

第 1 步：在一个中等大小的碗里，加入鹰嘴豆和香料，拌匀。

第 2 步：将剩余的椰子油放入大煎锅中，中火加热。油热后，加入鹰嘴豆，不停地翻炒，炒大约 10 分钟，或者直到其变成焦黄色并散发出香味。把锅从火上移开，放在一边，备用。

酱汁：

将所有酱汁配料放入高速搅拌机中，搅打 1 分钟，混匀，必要时加少许热水稀释。放在一边，备用。

准备佛碗：

把烤好的番薯切成小块，将米饭、蔬菜和绿叶菜分装在 4 个碗里，再放入鹰嘴豆和芝麻酱。你还可以在上面撒上切碎的坚果和种子，如果你喜欢。

冬季佛碗

这个佛碗食谱包括有益脑部健康的十字花科蔬菜，如西蓝花和花椰菜，以及富含膳食纤维和蛋白质的羽衣甘蓝、藜麦和豆类。配上柠檬–葵花籽酱汁，真是太好吃了，几乎让人难以置信。记得加一些腌菜（用盐水腌制的），来滋养和维护你的肠道菌群！

用料（4 人份）

碗里的食材：

· 2 杯切碎的西蓝花小花

· 3 杯对半切开的抱子甘蓝

· 1 杯切碎的恐龙羽衣甘蓝（Tuscan kale）

· 1 根胡萝卜，切碎

· 2 汤匙特级初榨橄榄油

· 海盐

酱汁：

· 1 杯腰果

· 2 个小蒜瓣

· ½ 杯新鲜的鼠尾草叶

· 4 汤匙脱壳的火麻籽，再多准备一些，用于撒在食物上

· 2 汤匙葵花籽酱

· 1 茶匙赤味噌（red miso paste）

· 半个柠檬挤汁

· 3 汤匙溜酱油

· 1 茶匙本地生蜂蜜

- ¼ 杯水
- 1 杯煮熟的斯佩耳特小麦
- 1 杯煮熟的荞麦
- 1 杯煮熟的小米
- 1 个哈斯牛油果（Hass avocado），去核，去皮，切块
- 你选择的腌菜（用盐水腌制的）

做　法

蔬菜：

第 1 步：将烤箱预热至 200 摄氏度。把蔬菜放在一个大碗中，加盐和橄榄油（以及任何其他香料或调味料）调味，拌匀。

第 2 步：将蔬菜放在烤盘中，烤 25 分钟或者直到它们开始焦糖化。从烤箱中取出，放在一边，备用。

酱汁：

第 1 步：浸泡腰果，浸泡至少 30 分钟或过夜。将腰果冲洗干净，把水倒掉。

第 2 步：将其余的酱汁配料放入食物料理机中，搅拌到较为细腻的程度。

准备佛碗：

第 1 步：将蔬菜放在一个大碗中，把谷物放在蔬菜上，再放入牛油果和腌菜。

第 2 步：在蔬菜和谷物上淋上酱汁。再撒上剩余的火麻籽。

白腰豆和原始谷物汤

　　白腰豆与新鲜香草和原始谷物（如苋米和荞麦）搭配在一起，特别美味可口。这些食材加在一起，就可做成一道有益健康而又丰盛的汤，饱腹感很强，足以成为一道主菜。如果要做超级浓稠的汤，你可以把 2 杯白腰豆都放入锅中搅打成浓汤，而不是留下 1 杯整粒的豆子。

用料（4 人份）

- 2 汤匙特级初榨橄榄油
- 3 根韭葱，只取葱白，切成薄片
- 3 个蒜瓣，切碎
- ½ 杯苋米
- ½ 杯荞麦
- 3 小枝新鲜的迷迭香，切碎
- 10 片新鲜的鼠尾草叶，切碎
- 1 片月桂叶
- 1 汤匙有机浓缩番茄酱
- 2 杯蔬菜清汤
- 2 杯煮熟的白腰豆，冲洗后沥干
- 1 小撮啤酒酵母（每份汤中加的量）
- 海盐和胡椒调味

做　法

　　第 1 步：在一个大而厚重的平底锅中，倒入橄榄油，中火加热。加入韭葱，翻炒 5 分钟左右，直到它变软呈金黄色。加入大蒜，再炒 1 分钟，然后加入苋米、荞麦、迷迭香、鼠尾草、月桂叶和番茄酱，搅拌混合。

第 2 步：加入汤，煮沸。把火调小，盖上盖子，慢炖 30 分钟。

第 3 步：把锅从火上移开，放在一边，待其稍微冷却。取出月桂叶。加入 1 杯白腰豆，用手持式搅拌机或马铃薯搅碎器，直接在锅里将混合物搅打成浓汤。加入剩余的白腰豆，混匀，洒上啤酒酵母，加盐和胡椒调味。

鹰嘴豆配马萨拉酱

鹰嘴豆是一种非常好的植物蛋白来源，它能与辛辣的葛拉姆马萨拉（garam masala）完美结合，打造出印度著名的马萨拉酱般的独特风味。葛拉姆马萨拉是一种印度香料混合物，其中包括孜然粉、芫荽籽、肉桂、豆蔻和黑胡椒。每种香料都含有许多植物营养素，它们具有强大的抗氧化特性，还可以起到助消化的作用。它们也有消胀气作用，这意味着它们能消除肠胃胀气。此外，肉桂不仅带有微微的天然甜味，还有助于降低血压和稳定血糖水平。

如果你在食品杂货店买不到葛拉姆马萨拉，可以自己根据配方来做或在网上购买。我喜欢在香料混合物中加入姜黄，进一步增强其抗氧化特性和风味。

这个食谱旨在打造大众料理马萨拉鸡的素食版。它用鹰嘴豆代替鸡肉，用椰奶代替酸奶和厚奶油。此外，它本身就很美味，配米饭吃也很好，特别适合与布朗香米（Brown basmati rice）搭配。

用料（4 人份）

· 2 汤匙特级初榨椰子油或有机酥油

· 1 个红皮洋葱，切成丁

· 4 个蒜瓣，切碎

· 1 小撮海盐

· 1 汤匙葛拉姆马萨拉

· 1 茶匙姜黄粉

· 1 块新鲜生姜（约 5 厘米长），切碎

· 3 杯有机鹰嘴豆，煮熟，沥干并冲洗

· 1 罐（约 800 克）有机番茄丁

· 1 杯全脂椰奶

· 1 汤匙有机浓缩番茄酱

· 一把新鲜的香菜叶，粗切

做　法

第 1 步：在一个大的平底锅中，倒入油，中火加热。加入洋葱、大蒜和盐，搅拌。煎炒 3 至 4 分钟，直到洋葱呈半透明，边缘略微变黄状。

第 2 步：加入葛拉姆马萨拉、姜黄和生姜，翻炒，直到香气四溢，约需 1 至 2 分钟。

第 3 步：加入鹰嘴豆、番茄和番茄汁，煮沸。把火调小，慢炖 15 分钟。加入椰奶、番茄酱、酥油或椰子油，搅拌，再炖 5 分钟。关火，加入香菜，搅拌。

爸爸的柠檬烤鸡

我爸爸的柠檬烤鸡食谱，绝对值得一试。这个食谱改进了经典烤鸡食谱，柠檬烤鸡用的是有机散养的鸡，用香草把整只鸡从里到外揉搓几遍，然后淋上柠檬汁和特级初榨橄榄油，放入烤箱中烤，这个清淡而美味的意大利菜就做好了。再配上烤土豆，就是完美的一餐。这道菜（柠檬烤鸡）富含大脑必需的营养素，特别是所有必需氨基酸——我们的大脑用这些必需氨基酸来制造多巴胺和 5-羟色胺等神经递质。此外，柠檬烤鸡中的鼠尾草和迷迭香，具有增强记忆力和调理神经的功效。

用料（6 人份）

- 有机散养鸡，一整只（约 900 克）
- 6 个蒜瓣
- 4 小枝新鲜的迷迭香
- 1 小束新鲜鼠尾草
- 2 茶匙特级初榨橄榄油
- 1 个柠檬挤汁
- 2 茶匙喜马拉雅粉盐

做　法

第 1 步：将烤箱预热至约 150 摄氏度。

第 2 步：把鸡放在烤盘里，鸡胸朝下。将一些蒜瓣撒在烤盘上，将另一些蒜瓣塞入鸡腹中。把迷迭香和鼠尾草塞入鸡腹中。淋上橄榄油和柠檬汁。撒上盐。

第 3 步：把烤盘放入烤箱中，烤 60 分钟，或者直到肉汁变清。

祖母的蒲公英嫩叶配柠檬汁和特级初榨橄榄油

蒲公英嫩叶既可作美味的食物，又可作草药，每人都可以找到或种植蒲公英，并充分利用它。这种开花植物富含维生素 A、维生素 C、几种 B 族维生素、铁、钾、锌和膳食纤维。此外，它还含有多种营养物质，可以滋养肠道中的有益细菌。这是我祖母的原创食谱，我们几乎每个周末都会做这道菜。

用料（4 人份）

- ·约 450 克有机蒲公英嫩叶
- ·约 1 升纯净水
- ·2 汤匙特级初榨橄榄油
- ·1 个柠檬挤汁
- ·1 小撮海盐

做　法

第 1 步：把蒲公英嫩叶洗净，放在一个大平底锅里，加水至没过它，中火煮沸。煮 8 到 10 分钟，或者直到它变软但还没有软烂。把水倒掉。

第 2 步：把蒲公英嫩叶盛到碗里，淋上橄榄油和柠檬汁，加盐调味。

基本蔬菜汤

这个汤有很好的健脑作用，富含多种超级营养素。豌豆是谷胱甘肽的良好来源，谷胱甘肽是人体内非常重要的抗氧化物质。洋葱是富含葡萄糖的健康碳水化合物，可以滋养肠道有益细菌。西蓝花营养丰富，富含膳食纤维、维生素 A、维生素 C 和维生素 B_6，以及大量的植物营养素（有抗氧化功能）。毛豆是蔬菜精益蛋白质的良好来源，这些食物是大脑正常运转的保证。最后，啤酒酵母是大脑必需的胆碱和维生素 B_{12} 的极佳来源。这几种蔬菜不仅有营养，而且风味互补，混合在一起，就成了一道美味的蔬菜汤。在食材的选择上，最好选择有机蔬菜。我不会将这些蔬菜煮得太烂，我更喜欢将它们煮至弹牙口感，我相信这能更好地保留蔬菜内的营养成分。

用料（6 人份）

- 约 450 克西蓝花，切碎
- 1 杯切碎的紫甘蓝
- 6 个中等大小的胡萝卜，切碎
- 6 根葱，只取葱白，切碎
- 4 棵有机芹菜茎，切碎
- 4 个蒜瓣，切碎（烤蒜更好！）
- 2 杯有机豌豆（冷冻的也不错）
- 1 杯有机毛豆（也可以选用去壳并冷冻的）
- 1 块新鲜生姜（约 2.5 厘米长），切碎
- 约 2 升蔬菜清汤（不加盐）
- 6 茶匙啤酒酵母，每人 1 茶匙

做　法

第 1 步：把所有蔬菜放在一个大锅里。加入蔬菜汤。煮沸，盖上锅盖，小火煮 20 分钟，或直到蔬菜变软。

第 2 步：把煮好的蔬菜汤盛出来，分装到 6 个碗中。在每碗蔬菜

汤里撒 1 茶匙啤酒酵母。你还可以在蔬菜汤中加一些糙米，这样口感更好。

绿色蔬菜沙拉

这种沙拉营养丰富，是我们家的一个主要菜品。通常，我会多做一些这种沙拉，将其中一部分当作我们家的一顿午餐，另一部分可以留下来，作为一道配菜，过几天再吃。为了确保它保持新鲜，我会把沙拉放在密封的玻璃容器里，置于冰箱冷藏。这个食谱以包含各种芬芳翠绿的蔬菜为特色，配料中还有葱（富含葡萄糖）、球茎茴香（有舒缓作用）、牛油果和橄榄（有益心脏健康）。此外，新鲜的德国酸菜和萝卜，不仅含有丰富的益生菌，而且清脆爽口。

（关于萝卜，我多说一句，萝卜富含不能被人体消化吸收的碳水化合物，可帮助消化，并促进体内毒素排出。此外，萝卜也含有花色素苷，花色素苷是有抗氧化功能的植物营养素，蓝莓和樱桃之所以有美丽的颜色，正是因为富含花色素苷。）

用料（4 人份）

沙拉：

· 1 杯切碎的嫩羽衣甘蓝

· 1 杯切碎的嫩叶菠菜

· 1 杯切碎的混合绿叶菜

· 4 根葱，只取葱白，切片

· ½ 杯黄色甜洋葱，切成薄片

· 4 或 5 个萝卜，切成薄片，（我首选小圆红萝卜 —— 一种圆形的

小萝卜，有紫红色的皮和白色的果肉，带有一种非常辛辣、微
妙的苦味）

· 1 个球茎茴香，切成薄片

· ¼ 杯的希腊卡拉玛塔橄榄，去核，切成丁

· ½ 杯新鲜的德国酸菜或泡菜

· 1 个成熟的牛油果，去皮，去核，切成丁

· ½ 杯新鲜的黑莓或蓝莓（最好是当季的）

酱汁：

· 1 汤匙亚麻籽油

· 半个柠檬挤汁

· 1 汤匙苹果醋

做　法

第 1 步：将所有蔬菜放在一个大碗中，混匀。

第 2 步：在搅拌机中，倒入所有酱汁配料，高速搅打，直至混匀。
　　　　将酱汁倒在沙拉上，搅拌，至酱汁均匀地附着在菜的表
　　　　面。在拌好的沙拉上，可根据自己的喜好，撒上种子
　　　　（火麻仁、葵花籽或南瓜子）、葡萄干、椰枣碎，甚至榛
　　　　子，之后即可食用。

烤番薯配新鲜菠菜沙拉和酸奶芝麻酱

如果想让自己的菜肴颜色更丰富，你可以选择冲绳紫番薯。这种
深紫色的番薯，也被称为红芋，实际上它是与牵牛花同科的（都属于
旋花科）藤本植物，其美丽的深紫色花朵非常迷人。冲绳紫番薯味道

好，营养丰富，被认为是冲绳人健康长寿（很少患心脏病、癌症、糖尿病和阿尔茨海默病等增龄相关疾病）的饮食秘诀之一。如果没有冲绳紫番薯或紫薯，你可以用普通番薯替代。

这个食谱的特色是，它包含美味的酸奶芝麻酱，增添了浓郁的风味。这并非偶然，芝麻籽是一种特别好的健脑食品。在中世纪，芝麻籽的价值堪比等重量的黄金，这自然有其道理。除了具有抗氧化和抗炎的特性，芝麻籽还富含色氨酸，大脑利用色氨酸来合成5-羟色胺，5-羟色胺是一种能够让人感觉良好的神经递质。

用料（4人份）

- 4个冲绳紫番薯或有机紫薯
- 3汤匙特级初榨椰子油
- 1杯有机全脂酸奶
- 2汤匙有机芝麻酱
- 2汤匙有机枫糖浆
- 4杯嫩叶菠菜
- 2汤匙特级初榨橄榄油
- 半个柠檬挤汁
- 盐和胡椒

做　法

第1步：将烤架或烤盘预热至高温。

第2步：把番薯纵向切片，切成约1.5厘米厚的薄片。在一个大锅里，倒入3杯水，用大火烧开。放入番薯片，焯2至3分钟。捞出，冷却后轻轻拍干。

第3步：在烤架上刷上一层椰子油，当油吱吱响时，将番薯片单

层平放在烤架上，烤至表面焦黄，然后翻面，每面各烤
5 分钟。

第 4 步：在一个小碗中，加入酸奶、芝麻酱和枫糖浆，搅拌均匀。
放在一边，备用。

第 5 步：将菠菜放入一个中等大小的碗里，淋上橄榄油和柠檬汁，
拌匀。

第 6 步：把拌好的菠菜分成 4 份，放在 4 个盘子里。把番薯片铺
到菠菜上面，加盐和胡椒调味，然后淋上酸奶芝麻酱酱
汁。趁热吃。

烤姜蒜酱汁腌制的鲑鱼

在我不想做任何复杂的菜肴，又想让家人吃上美味的晚餐时，它
就是我的首选食谱。做好这道菜的关键在于，选择品质好的食材。值
得一提的是，野生鲑鱼富含蛋白质和两种最重要的 ω-3 脂肪酸（EPA
和 DHA），对人类大脑、视力和神经的发育起着重要的作用。由于人
体自身无法合成 ω-3 脂肪酸，获取它们的最好途径是通过食物，野生
鲑鱼是 ω-3 脂肪酸的最佳来源之一。这个食谱的特点是，用腌料提升
鱼的味道，只需短短几个小时，就可以腌制入味。

用料（2 人份）

· 4 汤匙未经精炼的芥花籽油

· 1 块新鲜生姜（约 2.5 厘米长），切碎

· 3 个蒜瓣，切碎

· 半个柠檬挤汁

- · 1 汤匙有机枫糖浆

- · 2 汤匙溜酱油（最好是有机的）

- · 约 170 克阿拉斯加野生鲑鱼片，拍干

- · 海盐和辣椒

做　法

第 1 步：配腌料，在一个塑料自封袋里，放入 3 汤匙油、姜、蒜、柠檬汁、枫糖浆和溜酱油。封口后，摇匀。将鱼放入袋子中，重新密封，然后再摇一摇，直到鱼被腌料完全覆盖。将袋子放在冰箱冷藏室里，腌制 3 至 4 小时。

第 2 步：将烤架或烤盘预热至高温。从袋子中取出鱼，将腌料丢掉。加盐和胡椒调味。

第 3 步：在烤架上刷上剩余的 1 汤匙油，当油吱吱响时，将鱼放在烤架上，烤至表面微焦，然后翻面，每面各烤 4 分钟。

小扁豆菠菜汤

　　小扁豆是膳食纤维和复杂碳水化合物的良好来源，它能让你长时间有饱腹感，同时还能给大脑补充随时间释放的葡萄糖。这个食谱配料包括暖身的香料，如孜然、豆蔻，以及姜黄（印度菜肴中常用的香料）。姜黄中含有姜黄素，临床试验表明，姜黄素是一种强大的抗氧化剂，具有抗衰老功效。姜黄素的另一个健康益处是，提升大脑中的 DHA 水平，促进 ALA（ω-3 脂肪酸的一种类型，主要存在于植物性食物中）转化为 DHA。由于 ALA 在体内转化为 DHA 的效率非常低，在素食菜肴中加入姜黄，既可以提高这种转化的效率，又可以使食物更美味。

用料（4 人份）

- 2 茶匙特级初榨橄榄油或椰子油

- 1 个黄皮洋葱，切碎

- 1 茶匙孜然粉

- ¼ 茶匙豆蔻粉

- 4 个蒜瓣，切碎

- 2 汤匙切碎的生姜

- 2 杯红扁豆，洗净并沥干

- 4 杯蔬菜清汤

- 1½ 杯切碎的新鲜番茄及其汁液

- 2 杯切碎的菠菜或瑞士甜菜

- ⅓ 杯切碎的新鲜香菜

- 1 茶匙姜黄粉

- ½ 杯全脂椰奶

- 海盐

做　法

第 1 步：在一个大锅里倒入油，中高火加热。加入洋葱，炒 5 分钟左右，直到洋葱变软。

第 2 步：加入孜然粉、豆蔻粉、蒜和姜，翻炒 2 分钟左右，直到炒出香味。

第 3 步：加入小扁豆、蔬菜清汤、番茄及其汁液、菠菜、香菜、姜黄和椰奶，加盐调味，煮沸。把火调小，盖上锅盖，用中低火慢炖，并经常搅拌，直到小扁豆变软，约需 15 分钟。舀入碗中，即可食用。

炸罗非鱼片滚椒盐卷饼面包糠

我丈夫不久前做了这道菜，从那以后，它一直是我们最喜欢的一道菜。如果你觉得自己不爱吃鱼，这个食谱将会使你爱上吃鱼。就像传统的炸鱼条或炸鱼薯条一样，这道菜很受欢迎，非常香脆可口，但其香脆来自椒盐卷饼。此外，这道菜简单易做，以鱼为主要食材，鱼肉富含有益健康的营养物质，例如 ω-3 脂肪酸和完全蛋白质，同时又可以最大限度地减少胆固醇和饱和脂肪的摄入量。约 225 克的鱼片，切成两半，正好够两个人吃。

用料（2 人份）

- ½ 杯全麦面粉
- 海盐（只用在椒盐卷饼不含盐的情况下，才需要准备海盐）
- 1 只有机散养鸡蛋
- 1 份椒盐卷饼（最好是以全麦或发芽谷物为原料的）
- 约 225 克罗非鱼片
- 2 汤匙有机的无盐黄油（采用草饲奶牛的牛奶制成的黄油）或特级初榨椰子油
- 半个柠檬挤汁

做　法

第 1 步：将面粉放在一个大盘子里，加盐调味。

第 2 步：在一个又大又浅的碗里，打入鸡蛋，搅拌均匀。

第 3 步：使用食物料理机，将椒盐卷饼打成面包糠，然后将其换到一个盘子里。

第 4 步：将罗非鱼片先蘸干面粉，然后再蘸蛋液，多余的蛋液滴落下来也不要紧。最后裹上一层椒盐卷饼面包糠。

第 5 步：在大平底锅中放入黄油，中高火加热。把鱼片单层平放在锅里。不用移动鱼片，煎炸大约 3 分钟，至一面呈金黄色。翻面再煎 3 分钟，至两面均呈金黄色，鱼也就熟透了。把鱼捞出来，洒上柠檬汁，即可食用。配上简单的蔬菜沙拉会更好吃。

零　食

健脑的混合坚果果干

据说，混合坚果果干（trail mix）这种食品最早是在 20 世纪 60 年代被研制出来的，适合需要快速补充体力（例如徒步旅行或持续剧烈运动）时食用。由于它相对轻巧且便于携带，主要成分（如干果、坚果和巧克力）的能量密度都很高，所以非常适合外出时作为零食随身携带。传统的坚果果干制品包含花生和葡萄干，但我们将其改良，把各种高品质的干果、坚果和种子混合在一起，做成一种高能量的零食。最重要的是，它富含大脑必需的营养素。

用料（12 人份）

- ½ 杯葡萄干
- ½ 杯椰枣碎
- ¼ 杯葵花籽
- ¼ 杯南瓜子
- ¼ 杯巴西坚果

- ¼ 杯枸杞莓
- ¼ 杯烤榛子
- ½ 杯对半切开的核桃仁
- ½ 杯不加糖的椰子片
- ¼ 杯不加糖的可可粒
- ¼ 杯开心果，去壳
- ½ 杯杏仁片
- ¼ 杯火麻仁
- ½ 杯不加糖的香蕉片

做　法

将所有成分混合，把混合好的坚果果干装在密封容器中，置于冰箱冷藏室，可以保存两个星期。

花生酱能量球

花生酱能量球类似于免烤曲奇，既美味又健康。我每次做了这种能量球，拿出来请大家吃时，都有人向我要食谱，而且因为大人小孩都很爱吃，所以总是很快就被大家一扫而光。为了做出堪称超级食品的零食，我们还可以在配方中加 1 茶匙螺旋藻粉和 1 茶匙玛卡根粉（maca root powder）。螺旋藻粉会使混合物变绿，但它能为大脑提供必需氨基酸，所以带点颜色也是值得的！

用料（8 人份）

- 1 杯传统燕麦片（你也可以选择无麸质的）
- ½ 茶匙肉桂粉

· 7 或 8 个椰枣

· 少量枫糖浆

· 3 汤匙有机香滑花生酱

· ½ 杯切碎的花生

做　法

第 1 步：在食物料理机中，将燕麦和肉桂混合。搅打，直到将燕麦打成面粉状。加入椰枣和枫糖，将混合物搅打成糊状。

第 2 步：加入花生酱，搅拌，直到混合均匀，成面团状。根据食物料理机的类型，你可能需要加入几汤匙温水，以达到所需的稠度。

第 3 步：把搅拌好的混合物取出，每次舀 1 汤匙，将其滚成小球，总共可以滚成 12 个小球。把小球放到花生碎末里滚一下。放入冰箱冷藏约 1 小时，然后就可以食用了。

果　昔

果昔是一种方便的零食选择，美味又富含营养素，无论你去哪里，都可携带一杯果昔，随时享用！果昔的制作也很简单，只需把原料混合在一起，搅打，倒出即可食用。

虽然果昔本身并不能弥补糟糕饮食的不足，但饮用果昔是一种简单的方法，可以促使你将更多的水果和蔬菜以及大脑必需的特定营养素纳入日常饮食中。就我个人而言，我已经体会到了全食果昔的健康益处，全食果昔是由新鲜的有机水果、蔬菜、坚果和种子制成的。我还会加一些已证实可以促进脑部健康和认知能力的天然补剂，比如鼠尾草提取物、银杏叶提取物和人参。

我建议你根据自己目前所处的神经营养水平（初级、中级或高级），分别采用如下果昔配方。

营养丰富的绿色果昔

用料（2 人份）

- · 1 杯椰子水
- · ½ 杯山羊奶或杏仁奶
- · 1 小把生杏仁
- · 1 汤匙奇亚籽
- · 1 茶匙亚麻籽
- · 1 茶匙巴西莓粉
- · 1 茶匙枸杞莓
- · 1 汤匙未加糖的生可可粉
- · 1 茶匙玛卡粉（maca powder）
- · 1 汤匙有机螺旋藻粉
- · 红参提取物与蜂王浆和蜂花粉（5 毫升）（可选）
- · 鼠尾草提取物（有机认证，不含酒精；1 毫升）（可选）

做　法

将所有成分混合，放入高速搅拌机中搅打 1 分钟，即可饮用。

舒缓的生可可果昔

用料（2 人份）

- · 1 汤匙未加糖的生可可粉

- 1 汤匙杏仁粉
- 1 汤匙奇亚籽
- 1 茶匙枸杞莓
- 1 汤匙有机芦荟汁
- ¼ 杯巧克力味（或香草味）纯素蛋白粉或乳清蛋白粉
- 1 杯椰子水
- 1 杯全脂椰奶
- 红参提取物与蜂王浆和蜂花粉（10 毫升）（可选）

做　法

将所有成分混合，放入高速搅拌机中搅打 1 分钟，即可饮用。

辣味浆果果昔

用料（2 人份）

- 1 汤匙巴西莓粉（或者冷冻巴西莓，取 ⅓ 袋）
- 1 小把冷冻蓝莓
- 1 茶匙枸杞莓
- 1 块新鲜生姜（约 2.5 厘米长）
- 半个有机红蛇果
- 1 汤匙有机螺旋藻粉
- 1 小撮辣椒粉
- ½ 茶匙姜黄粉
- 1 汤匙枫糖浆
- 2 杯纯净水

· 1 个（240 毫克）银杏叶提取物素食胶囊（可选）

做　法

将所有成分混合，放入高速搅拌机中搅打 1 分钟，即可饮用。

致　谢

　　这本书建立在最新科学研究的基础上，这些研究是团队努力的结果。我要向许多同事和合作者表达我最深切的谢意，他们咬紧牙关，不畏一个接一个的困难——最后期限、无数条拒绝信息、严格的审稿人、失败的示踪测试、不足的经费、科研审计……正是他们的坚持和决心，以及世界各地的科学家们的坚持和决心，使我们最终能够彻底探索如何有效预防阿尔茨海默病等脑部疾病。

　　我要感谢美国国立卫生研究院（NIH）衰老研究所（National Institute on Aging）、阿尔茨海默病协会（Alzheimer's Association），以及几家私人基金会和慷慨的捐助者，感谢他们多年来的持续参与和支持。没有他们，这项研究工作就不可能进行。

　　非常感谢我的女友们，尤其是金伯利（Kimberli）、劳伦（Lauren）、西尔维亚（Silvia）、邦妮（Bonnie）、安珀（Amber）和雷蒙娜（Ramona），感谢她们一直支持我——尽管在过去的一年里，我总是忙得见不着人影；感谢我已故的朋友肯尼斯·里奇医学博士（Kenneth Rich, MD），他教会了我仁爱的真正价值和意义，还向我介绍了农夫市场和健康食品商店；在意大利这边，我家乡的朋友们，特别是索尼亚（Sonia）、盖亚（Gaia）、埃琳娜（Elena）、弗朗西斯卡

（Francesca）、福斯卡琳娜（Foscarina）、瓦莱里娅（Valeria）、切科（Checco）、伊萨（Isa）、西蒙妮（Simone）和弗兰基纳（Franchina），我非常想念你们。

特别感谢我的美国亲友苏珊·韦瑞里·杜蒂尔（Susan Verrilli Dutilh），你不仅在我 5 岁时向我介绍了花生酱和果冻，而且在这本书的写作过程中，带着无尽的耐心和无限的体贴，对其中的每一步和每一页，都给予了我支持。

衷心感谢我的编辑卡洛琳·萨顿（Caroline Sutton）、我的经纪人卡廷卡·马森（Katinka Matson）和约翰·布罗克曼（John Brockman），给我写此书的机会。在将各种概念和想法转化为有益于社会大众和增进健康的切实工具方面，我非常感谢你们给予的大力支持和出色的业务能力。

最后，感谢我的家人们。妈妈和爸爸，即使远隔重洋，你们也对我怀有始终如一的爱和支持，也感谢你们在我小时候对我的教育，带我熟悉科学实验室和厨房。非常感谢祖母玛吉（Marj），她耐心地对本书进行了多次校对。

我的掌上明珠，凯文和莉莉，我爱你们，胜过爱任何人。

注　释

第 1 章　迫在眉睫的脑部健康危机

Page 3: According to the Centers for Disease Control: Zhaurova K. *Nature Education* 2008; 1:49.

Page 5: As the baby boomer generation ages: Barnes DE, Yaffe K. *Lancet Neurology* 2011; 10:819–828.

Page 5: the burden of all these disorders is reaching an alarming proportion: World Health Organization (WHO). www.who.int/mental_health/neurology/neurological_disorders_report_web.pdf.

Page 7: showing how it occurs gradually in the brain: Sperling RA et al. *Nature Reviews Neurology* 2013; 9:54–58.

Page 7: cognitive impairment is not a mere consequence of old age: Mosconi L et al. *Neurology* 2014; 82:752–760.

Page 7: that the brain changes leading to dementia can begin: Reiman EM et al. *Proceedings of the National Academy of Sciences USA* 2004; 101:284–289.

Page 8: While some neurons do continue to grow as we age: Aimone JB et al. *Nature Neuroscience* 2006; 9:723–727.

Page 8: the wear and tear that naturally occur as part of the aging process: Lazarov O et al. *Trends in Neuroscience* 2010; 33:569–579.

Page 10: our reserve will eventually be exhausted: Stern Y. *Lancet Neurology* 2012; 11:1006–1012.

Page 10: clinical trials have yielded mostly disappointing results: Mangialasche F et al. *Lancet Neurology* 2010; 9:702–716.

Page 11: *less than 1 percent* of the population develops Alzheimer's: Tanzi RE, Bertram L. *Neuron* 2001; 32:181–184.

Page 11: from the interplay of a multitude of genetic and lifestyle factors: Jimenez-Sanchez G et al. *Nature Genetics* 2001; 409:853–855.

Page 12: Research on identical twins is particularly enlightening: Herskind AM et al.

Human Genetics 1996; 97:319–323.

Page 12: it was estimated that 70 percent of all cases of stroke: Willett WC. *Science* 2002; 296:695–698.

Page 12: addressing just a few of the risk factors for heart disease and diabetes: Norton S et al. *Lancet Neurology* 2014; 13:788–794.

Page 13: In addition to being toxic and depleting our soil: Davis DR et al. *Journal of the American College of Nutrition* 2004; 23:669–682.

Page 17: people who follow a Mediterranean diet: Mosconi L et al. *Journal of Prevention of Alzheimer's Disease* 2014; 1:23–32.

Page 17: regardless of whether or not they carry genetic risk factors for dementia: Mosconi L, McHugh PF. *Current Nutrition Reports* 2015; 4:126–135.

第 2 章　人类大脑——一个挑食的吃货

Page 22: It is made of a wall of flattened cells: Segal M. Blood-brain barrier. In Blakemore C, Jennett S, eds. *The Oxford Companion to the Body.* New York: Oxford University Press, 2001.

Page 24: research in evolutionary biology has shown: Leonard WR et al. *Annual Review of Nutrition* 2007; 27:311–27.

Page 26: Africa has long been agreed upon as the cradle of humanity: Stringer C. *Nature* 2003; 423:692–693.

Page 26: Grasses, seeds and sedges, fruits, roots, bulbs, tubers: Teaford MF, Ungar PS. *Proceedings of the National Academy of Sciences USA* 2000; 97:13506–13511.

Page 28: that spurred the brain's expansion by providing energy-dense "brain food" : Cunnane SC et al. *Nutrition and Health* 1993; 9:219–235.

Page 28: these foods required little skill to fetch and consume: Broadhurst CL et al. *British Journal of Nutrition* 1998; 79:3–21.

Page 28: early humans participated in "confrontational scavenging" : Joordens JC et al. *Nature* 2015; 518:228–231.

Page 29: This higher-quality diet further increased our ancestors' fat consumption: Ungar PS. *Journal of Human Evolution* 2004; 46:605–622.

Page 29: When meat and fruit were scarce: Eaton SB, Konner M. *New England Journal of Medicine* 1985; 312:283–289.

Page 30: no more than 25 to 35 percent: Cordain L et al. *American Journal of Clinical Nutrition* 2000; 1589–1592.

Page 30: Several research teams have documented: Henry AG, et al. *Nature* 2012; 487:90–93.

Page 30: how ancient grains like oats and wild wheat: Cerling TE et al. *Proceedings of the National Academy of Sciences USA* 2013; 110:10501–10506.

Page 30: It could very well be the development of habitual cooking: Wrangham R et al.

Current Anthropology 1999; 40:567–594.

Page 31: But thanks to the increased access to animal foods and their own cooking skills: Aiello LC, Wheeler P. *Current Anthropology* 1995; 36:199–221.

Page 32: our ancestors' diet couldn't be more different from ours: Eaton SB, Eaton SB, III. *European Journal of Nutrition* 2000; 39:67–70.

Page 32: our fat consumption is relegated to processed baked goods: U.S. Department of Agriculture, Agricultural Research Service, 1997. https://www.ncbi.nlm.nih.gov/pmc/articles/PMC1929441/pdf/pubhealthreporig00112-0059.pdf.

Page 33: the disease-causing genes known to scientists thus far: Wellcome Trust Case Consortium. *Nature* 2007; 447:661–678.

第 3 章　生命之水

Page 36: our bodies are made of a fair amount of water: McIlwain H, Bachelard HS. *Biochemistry and the Central Nervous System* (5th edition). Edinburgh: Churchill Livingstone, 1985.

Page 37: first living creatures were born in the depths of the oceans: Maher KA, Stevenson DJ. *Nature* 1988; 331:612–614.

Page 37: brain cells require a delicate balance of water: Amiry-Moghaddam M, Ottersen OP. *Nature Reviews Neuroscience* 2003; 4:991–1001.

Page 38: causing a number of issues like fatigue: Popkin BM et al. *Nutrition Reviews* 2010; 68:439–458.

Page 38: 43 percent of adult Americans report: Goodman AB et al. *Prevention of Chronic Disease* 2013; 10:E51.

Page 38: when we are dehydrated: Streitburer DP et al. *PLoS One* 2012; 7:e44195.

Page 38–39: If you need more of an incentive: Benefer MD et al. *European Journal of Nutrition* 2013; 52:617–624.

Page 39: Researchers in the UK ran an experiment: Edmonds CJ et al. *Frontiers Human Neuroscience* 2013; 7:363.

Page 39: making older people more vulnerable: Farrell MJ et al. *Proceedings of the National Academy of Sciences USA* 2008; 105:382–387.

Page 40: carbonated soft drinks are the most-consumed beverages: LaComb RP et al. *Food Surveys Research Group Dietary Data Brief No.6*. August 2011.

Page 41: plain water that is high in minerals: Haas EM. *Staying Healthy with Nutrition: The Complete Guide to Diet & Nutritional Medicine*. Berkeley, CA: Celestial Arts, 1992.

第 4 章　关于大脑脂肪

Page 45: Most people are aware that the human brain is rich in fat: McIlwain H, Bachelard

HS. *Biochemistry and the Central Nervous System* (5th edition). Edinbugh: Churchill Livingstone, 1985.

Page 46: fat accounts for less than half the brain's weight: Brady S et al. *Basic Neurochemistry: Principles of Molecular, Cellular, and Medical Neurobiology* (8th edition). Amsterdam: Elsevier, Academic Press, 2012.

Page 47: account for as much as 70 percent of all the fat found in the brain: O' Brien JS, Sampson EL. *Journal of Lipid Research* 1965; 6:545–551.

Page 51: the brain is able to make as much saturated fat: Sastry PS. *Progress in Lipids Research* 1985; 24:69–176.

Page 51: the brain might take up a little bit: Pardridge WM, Mietus LJ. *Journal of Neurochemistry* 1980; 34:463–466.

Page 51: Their tail has to be fairly short: Mitchell RW et al. *Journal of Neurochemistry* 2011; 117:735–746.

Page 52: is largely "homemade" on the brain's premises: Sastry PS. *Progress in Lipids Research* 1985; 24:69–176

Page 52: PUFAs are the only kinds of fat the brain cannot make: Bachelard HS. *Brain Biochemistry* (2nd edition). London: Chapman and Hall, 1981.

Page 52: The brain is specifically designed to collect these fats: Edmond J. *Journal of Molecular Neuroscience* 2001; 16:181–193.

Page 52: omega-3s and omega-6s, are the best known: Williams CM, Burdge G. *Proceedings of the Nutrition Society* 2006; 65:42–50.

Page 53: the balance of these two PUFAs: Morris MC, Tangney CC. *Neurobiology of Aging* 2014; 35 Suppl 2:59–64.

Page 53: a ratio of two-to-one: Simopoulos AP. *American Journal of Clinical Nutrition* 1991; 54:438–463.

Page 53: estimates that Americans consume *twenty or thirty times* more: Kris-Etherton PM et al. *American Journal of Clinical Nutrition* 2000; 71:S179–188.

Page 53: This is ten times the amount: Food and Nutrition Board of the Institute of Medicine of the National Academies. *Dietary Reference Intakes for Energy, Carbohydrate, Fiber, Fat, Fatty Acids, Cholesterol, Protein, and Amino Acids (2002/2005).*

Page 55: people who consumed low quantities of omega-3s: Morris MC et al. *Archives of Neurology* 2003; 60:194–200.

Page 56: those who didn' t consume enough omega-3s: Pottala JV et al. *Neurology* 2015; 82:435–442.

Page 56: whereas those who consumed 6 grams or more: Tan ZS et al. *Neurology* 2012; 78:658–664.

Page 56: clinical trials have still failed to show significant changes: Fotuhi M et al. *Nature Clinical Practice Neurology* 2009; 5:140–152.

Page 56: natural sources like fish rather than from supplements: Morris MC, Tangney CC.

Neurobiology of Aging 2014; 35 Suppl 2: S59–S64.

Page 58: eat foods rich in phospholipids: Fernstrom MH. *Nutritional Pharmacology*. New York: Liss AR Inc., 1981.

Page 60: people who consumed at least 24 grams of these fats a day: Morris MC et al. *Archives of Neurology* 2003; 60:194–200.

Page 61: too much saturated fat can increase the risk of heart disease: Djoussé L, Gaziano JM. *Current Atherosclerosis Reports* 2009; 1:418–422.

Page 61: those who consistently ate the most saturated fat: Morris MC et al. *Archives of Neurology* 2003; 60:194–200.

Page 61: those who ate half that amount (13 grams per day): Okereke OI et al. *Annals of Neurology* 2012; 72:124–134.

Page 63: trans fats and increased risk of cognitive decline: Barnard ND et al. *Neurobiology of Aging* 2014; 35:65–73S.

Page 63: people who consumed 2 or more grams of trans fats a day: Morris MC et al. *Archives of Neurology* 2003; 60:194–200.

Page 63: This increases our risk of cardiovascular disease: Mensink RP, Katan MB. *New England Journal of Medicine* 1990; 323:439–445.

Page 64: Due to some latitude in current regulations: Food and Drug Administration(11 July 2003). "FDA food labeling: trans fatty acids in nutrition labeling; consumer research to consider nutrient content and health claims and possible footnote or disclosure statements," p. 41059.

Page 66: The brain continues to make cholesterol: Orth M, Bellosta S. *Cholesterol* 2012; 2012:292–298.

Page 66: the brain completely seals it away: Di Paolo G, Kim TW. *Nature Reviews Neuroscience* 2011; 12:284–296.

Page 67: those with high cholesterol in midlife: Kivipelto M et al. *Annals of Internal Medicine* 2002; 137:149–155.

Page 67: A cholesterol level of 200 mg/dL: Solomon A et al. *Dementia Geriatric Cognitive Disorders* 2009; 28:75–80.

Page 68: only 25 percent or so is derived from the diet: Kanter M et al. *Advances in Nutrition* 2012; 3:711–717.

Page 68: more than consuming cholesterol itself: Djoussé L, Gaziano JM. *Current Atherosclerosis Reports* 2009; 1:418–422

Page 68: no association between eating eggs and the risk of heart disease: Orth M, Bellosta S. *Cholesterol* 2012; 12:292–298.

Page 69: a wide range of responses: Orth M, Bellosta S. *Cholesterol* 2012; 12:292–298

Page 69: PUFAs are the heart's main source of fuel: Berg JM et al. *Biochemistry* (5th edition). New York: W H Freeman, 2002.

Page 70: the brain might do well to take up: Mitchell RW et al. *Journal of Neurochemistry* 2011; 117:735–746.

第 5 章 蛋白质的好处

Page 72: When you eat a meal that contains protein: Laterra J et al. Blood-Brain Barrier. In Siegel GJ, Agranoff BW, Albers RW et al., eds. *Basic Neurochemistry: Molecular, Cellular and Medical Aspects* (6th edition). Philadelphia: Lippincott-Raven, 1999.

Page 73: composed of over 80 billion brain cells: Kandel ER et al. *Principles of Neural Science* (5th Edition). New York: McGraw-Hill, 2012.

Page 75: Less well-known is that its depletion: McEntee WJ, Crook TH. *Psychopharmacology* 1991; 103:143–149.

Page 75: the production of serotonin in the brain: Wurtman RJ, Fernstrom JD. *American Journal of Clinical Nutrition* 1975; 28:638–647.

Page 75: the average adult, man or woman, needs 5 mg of tryptophan: Food and Nutrition Board of the Institute of Medicine of the National Academies. *Dietary Reference Intakes for Energy, Carbohydrate, Fiber, Fat, Fatty Acids, Cholesterol, Protein, and Amino Acid*s *(2002/2005).*

Page 77: eating carbohydrates with or immediately after tryptophan-rich foods: Wurtman RJ, Fernstrom JD. *American Journal of Clinical Nutrition* 1975; 28:638–647.

Page 78: Dopamine abnormalities are involved in several medical conditions: Calabresi P et al. *Trends in Neuroscience* 2000; 23:57–63S.

Page 78: Tyrosine needs to be produced from another amino acid: Fernstrom JD, Fernstrom MH. *Journal of Nutrition* 2007; 137:1539S–1547S.

Page 79: the recommended dose of phenylalanine and tyrosine: Food and Nutrition Board of the Institute of Medicine of the National Academies. *Dietary Reference Intakes for Energy, Carbohydrate, Fiber, Fat, Fatty Acids, Cholesterol, Protein, and Amino Acid*s *(2002/2005).*

Page 81: It is widely believed that this process: Kalia LV et al. *Lancet Neurology* 200; 7:742–755.

Page 82: Glutamate is formed when the brain breaks down glucose: Shen J et al. *Proceedings of the National Academy of Sciences USA* 1999; 96:8235–8240.

第 6 章 碳水化合物、糖和更多甜食

Page 83: This awe-inspiring process requires: Du F et al. *Proceedings of the National Academy of Sciences USA* 2008; 105:6409–6414.

Page 84: the brain relies exclusively on a sugar: Sokoloff L. *Journal of Neurochemistry* 1977; 29:13–26.

Page 85: "sugar gates" are present in the blood-brain barrier: Sokoloff L. *Journal of Neurochemistry* 1977; 29:13–26.

Page 86: It still requires no less than 30 percent of its energy from glucose: Sokoloff L. *Annals Reviews Medicine* 1973; 24:271–280.

Page 88: the brain burns an average of 32 micromoles of glucose: Sokoloff L. *Journal of Neurochemistry* 1977; 29:13–26.

Page 90: 6 to 8 percent of all dementia cases are attributed to type 2 diabetes: Sims-Robinson C et al. *Nature Reviews Neurology* 2010; 6:551–559.

Page 90: stroke account for another 25 percent of patients: Morris MS. *Lancet Neurology* 2003; 2:425–428.

Page 90: insulin resistance can lead to brain inflammation: Biessels GJ, Reagan LP. *Nature Reviews Neuroscience* 2015; 16:660–671.

Page 90: compare high blood sugar with the possibility of poor cognitive outcomes: Crane PK et al. *New England Journal of Medicine* 2013; 369:540–548.

Page 91: high sugar levels exhibit not only decreased memory performance: Convit A et al. *Proceedings of the National Academy of Sciences USA* 2003; 100:2019–2022.

Page 91: This correlation was also found in participants without a trace of diabetes: Tiehuis AM et al. SMART Study Group. *Diabetes Care* 2014; 37:2515–2521.

Page 93: (such as the United States) top the list of low-fiber eaters: Ferlay J et al. GLOBOCAN 2012 v1.1, Cancer Incidence and Mortality Worldwide: IARC CancerBase No. 1. globocan.iarc.fr.

Page 93: "treats" still possess an overall low glycemic load: Willett W et al. *American Journal of Clinical Nutrition* 2002; 76:274–280S.

第 7 章　了解维生素和矿物质

Page 96: When you eat fresh vegetables or fruits: Spector R. *Journal of Neurochemistry* 1989; 53:1667–1674.

Page 97: acetylcholine is limited by how much choline is reaching the brain: Wurtman RJ. *Trends in Neuroscience* 1992; 15:117–122.

Page 98: 90 percent of the American population is deficient in choline: Jensen HH et al. *The FASEB Journal* 2007; 21:lb219.

Page 98: According to current dietary guidelines: Food and Nutrition Board of the Institute of Medicine of the National Academies. *Dietary Reference Intakes for Thiamin, Riboflavin, Niacin, Vitamin B6, Folate, Vitamin B12, Pantothenic Acid, Biotin, and Choline* (1998).

Page 101: high homocysteine (*hyperhomocysteinaemia*) is a strong risk factor for stroke: Morris MS. *Lancet Neurology* 2003; 2:425–428.

Page 101: the risk of developing dementia was nearly doubled: Seshadri S et al. *New England Journal of Medicine* 2002; 346:476–483.

Page 102: those whose diets were rich in folate: Luchsinger JA et al. *Archives of Neurology* 2007; 64:86–92.

Page 102: those who had low B12 levels: Tangney CC et al. *Neurology* 2009; 72:361–367.

Page 102: Recent randomized, double-blind, placebo-controlled trials: Douaud G et al.

Proceedings of the National Academy of Sciences USA 2013; 110:9523–9528.

Page 103: the treatment's success was also related to the patients' consumption of omega-3 PUFAs: Jernerén F et al. *American Journal of Clinical Nutrition* 2015; 102:215–221.

Page 104: the brain is the one that suffers most from oxidative stress: Jenner P. *Lancet* 1994; 344:796–798.

Page 105: 11 IU (16 mg) of vitamin E per day had a 67 percent lower risk of developing dementia: Morris MC et al. *JAMA* 2002; 287:3230–3237.

Page 105: vitamins C and E had an even lower risk: Engelhart MJ et al. *Journal of the American Medical Association* 2002; 287:3223–3229.

Page 105: there is consensus that regular consumption of vitamins C and E: Maden M. *Nature Reviews Neuroscience* 2007; 8:755–765.

Page 105: reduces the speed at which our brain cells age: Meydani M. *Lancet* 1995; 345:170–175.

Page 105: Vitamin E was the only one that showed potential: Dysken MW et al. *Journal of the American Medical Association* 2014; 311:33–44.

Page 106: This seems to reduce oxidative stress and inflammation: Liu M et al. *American Journal of Clinical Nutrition* 2003; 77:700–706.

Page 107: each essential in keeping our brains healthy: World Health Organization (WHO). *Neurological disorders associated with malnutrition.* www.who.int/mental_health/neurology/chapter_3_b_neuro_disorders_public_h_challenges.pdf.

Page 108: aluminum is toxic to brain cells: Bondy SC. *Neurotoxicology* 2016; 52:222–229.

Page 109: overconsuming iron, zinc, and copper might contribute to cognitive problems: Doraiswamy PM, Finefrock AE. *Lancet Neurology* 2004; 3:431–434.

Page 109: the copper we ingest just by eating the typical modern diet: Singh I et al. *Proceedings of the National Academy of Sciences USA* 2013; 110:14771–14776.

Page 109: people whose diets are high in copper, saturated fat, and trans fat: Morris MC et al. *Archives of Neurology* 2006; 63:1085–1088.

第 8 章 食物就是信息

Page 112: a genetic mutation occurred: Eiberg H et al. *Human Genetics* 2008; 123:177–187.

Page 112: affecting less than 1 percent of the population: Tanzi RE, Bertram L. *Neuron* 2001; 32:181–184.

Page 112: a large part of which involve brain function: Sachidanandam R et al. *Nature* 2001; 409:928–933.

Page 113: to activate or silence your genes: Jirtle RL, Skinner MK. *Nature Reviews Genetics* 2007; 8:253–262.

Page 114: dietary nutrients have the ability to influence: Dauncey MJ. *Proceedings of the Nutrition Society* 2012; 71:581–591.

Page 114: *nutrigenomics*, which aims at revealing: Muller M, Kersten S. *Nature Reviews*

Genetics 2003; 4:315–322.

Page 115: your cells are coded with detectors: Ibid.

Page 115–16: each human being has a unique biochemistry: Williams RJ. *Biochemical Individuality: The Basis for the Genetotrophic Concept*. New York: Wiley & Sons, 1956.

Page 116: many human genes have a heightened sensitivity to diet: Scriver CR. *American Journal of Clinical Nutrition* 1988; 48:1505–1509.

Page 116: keeping the lactase gene turned on: Tishkoff SA et al. *Nature Genetics* 2007; 39: 31–40.

Page 117: an adult human harbors nearly 100 trillion bacteria: Qin J, Li R, Raes J, Arumugam M et al. *Nature* 2010; 464:9–65.

Page 117: bacterial cells outnumber human cells: Turnbaugh PJ et al. *Nature* 2007; 449:804–810.

Page 117: the human genome (aka our DNA) is extremely small: Venter JC et al. *Science* 2001; 291:1304–1351.

Page 118: our gut microbes are major players in our overall health: Collins SM et al. *Nature Reviews Microbiology* 2012; 10:735–742.

Page 118: they can directly alter the function of the blood-brain barrier: Braniste V et al. *Science Translational Medicine* 2014; 6:263.

Page 118: "leaky gut" can occur: Fasano A et al. *Lancet* 2000; 355:1518–1519.

Page 119: This initial research has triggered tremendous interest: Mayer EA et al. *The Journal of Neuroscience* 2014; 34:15490–15496.

Page 120: animals genetically engineered to be without a microbiome: Sudo N et al. *Journal of Physiology* 2004; 558:263–275.

Page 120: directly increased production of GABA: Bravo JA et al. *Proceedings of the National Academy of Sciences USA* 2011; 108:16050–16055.

Page 120: a connection with issues present in the child's microbiome: Cryan JF, Dinan TG. *Nature Reviews Neuroscience* 2012; 13:701–712.

Page 121: It made them less anxious: Hsiao EY et al. *Cell* 2013; 155:1451–1463.

Page 121: eating probiotic foods like yogurt would elicit: Tillisch K et al. *Gastroenterology* 2013; 144:1394–1401.

Page 121: it might be a preeminent factor: Claesson MJ et al. *Nature* 2012; 488: 178–184.

Page 121–22: diets are low in fiber but high in animal fat: Ibid.

Page 125: According to a recent study by the U.S. Food and Drug Administration: United States Food and Drug Administration (FDA). Reports and Data. The 2012–2013 Integrated NARMS Report. www.fda.gov/downloads/AnimalVeterinary/SafetyHealth/AntimicrobialResistance/NationalAntimicrobialResistanceMonitoringSystem/UCM453398.pdf.

Page 126: processed foods often contain emulsifiers: Chassaing B et al. *Nature* 2015; 519:92–96.

Page 127: Similar reactions are sometimes observed: Biesiekierski JR et al. *American Journal of Gastroenterology* 2011; 106:508–514.

第 9 章　世界上最好的健脑饮食

Page 131: The first of these longevity hotspots: Poulain M et al. *Experimental Gerontology* 2004; 39:1423–1429.

Page 133: Their beloved olive oil: Buettner D. *The Island Where People Forget to Die. New York Times Magazine*, 2012.

Page 133: Some classic staple foods: Willcox BJ et al. *Annals of the New York Academy of Science* 2007; 1114:434–55.

Page 134: Black beans, white rice, yams, and eggs: Rosero-Bixby L. *Demography* 2008; 45:673–691.

Page 134: It comes as little or no surprise: Fraser GE, Shavlik DJ. *Archives of Internal Medicine* 2001; 161:1645–1652.

Page 136: this oil contains heart-healthy monounsaturated fat: Owen RW et al. *Lancet Oncology* 2000; 1:107–112.

Page 136: clinical trials show that if we regularly consume extra-virgin olive oil: Vallas-Pedret C et al. *JAMA Internal Medicine* 2015; 175:1094–1103.

Page 136: Red wine is another main staple: Corder R et al. *Nature* 2006; 444:566.

Page 137: those who followed the diet had overall healthier brains: Mosconi L et al. *Journal of Prevention of Alzheimer's Disease* 2014; 1:23–32.

Page 137: their brains appear to be a good five years older: Gu Y et al. *Neurology* 2015; 85:1744–1751.

Page 137: Not only were these beleaguered brains shrinking: Matthews DC et al. *Advances in Molecular Imaging* 2014; 4:43–57.

Page 138: those who followed the Mediterranean diet during middle age: Samieri C et al. *Annals of Internal Medicine* 2013; 159:584–591.

Page 138: A new diet known as the MIND diet: Morris MC et al. *Alzheimer's & Dementia* 2015; 11:1007–1014.

Page 139–40: administering 240 mg/day of ginkgo extract for about six months: Tan MS et al. *Journal of Alzheimer's Disease* 2015; 43:589–603.

Page 140: Panax ginseng might be helpful in improving: Lee MS et al. *Journal of Alzheimer's Disease* 2009; 18:339–344.

Page 140: India has a spectacularly low incidence: Chandra V et al. *Neurology* 2001; 57: 985–989.

Page 140: mice that were fed curcumin: Lim GP et al. *Journal of Neuroscience* 2001; 21:8370–8377.

Page 140: only a few clinical trials of curcumin: Brondino N et al. *Scientific World Journal* 2014; 2014:174282.

Page 141: The antioxidant diet: Mattson MP, Magnus T. *Nature Reviews Neuroscience* 2006; 7:278–294.

Page 142: This in turn accelerates brain aging: Cai W et al. *Proceedings of the National*

Academy of Sciences USA 2014; 111:4940–4945.

Page 142: Animal-derived foods high in fat: Uribarri J et al. *Journal of the American Dietary Association* 2010; 110:911–916.

Page 142: carbohydrate-rich foods contain relatively few AGEs: Ibid.

Page 143: caloric restriction, or dramatically reducing your calories: Mattson MP, Wan R. *Journal of Nutritional Biochemistry* 2005; 16:129–137.

Page 143: It also reduces inflammation: Ibid.

Page 143: caloric restriction does indeed lower the risk of memory loss: Witte AV et al. *Proceedings of the National Academy of Sciences USA* 2009; 106:1255–1260.

Page 144: laboratory animals by up to 30 percent: Longo VD, Mattson MP. *Cell Metabolism* 2014; 19:181–192.

Page 144: In a recent study: Harvie MN et al. *International Journal of Obesity* 2011; 35:714–727.

Page 145: Recent data suggests that the keto diet: Maalouf M et al. *Brain Research Reviews* 2009; 59:293–315.

Page 145: Although clinical trials have been scarce: Vanitallie TB et al. *Neurology* 2005; 64:728–730.

Page 145: Similarly, patients with Alzheimer's: Reger MA et al. *Neurobiology of Aging* 2004; 25:311–314.

Page 146: These greens come with an arsenal: Trichopoulou A. *Public Health Nutrition* 2004; 7:943–947.

Page 146: Many research studies have shown: Joseph J et al. *Journal of Neuroscience* 2009; 29:12795–12801.

Page 147: consumption of cocoa drinks with a high flavonoid content: Mastroiacovo D et al. *American Journal of Clinical Nutrition* 2015; 101:538–548.

Page 147: people who drink coffee daily in midlife: Eskelinen MH et al. *Journal of Alzheimer's Disease* 2009; 16:85–91.

Page 147: Red wine is a great source of resveratrol: Price NL et al. *Cell Metabolism* 2012; 15:675–690.

Page 147: clinical trials have so far failed: Wightman EL et al. *British Journal of Nutrition* 2015; 114:1427–1437.

Page 148: Green tea contains twice the amount of antioxidants: Pellegrini N et al. *Journal of Nutrition* 2003; 133:2812–2819.

Page 148: Green tea is also quite rich in a special flavonoid: Hyung SJ et al. *Proceedings of the National Academy of Sciences USA* 2013; 110:3743–3748.

Page 148: The result is improved cognitive function: Willis LM et al. *British Journal of Nutrition* 2009; 101:1140–1144.

Page 148: older people who consumed fish regularly: Kalmijn S et al. *Neurology* 2004; 62 275–280.

第 10 章 这不仅关乎食物

Page 152: The physically fit elderly typically perform better: Van Praag H. *Trends in Neuroscience* 2009; 32:283–290.

Page 152: exercise promotes heart health: Hillman CH et al. *Nature Reviews Neuroscience* 2008; 9:58–65.

Page 153: The more you work out: Cotman CW et al. *Trends in Neuroscience* 2007; 30:464–472.

Page 153: particularly effective at dissolving Alzheimer's plaques: Gleeson M et al. *Nature Reviews Immunology* 2011; 11:607–615.

Page 154: those who engaged in activities such as walking: Scarmeas N et al. *Journal of the American Medical Association* 2009; 302:627–637.

Page 154: even those who engaged in light physical activity: Ibid.

Page 154: much more pronounced in the sedentary elderly: Okonkwo OC et al. *Neurology* 2014; 83:1753–1760.

Page 155: a sedentary life is harmful to your brain: Matthews DC et al. *Advances in Molecular Imaging* 2014; 4:43–57.

Page 155: a study of 120 sedentary adults: Erickson KI et al. *Annals of Neurology* 2010; 68:311–318.

Page 157: This produced some remarkable results: McCay C et al. *Bulletin of the New York Academy of Medicine* 1956; 32:91–101.

Page 157: when older mice were given blood from their younger counterparts: Villeda SA et al. *Nature Medicine* 2014; 20:659–663.

Page 157: as people get older, their stem cells: Conboy IM et al. *Nature* 2005; 433:760–764.

Page 158: These blood proteins: Sinha M et al. *Science* 2014; 344:649–652.

Page 158: Several nutrients are thought to enhance: Mundy GR. *American Journal of Clinical Nutrition* 2006; 83:427–430S.

Page 159: Cardiovascular disease is a major risk: Kalaria RN et al. *Lancet Neurology* 2008; 7:812–826.

Page 159: The prescription is simple: 2013 ACC/AHA Guideline on the Assessment of Cardiovascular Risk: A Report of the American College of Cardiology/American Heart Association Task Force on Practice Guidelines. *Journal of the American College of Cardiology* 2014; 63:2935–2959.

Page 160: people who retire at an early age have an increased risk of developing dementia: Dufouil C et al. *European Journal of Epidemiology* 2014; 29:353–361.

Page 160: those who regularly engaged in intellectual activity: Verghese J et al. *Neurology* 2006; 66:821–827.

Page 161: lifelong participation in such activities: Landau SM et al. *Archives of Neurology* 2012; 69:623–629.

Page 161: call to arms against the brain-training industry: Max Planck Institute for Human Development and Stanford Center on Longevity. longevity3.stanford.edu/blog/2014/10/15/the-consensus-on-the-brain-training-industry-from-the-scientific-community.

Page 161: participation in a brain-training program: Willis SL et al. ACTIVE Study Group. *Journal of the American Medical Association* 2006; 296:2805–2814.

Page 162: this sort of cognitive training is only modestly effective: Lampit A et al. *PLoS Medicine* 2014; 11:e10001756.

Page 162: playing board games as the intellectual activity: Dartigues JF et al. *British Medical Journal* 2013; 3:e002998.

Page 163: elderly with stronger social networks: Holt-Lunstad J et al. *PLoS Medicine* 2010; 7:e1000316.

Page 163: having a family you love is enough: Fratiglioni L et al. *Lancet* 2000; 355:1315–1319.

Page 164: sleeping is crucial for memory consolidation: Stickgold R et al. *Science* 2001; 294:1052–1057.

Page 164–65: the brain's unique waste-removal technique: Iliff JJ et al. *Journal of Clinical Investigations* 2013; 123:1299–1309.

Page 165: brain clearing becomes ten times more active during sleep: Xie L et al. *Science* 2013; 342:373–377.

Page 165: older adults who slept less than five hours: Spira AP et al. *JAMA Neurology* 2013; 70:1537–1543.

Page 167: relatively easy lifestyle-based strategies to fight dementia: Ngandu T et al. *Lancet* 2015; 385:2255–2263.

第 11 章　脑部健康的整体方法

Page 173: those who have mastered the secrets: Willcox BJ, et al. *Annals of the New York Academy of Science* 2007; 1114:434–55.

Page 174: the most popular vegetable in America: United States Department of Agriculture. ERS Food Availability (Per Capita) Data System (FADS), 2015. www.ers.usda.gov/data-products/food-availability-per-capita-data-system.

Page 182: These sweeteners have come under scrutiny: Mitka M. *Journal of the Medical American Association* 2016; 315:1440–1441.

Page 182: natural sweeteners come with an added bonus: Phillips KM, et al. *Journal of the American Dietetic Association* 2009; 109:64–71.

Page 187: than boiled or filtered coffee: Yashin A et al. *Antioxidants* 2013; 2:230–245. Page 188: a much higher content of it: Carlsen MH et al; *Nutrition Journal* 2010; 9:3–10.

Page 188: organic pomegranate juice is almost as rich: Ibid.

Page 189: the combination of several nutrients: Berti V et al. *Journal of Nutrition Health and Aging* 2015; 19:413–423.

Page 189: particularly effective at protecting memory: Mosconi L et al. *British Medical Journal (Open Access)* 2014; 4:e004850.

Page 189–90: people who routinely consume these nutrients together: Berti V et al. *Journal of Nutrition Health and Aging* 2015; 19:413–423.

Page 190: exhibit more pronounced brain shrinkage: Bowman GL et al. *Neurology* 2012; 78:241–249.

第 12 章　质比量更重要

Page 194: Soy products in the United States today: United States Department of Agriculture (USDA). www.ers.usda.gov/data-products/adoption-of-genetically-engineered-crops-in-the-us/recent-trends-in-ge-adoption.aspx.

Page 195: Soy is added to as many as twelve thousand food products: Anderson JW et al. *New England Journal of Medicine* 1995; 333:276–282.

Page 203: once you change your diet: Koeth RA et al. *Nature Medicine* 2013; 19:576–585

Page 203: Food processing, on the other hand, is a major problem: Stuckler D, Nestle M. *PLoS Medicine* 2012; 9:e1001242.

Page 204: significant declines in the amounts of vitamins: Davis DR et al. *Journal of the American College of Nutrition* 2004; 23:669–682.

Page 210: The recommended dose is 240 mg/day of ginkgo extract: Tan MS et al. *Journal of Alzheimer's Disease* 2015; 43:589–603.

Page 210: The recommended dose is 4 grams/day of red Panax ginseng powder: Lee MS et al. *Journal of Alzheimer's Disease* 2009; 18:339–344.

第 13 章　健脑周计划

Page 225: This simple practice has been shown to reduce adipose body fat: Chaix A et al. *Cell Metabolism* 2014; 20:991–1005.

Page 226: people who engage in regular physical activity have a healthier microbiome: Clarke SF et al. *Gut* 2014; 63:1913–1920.

第 15 章　健脑饮食的三个水平

Page 255: Red Delicious and Gala apples have the highest antioxidant content: Pellegrini N et al. *Journal of Nutrition* 2003; 133:2812–2819.

Page 266: wild greens were found to have ten times as many antioxidants as red wine: Trichopoulou A. *Public Health Nutrition* 2004; 7:943–947.

Page 266: people who eat one to two servings of leafy greens: Morris MC et al. *FASEB Journal* 2015; 29:260–263S.

Page 272: drinking water before a test increases reaction times: Edmonds CJ et al. *Frontiers Human Neuroscience* 2013; 7:363.

Page 274: swimming is just as effective: Bergamin M et al. *Clinical Interventions in Aging* 2013; 8:1109–1117.

Page 275: Shoot for a minimum of three weekly sessions: Strath SJ et al. *Circulation* 2013; 128:2259–2279.

Page 278: fresh-harvested wild greens were found to have *ten times* as many antioxidants: Trichopoulou A. *Public Health Nutrition* 2004; 7:943–947.

Page 278: spinach has a very high antioxidant capacity: Pellegrini N et al. *Journal of Nutrition* 2003; 133:2812–2819.

Page 279: blackberries contain even more antioxidants: Ibid.

Page 283: the compounds present in this type of chocolate: Buitrago-Lopez A et al. *British Medical Journal* 2011; 343:d4488.

Page 285–86: It can be effective within just a few months' time: Harvie MN et al. *International Journal of Obesity* 2011; 35:714–727.

Page 286: Outdoor exercise, even if moderate like a walk in the park, has a soothing effect: Bratman GN et al. *Proceedings of the National Academy of Sciences USA* 2015; 112:8567–8572.

Page 287: this ancient remedy has long been used to heal wounds: Chimploy K et al. *International Journal of Cancer* 2009; 125:2096–2094.

Page 288: the antioxidants in noni are off the charts: Pawlus AD et al. Noni. In Coates PM et al., eds. *Encyclopedia of Dietary Supplements* (2nd edition). New York: Informa Healthcare, 2010.

Page 289: can have up to three times the antioxidant capacity of red wine: Gil MI et al. *Journal of Agriculture Food Chemistry* 2000; 48:4581–4589.

图书在版编目（CIP）数据

如何成为优秀的大脑饲养员 / (意) 丽莎·莫斯考尼
著 ; 康洁译. -- 北京 : 九州出版社, 2022.4（2023.5重印）
ISBN 978-7-5225-0644-9

Ⅰ.①如… Ⅱ.①丽… ②康… Ⅲ.①脑—保健—食
谱 Ⅳ.①TS972.161

中国版本图书馆CIP数据核字(2021)第233355号

Brain Food: The Surprising Science of Eating for Cognitive Power
Copyright © 2018 by Lisa Mosconi
All Rights Reserved.

著作权合同登记号　图字：01－2021－6558

如何成为优秀的大脑饲养员

作　　者	［意］丽莎·莫斯考尼　著　康洁　译
责任编辑	周　春
封面设计	棱角视觉
出版发行	九州出版社
地　　址	北京市西城区阜外大街甲35号（100037）
发行电话	（010）68992190/3/5/6
网　　址	www.jiuzhoupress.com
印　　刷	天津中印联印务有限公司
开　　本	690毫米×1000毫米　16开
印　　张	23
字　　数	281千字
版　　次	2022年4月第1版
印　　次	2023年5月第2次印刷
书　　号	ISBN 978-7-5225-0644-9
定　　价	62.00元